3.1.4 制作圣诞贺卡

3.2.5 制作我爱我家照片模板

3.3 课堂练习 - 制作保龄球

3.4 课后习题 - 制作梦星空

4.1.3 绘制时尚插画

4.3.4 制作彩虹

4.4.4 制作播放器

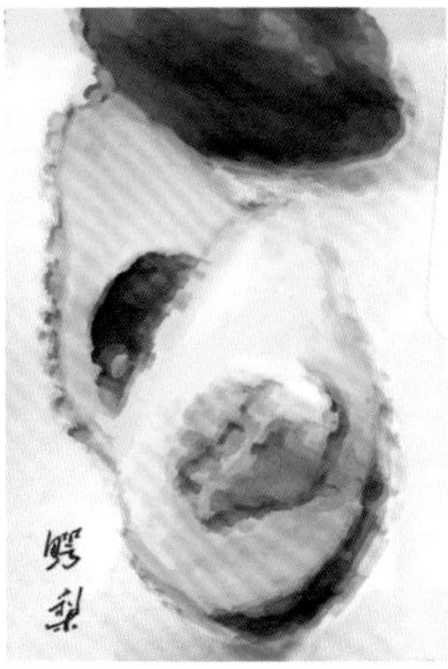

4.5 课堂练习 - 制作水果油画

4.6 课后习题 - 制作电视机

5.1.8 修复人物照片

5.2.7 制作装饰画

5.3.4 制作图标

5.4 课堂练习 - 清除照片中的涂鸦

5.5 课后习题 - 梦中仙子

6.1.3 制作油画展示效果

6.2.4 制作音量调节器

6.4 课堂练习 - 制作证件照

6.5 课后习题 - 制作趣味音乐

7.1.7 制作炫彩效果

7.2.14 制作网页 banner

7.5 课堂练习 - 制作优美橱窗

7.6 课后习题 - 制作夏日插画

8.1.9 制作梦幻照片效果

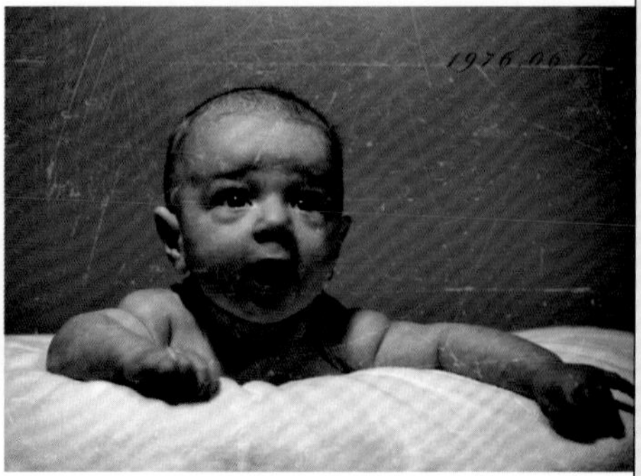
8.1.14 制作怀旧照片

8.1.18 调整照片的色彩与明度

8.2.7 制作特殊色彩的风景画

8.3 课堂练习 - 制作人物照片

8.4 课后习题 - 制作吉他广告

9.2.3 制作金属效果

9.3.3 制作照片合成效果

9.5 课堂练习 - 制作黄昏风景画

9.6 课后习题 - 制作网页播放器

10.1.7 制作三维文字效果

10.2.2 制作秋之物语卡片

10.4 课堂练习 - 制作脚印效果

10.5 课后习题 - 制作旅游宣传单

11.1.7 制作调色刀特效

11.3.3 添加旋转边框

11.4 课堂练习 - 制作图章效果

11.5 课后习题 - 制作胶片照片

12.1.5 制作蒙版效果

12.2.3 制作瓶中效果

12.3 课堂练习 - 制作合成效果

12.4 课后习题 - 制作摄影网页

13.2.8 制作点状效果

13.2.13 制作冰冻效果

13.3 课堂练习 - 制作淡彩钢笔画效果

13.4 课后习题 - 制作水彩画效果

14.1 制作人物纪念币

14.2 制作旅游海报

14.3 制作杂志封面

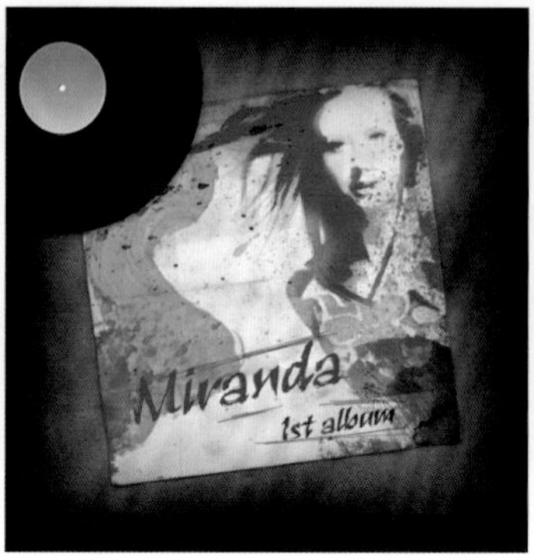

14.4 制作唱片包装封面

14.5 制作网页

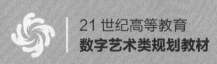

21世纪高等教育
数字艺术类规划教材

Photoshop CS6 中文版基础教程

周建国 ◎ 编著

人 民 邮 电 出 版 社
北 京

图书在版编目（CIP）数据

Photoshop CS6中文版基础教程 / 周建国编著. --
北京 : 人民邮电出版社, 2014.4（2022.9重印）
21世纪高等教育数字艺术类规划教材
ISBN 978-7-115-34466-3

Ⅰ. ①P… Ⅱ. ①周… Ⅲ. ①图象处理软件－高等学
校－教材 Ⅳ. ①TP391.41

中国版本图书馆CIP数据核字(2014)第016752号

内容提要

本书全面系统地介绍了Photoshop CS6的基本操作方法和图形图像处理技巧，包括图像处理基础知识、初识Photoshop CS6、绘制和编辑选区、绘制图像、修饰图像、编辑图像、绘制图形及路径、调整图像的色彩和色调、图层的应用、文字的使用、通道的应用、蒙版的使用、滤镜效果、商业案例等内容。

本书将案例融入软件功能的介绍中，在介绍了基础知识和基本操作后，精心设计了课堂案例，力求通过课堂案例演练，使学生快速掌握软件的应用技巧；最后通过课后习题实践，拓展学生的实际应用能力。本书的最后一章精心安排了专业设计公司的5个精彩实例，以期提高学生艺术设计的创意能力。

本书可作为本科院校数字媒体艺术类专业课程的教材，也可供初学者自学参考。

◆ 编　　著　周建国
责任编辑　李海涛
责任印制　彭志环　杨林杰

◆ 人民邮电出版社出版发行　　北京市丰台区成寿寺路11号
邮编　100164　　电子邮件　315@ptpress.com.cn
网址　http://www.ptpress.com.cn
北京天宇星印刷厂印刷

◆ 开本：787×1092　1/16　　彩插：2
印张：15.75　　2014年4月第1版
字数：381千字　　2022年9月北京第14次印刷

定价：39.80元（附光盘）

读者服务热线：(010)81055256　印装质量热线：(010)81055316
反盗版热线：(010)81055315

前言

Photoshop 是由 Adobe 公司开发的图形图像处理和编辑软件，功能强大、易学易用，深受图形图像处理爱好者和平面设计人员的喜爱，已经成为这一领域最流行的软件之一。目前，我国很多本科院校的数字媒体艺术类专业都将“Photoshop”作为一门重要的专业课程。为了帮助本科院校的教师全面、系统地讲授这门课程，使学生能够熟练地使用 Photoshop 来进行设计创意，几位长期在本科院校从事 Photoshop 教学的教师和专业平面设计公司经验丰富的设计师共同编写了本书。

本书各章按照“软件功能解析－课堂案例－课堂练习－课后习题”这一思路进行编排，力求通过软件功能解析使学生深入学习软件功能和制作特色；通过课堂案例演练，使学生快速上手熟悉软件功能和艺术设计思路；通过课堂练习和课后习题，拓展学生的实际应用能力。本书的最后一章精心安排了专业设计公司的 5 个精彩实例，以期提高学生艺术设计的创意能力。在内容编写方面，我们力求细致全面、重点突出；在文字叙述方面，我们注意言简意赅、通俗易懂；在案例选取方面，我们强调针对性和实用性。

本书配套光盘中包含了书中所有案例的素材及效果文件。另外，为方便教师教学，还配备了详尽的课堂练习和课后习题的操作步骤以及 PPT 课件、教学大纲以及操作指导视频等丰富的教学资源，任课教师可到人民邮电出版社教学服务与资源网（www.ptpedu.com.cn）免费下载使用。本书的参考学时为 75 学时，其中实践环节为 37 学时，各章的参考学时参见下面的学时分配表。

章　节	课 程 内 容	学 时 分 配	
		讲　授	实　训
第 1 章	图像处理基础知识	1	
第 2 章	初识 Photoshop CS6	1	
第 3 章	绘制和编辑选区	2	3
第 4 章	绘制图像	3	4
第 5 章	修饰图像	3	4
第 6 章	编辑图像	3	3
第 7 章	绘制图形及路径	3	3
第 8 章	调整图像的色彩和色调	4	5
第 9 章	图层的应用	3	3
第 10 章	文字的使用	2	3
第 11 章	通道的应用	2	3
第 12 章	蒙版的使用	2	3

续表

章　节	课程内容	学时分配	
		讲　授	实　训
第13章	滤镜效果	4	3
第14章	商业案例	5	
课时总计		38	37

由于时间仓促，加之水平有限，书中难免存在错误和不妥之处，敬请广大读者批评指正。

编　者

2013年12月

目录
CONTENTS

Photoshop CS6

1 Chapter

第 1 章
图像处理基础知识

本章将主要介绍图像处理的基础知识，包括位图和矢量图、分辨率、图像色彩模式及常用的图像文件格式等。通过对本章的学习，读者可以快速掌握这些基础知识，从而更快、更准确地处理图像。

课堂学习目标

- 位图和矢量图
- 分辨率
- 图像的色彩模式
- 常用的图像文件格式

1.1 位图和矢量图

图像文件可以分为两大类：位图和矢量图。在绘图或处理图像的过程中，这两类图像可以交叉使用。

1.1.1 位图

位图图像也叫点阵图像，它是由许多单独的小方块组成的，这些小方块又称为像素点。每个像素点都有特定的位置和颜色值。位图图像的显示效果与像素点是紧密联系在一起的，不同排列和着色的像素点组合在一起就构成了一幅色彩丰富的图像。像素点越多，图像的分辨率越高，图像的文件量也会随之增大。

一幅位图的原始效果如图 1-1 所示，而使用放大工具放大后，就可以清晰地看到像素的小方块形状与不同的颜色，效果如图 1-2 所示。

图 1-1

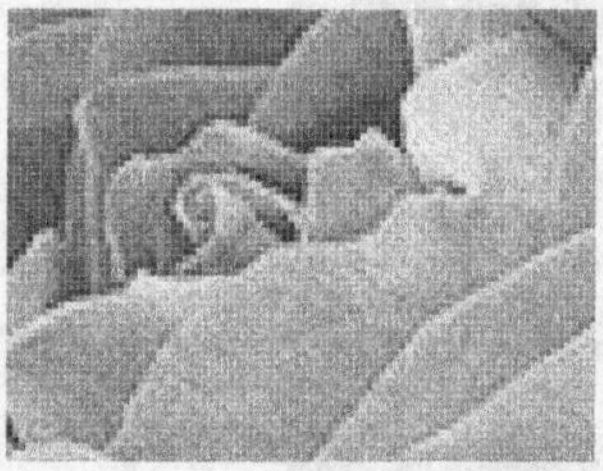

图 1-2

位图与分辨率有关，如果在屏幕上以较大的倍数放大显示图像，或以低于创建时的分辨率打印图像，图像就会出现锯齿状的边缘并且丢失细节。

1.1.2 矢量图

矢量图也叫向量图，它是一种基于图形的几何特性来描述的图像。矢量图中的各种图形元素称为对象，每一个对象都是独立的个体，都具有大小、颜色、形状、轮廓等属性。

矢量图与分辨率无关，将它设置为任意大小清晰度都不变，也不会出现锯齿状的边缘。同时，在任何分辨率下显示或打印，都不会损失细节。一幅矢量图的原始效果如图 1-3 所示，而使用放大工具放大后清晰度不变，效果如图 1-4 所示。

图 1-3

图 1-4

矢量图所占的容量较小，但这种图形的缺点是不易制作色调丰富的图像，而且绘制出来的图形无法像位图那样精确地描绘各种绚丽的景象。

1.2 分辨率

分辨率是用于描述图像文件信息的术语。分辨率分为图像分辨率、屏幕分辨率和输出分辨率。下面将分别进行讲解。

1.2.1　图像分辨率

在 Photoshop CS6 中，图像中每单位长度上的像素数目称为图像的分辨率，其单位为像素/英寸或像素/厘米。

在相同尺寸的两幅图像中，高分辨率的图像包含的像素比低分辨率的图像包含的像素多。例如，一幅尺寸为 1 英寸×1 英寸的图像，其分辨率为 72 像素/英寸，包含 5184 个像素（72×72＝5184）。同样的尺寸，分辨率为 300 像素/英寸的图像，包含 90000 个像素。相同尺寸下，分辨率为 72 像素/英寸的图像效果如图 1-5 所示；分辨率为 10 像素/英寸的图像效果如图 1-6 所示。由此可见，同样的尺寸高分辨率的图像将更能清晰地表现图像内容。

图 1-5

图 1-6

提示

如果一幅图像所包含的像素是固定的，则增加图像尺寸会降低图像分辨率。

1.2.2　屏幕分辨率

屏幕分辨率是显示器上每单位长度显示的像素数目。屏幕分辨率取决于显示器大小及其像素设置。PC 显示器的分辨率一般约为 96 像素/英寸，Mac 显示器的分辨率一般约为 72 像素/英寸。在 Photoshop CS6 中，图像像素被直接转换成显示器像素，当图像分辨率高于显示器分辨率时，屏幕中显示的图像就比实际尺寸大。

1.2.3　输出分辨率

输出分辨率是照排机或打印机等输出设备产生的每英寸的油墨点数（dpi）。打印机的分辨率在 720 dpi 以上，可以使图像获得比较好的效果。

1.3 图像的色彩模式

Photoshop CS6 提供了多种色彩模式，其正是作品能够在屏幕和印刷品上成功表现的重要保障。在这些色彩模式中，经常使用到的有 CMYK 模式、RGB 模式、Lab 模式以及 HSB 模式。另外，还有索引模式、灰度模式、位图模式、双色调模式、多通道模式等。这些模式都可以在模式菜单下选取，每种色彩模式都有不同的色域，并且相互之间可以转换。下面将介绍主要的色彩模式。

1.3.1 CMYK 模式

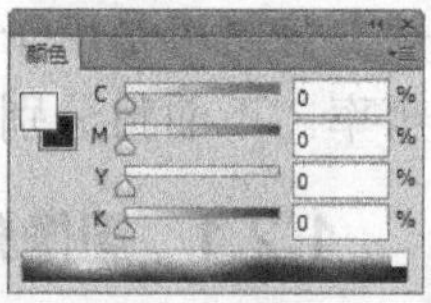

图 1-7

CMYK 代表了印刷上用的 4 种油墨颜色：C 代表青色，M 代表洋红色，Y 代表黄色，K 代表黑色。CMYK 颜色控制面板如图 1-7 所示。

CMYK 模式在印刷时应用了色彩学中的减法混合原理，即减色色彩模式，它是图片、插图和其他 Photoshop 作品中最常用的一种印刷方式。在印刷中通常都要进行四色分色，出四色胶片，然后才进行印刷。

1.3.2 RGB 模式

与 CMYK 模式不同，RGB 模式是一种加色模式，它通过红、绿、蓝 3 种色光相叠加而形成更多的颜色。RGB 是色光的彩色模式，一幅 24bit 的 RGB 图像有 3 个色彩信息通道：红色（R）、绿色（G）和蓝色（B）。RGB 颜色控制面板如图 1-8 所示。

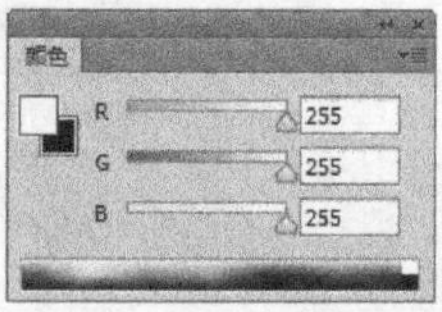

图 1-8

每个通道都有 8bit 的色彩信息——一个 0～255 的亮度值色域。也就是说，每一种色彩都有 256 个亮度水平级。3 种色彩相叠加，便可以有 256×256×256=1670 万种可能的颜色，这足以表现出绚丽多彩的世界。

在 Photoshop CS6 中编辑图像时，RGB 模式是最佳的选择。因为它可以提供全屏幕多达 24 bit 的色彩范围，被一些计算机领域的色彩专家称为“True Color（真色彩）”显示。

1.3.3 灰度模式

灰度图又叫 8 bit 深度图。每个像素用 8 个二进制位表示，能产生 2^8（即 256）级灰色调。当一个彩色文件被转换为灰度模式文件时，所有的颜色信息都将丢失。尽管 Photoshop CS6 允许将一个灰度文件转换为彩色模式文件，但不可能将原来的颜色完全还原。所以当要转换灰度模式时，应先做好图像的备份。

与黑白照片一样，一个灰度模式的图像只有明暗值，没有色相和饱和度这两种颜色信息。0%代表白，100%代表黑，其中的 K 值用于衡量黑色油墨用量。颜色控制面板如图 1-9 所示。

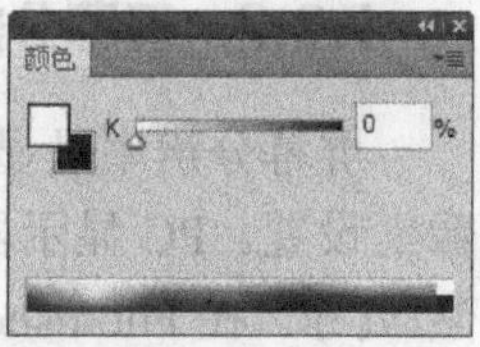

图 1-9

提示

将彩色模式转换为后面介绍的双色调（Duotone）模式或位图（Bitmap）模式时，必须先转换为灰度模式，然后由灰度模式转换为双色调模式或位图模式。

1.4 常用的图像文件格式

用 Photoshop CS6 制作或处理好一幅图像后，就要进行存储。这时，选择一种合适的文件格式就显得十分重要。Photoshop CS6 有 20 多种文件格式可供选择，其中既有 Photoshop CS6 的专用格式，也有用于应用程序交换的文件格式，还有一些比较特殊的格式。

1.4.1 PSD 格式

PSD 格式和 PDD 格式是 Photoshop CS6 自身的专用文件格式，能够支持从线图到 CMYK 的所有图像类型。但由于其在一些图形处理软件中没有得到很好的支持，所以通用性不强。PSD 格式和 PDD 格式能够保存图像数据的细小部分，如图层、附加的遮膜通道等 Photoshop CS6 对图像进行特殊处理的信息。在没有最终决定图像存储的格式前，最好先以这两种格式存储。另外，Photoshop CS6 打开和存储这两种格式的文件比其他格式更快。但是这两种格式也有缺点，就是它们所存储的图像文件容量大，占用磁盘空间较多。

1.4.2 TIF 格式

TIF 格式是标签图像格式，对于色彩通道图像来说是最有用的格式，具有很强的可移植性。它可以用于 PC，Macintosh 以及 UNIX 工作站 3 大平台，是其上使用最广泛的绘图格式。

用 TIF 格式存储时应考虑文件的大小，因为 TIF 格式的结构要比其他格式更复杂。但 TIF 格式支持 24 个通道，能存储多于 4 个通道的文件格式。另外，TIF 格式还允许使用 Photoshop CS6 中的复杂工具和滤镜特效；并且非常适用于印刷和输出。

1.4.3 BMP 格式

BMP 是 Windows Bitmap 的简称，可以用于绝大多数 Windows 下的应用程序。

BMP 格式使用索引色彩，它的图像具有极为丰富的色彩，并可以使用 16MB 色彩渲染图像。BMP 格式能够存储黑白图、灰度图和 16MB 色彩的 RGB 图像等。此格式一般在多媒体演示、视频输出等情况下使用，但不能在 Macintosh 程序中使用。在存储 BMP 格式的图像文件时，还可以进行无损失压缩，这样能够节省磁盘空间。

1.4.4 GIF 格式

GIF 是 Graphics Interchange Format 的缩写。GIF 格式的图像文件容量比较小，会形成一种压缩的 8 bit 图像文件。正因如此，一般用这种格式的文件来缩短图形的加载时间。如果在网络中传送图像文件，GIF 格式的图像文件要比其他格式的图像文件快得多。

1.4.5 JPEG 格式

JPEG 是 Joint Photographic Experts Group 的缩写，中文意思为联合图片专家组。JPEG 格式既是 Photoshop CS6 支持的一种文件格式，也是一种压缩方案。它是 Macintosh 上常用的一种存储类型。JPEG 格式是压缩格式中的“佼佼者”，比 TIF 文件格式采用的 LIW 无损失压缩比例更大。但它使用的有损失压缩会丢失部分数据，因此用户在存储前选择图像的最后质量能控制数据的损失程度。

1.4.6 EPS 格式

EPS 是 Encapsulated Post Script 的缩写。EPS 格式是 Illustrator CS6 和 Photoshop CS6 之间可交换的文件格式。Illustrator 软件制作出来的流动曲线、简单图形和专业图像一般都存储为 EPS 格式。Photoshop 可以获取这种格式的文件。在 Photoshop CS6 中，也可以把其他图形文件存储为 EPS 格式，以用于排版类的 PageMaker 和绘图类的 Illustrator 等其他软件中。

1.4.7 选择合适的图像文件存储格式

一般可以根据工作任务的需要选择合适的图像文件存储格式。下面就根据图像的不同用途介绍应该选择的图像文件存储格式。

用于印刷：TIF，EPS。

出版物：PDF。

Internet 图像：GIF，JPEG，PNG。

用于 Photoshop CS6 工作：PSD，PDD，TIF。

Chapter 2

第 2 章 初识 Photoshop CS6

本章首先对 Photoshop CS6 进行概述，然后介绍其功能特色。通过本章的学习，可以对 Photoshop CS6 的多种功用有一个大体的、全方位的了解，并在制作图像的过程中快速地定位，应用相应的知识点完成图像的制作任务。

课堂学习目标

- 工作界面的介绍
- 文件操作
- 图像的显示效果
- 标尺、参考线和网格线的设置
- 图像和画面尺寸的调整
- 设置绘图颜色
- 了解图层的含义
- 恢复操作的应用

2.1 工作界面的介绍

熟悉工作界面是学习 Photoshop CS6 的基础。熟练掌握工作界面的内容，有助于初学者日后得心应手地操作 Photoshop CS6。Photoshop CS6 的工作界面主要由标题栏、菜单栏、属性栏、工具箱、控制面板和状态栏组成，如图 2-1 所示。

图 2-1

菜单栏：菜单栏中共包含 11 个菜单命令。利用菜单命令可以完成对图像的编辑、调整色彩、添加滤镜效果等操作。

工具箱：工具箱中包含多个工具。利用不同的工具可以完成对图像的绘制、观察、测量等操作。

属性栏：属性栏是工具箱中各个工具的功能扩展。通过在属性栏中设置不同的选项，可以快速地完成多样化的操作。

控制面板：控制面板是 Photoshop CS6 重要的组成部分。通过不同的功能面板，可以完成图像中填充颜色、设置图层、添加样式等操作。

状态栏：状态栏可以提供当前文件的显示比例、文档大小、当前工具、暂存盘大小等提示信息。

2.1.1 菜单栏及其快捷方式

1. 菜单分类

Photoshop CS6 的菜单栏依次分为“文件”菜单、“编辑”菜单、“图像”菜单、“图层”菜单、“文字”菜单、“选择”菜单、“滤镜”菜单、“视图”菜单、“窗口”菜单及“帮助”菜单，如图 2-2 所示。

图 2-2

“文件”菜单：包含了各种文件操作命令；“编辑”菜单：包含了各种编辑文件的操作命令；“图像”菜单：包含了各种改变图像大小、颜色等的操作命令；“图层”菜单：包含了各种调整图像中图层的操作命令；“文字”菜单：包含了各种对文字的编辑和调整功能；“选择”菜单：包含了各种关于选区的操作命令；“滤镜”菜单：包含了各种添加滤镜效果的操作命令；“视图”菜单：包含了各种对视图进行设置的操作命令；“窗口”菜单：包含了各种显示或隐藏控制面板的命令；“帮助”菜单：包含了各种帮助信息

2. 菜单命令的不同状态

子菜单命令：有些菜单命令中包含了更多相关的菜单命令，包含子菜单的菜单命令，其右侧会显示黑色的三角形▸，单击带有三角形的菜单命令就会显示其子菜单，如图 2-3 所示。

不可执行的菜单命令：当菜单命令不符合运行的条件时，就会显示为灰色，即不可执行状态。例如在 CMYK 模式下，滤镜菜单中的部分菜单命令将变为灰色而不能使用。

可弹出对话框的菜单命令：当菜单命令后面显示有省略号“…”时（见图 2-4），表示单击此菜单可以弹出相应的对话框，并在对话框中进行相应的设置。

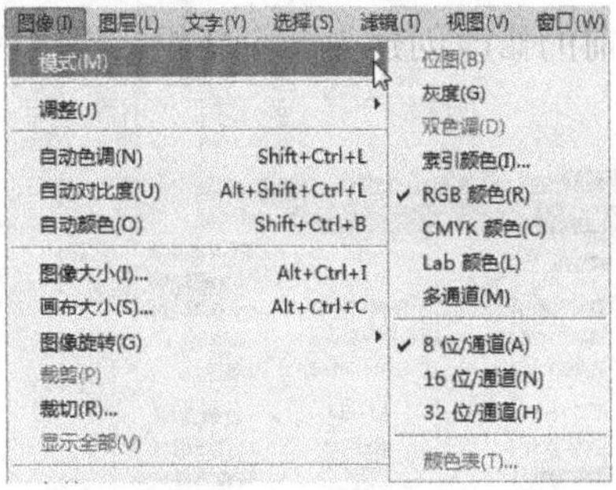

图 2-3

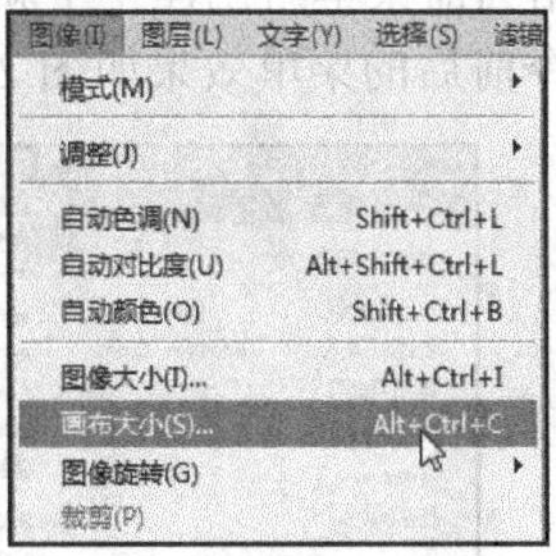

图 2-4

3. 显示或隐藏菜单命令

可以根据操作需要显示或隐藏指定的菜单命令。不经常使用的菜单命令可以暂时隐藏。选择“窗口 > 工作区 > 键盘快捷键和菜单”命令，弹出“键盘快捷键和菜单”对话框，如图 2-5 所示。

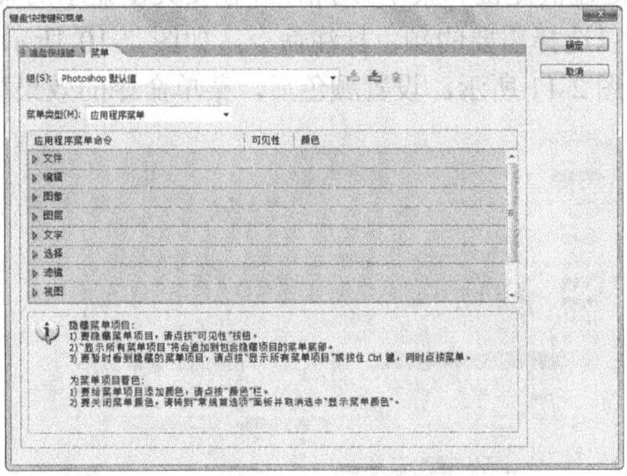

图 2-5

单击“应用程序菜单命令”选项中命令左侧的三角形按钮▶，将展开详细的菜单命令，如图 2-6 所示。单击“可见性”选项下方的眼睛图标，将其相对应的菜单命令进行隐藏，如图 2-7

所示。

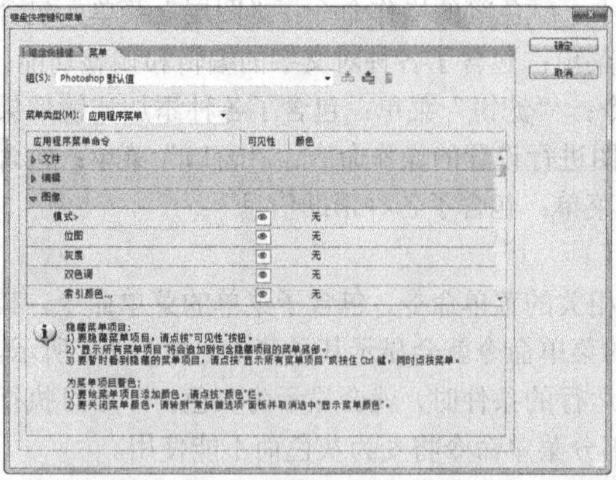

图 2-6

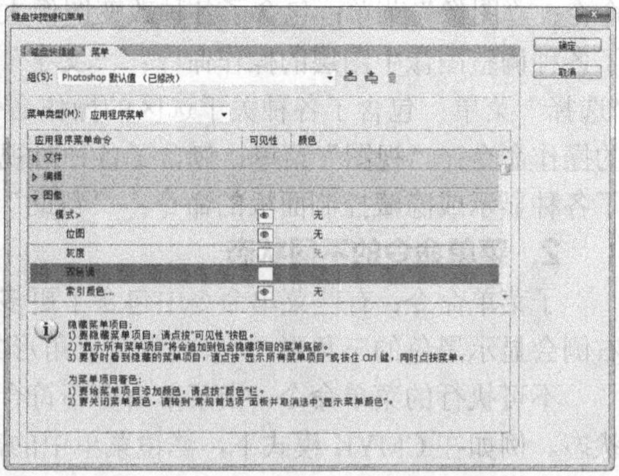

图 2-7

设置完成后，单击“存储对当前菜单组的所有更改”按钮，保存当前的设置。也可单击“根据当前菜单组创建一个新组”按钮，将当前的修改创建为一个新组。隐藏应用程序菜单命令前后的菜单效果如图 2-8 和图 2-9 所示。

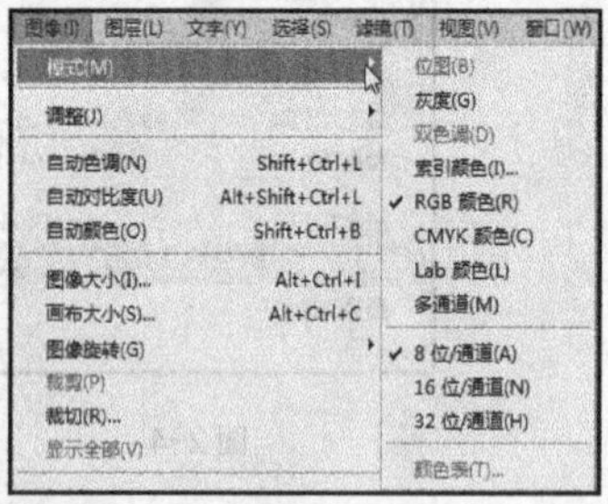

图 2-8

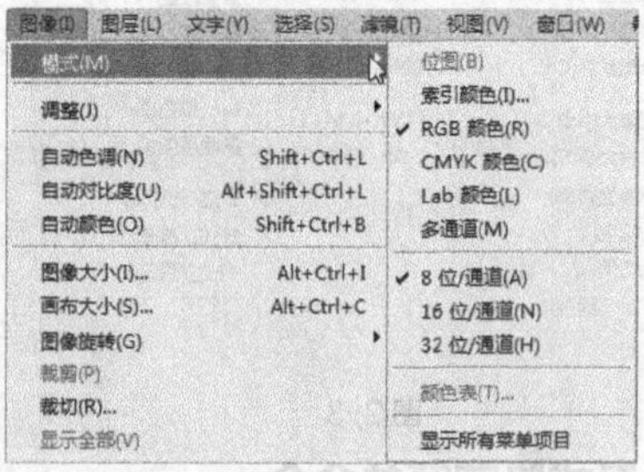

图 2-9

4. 突出显示菜单命令

为了突出显示需要的菜单命令，可以为其设置颜色。选择“窗口 > 工作区 > 键盘快捷键和菜单”命令，弹出“键盘快捷键和菜单”对话框，在要突出显示的菜单命令后面单击“无”，在弹出的下拉列表中可以选择需要的颜色标注命令，如图 2-10 所示。可以为不同的菜单命令设置不同的颜色，如图 2-11 所示。设置颜色后，菜单命令的效果如图 2-12 所示。

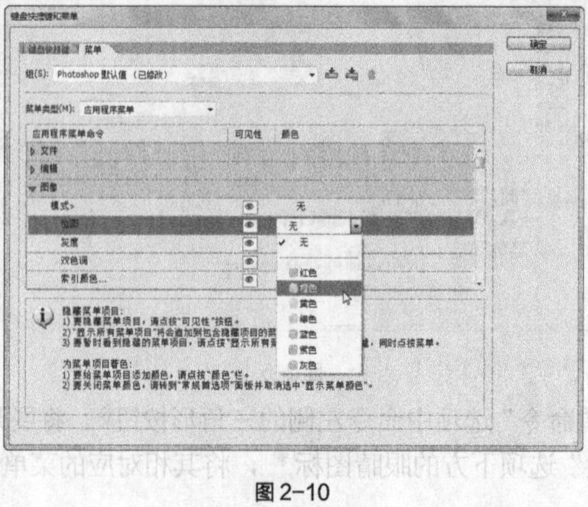

图 2-10

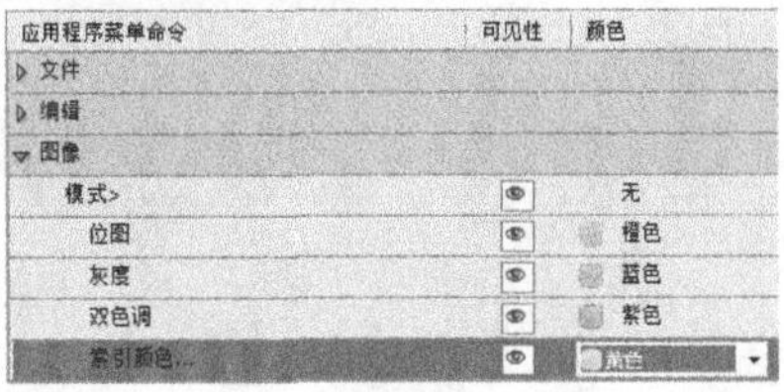

图 2-11

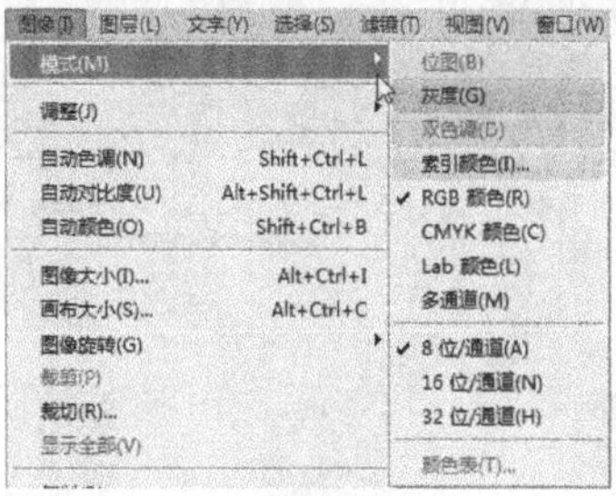

图 2-12

提示

如果要暂时取消显示菜单命令的颜色，可以选择“编辑 > 首选项 > 常规”命令，在弹出的对话框中选择“界面”选项，然后取消勾选“显示菜单颜色”复选框即可。

5. 键盘快捷方式

键盘快捷方式：当要选择菜单命令时，可以使用菜单命令旁标注的快捷键。例如，要选择“文件 > 打开”命令，直接按 Ctrl+O 组合键即可。

按住 Alt 键的同时，单击菜单栏中文字后面带括号的字母可以打开相应的菜单，再按菜单命令中带括号的字母，即可执行相应的命令。例如，要选择“选择”命令，按 Alt+S 组合键即可弹出菜单；要想选择菜单中的“色彩范围”命令，再按 C 键即可。

自定义键盘快捷方式：为了更方便地使用最常用的命令，Photoshop CS6 提供了自定义键盘快捷方式和保存键盘快捷方式的功能。

选择菜单“窗口 > 工作区 > 键盘快捷键和菜单”命令，弹出“键盘快捷键和菜单”对话框，如图 2-13 所示。在对话框下面的信息栏中说明了快捷键的设置方法，在“组”选项中可以选择要设置快捷键的组合；在“快捷键用于”选项中可以选择需要设置快捷键的菜单或工具；在下面的选项窗口中可选择需要设置的命令或工具进行设置，如图 2-14 所示。

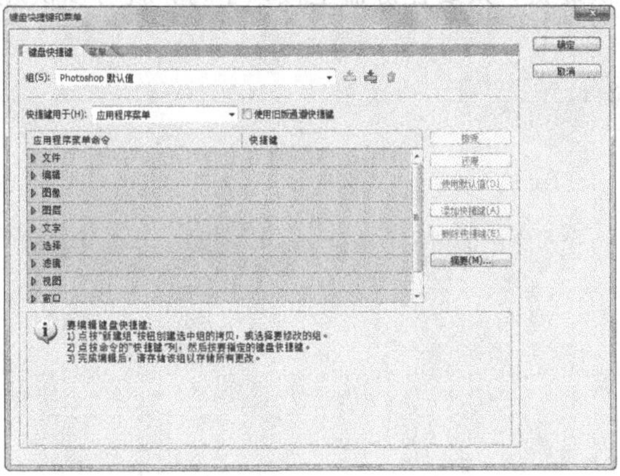

图 2-13

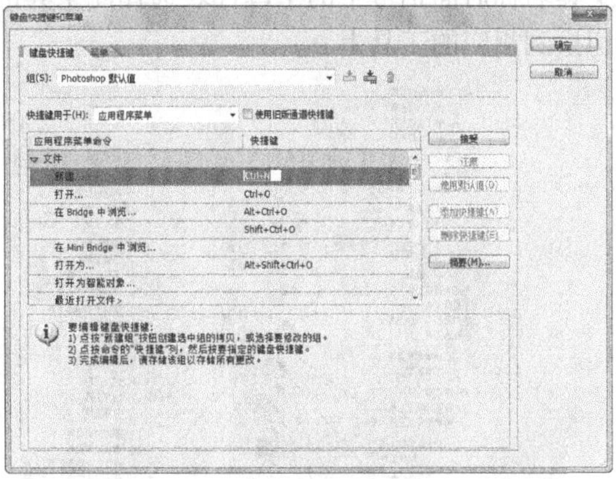

图 2-14

设置新的快捷键后，单击对话框右上方的“根据当前的快捷键组创建一组新的快捷键”按钮，弹出“存储”对话框，在“文件名”文本框中输入名称，如图 2-15 所示；单击“保存”按钮则存储了新的快捷键设置。这时，在“组”选项中即可选择新的快捷键设置，如图

2-16 所示。

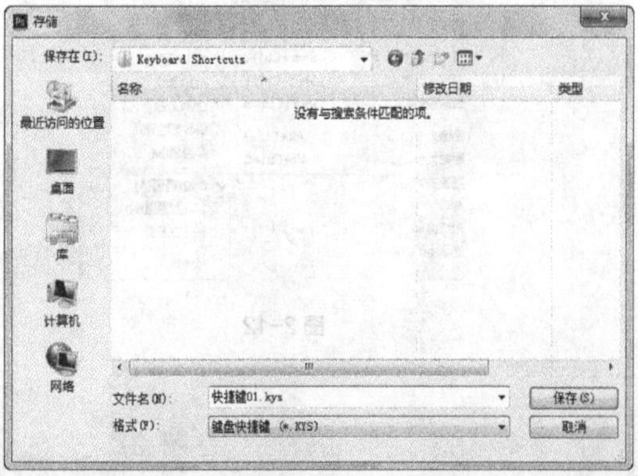

图 2-15

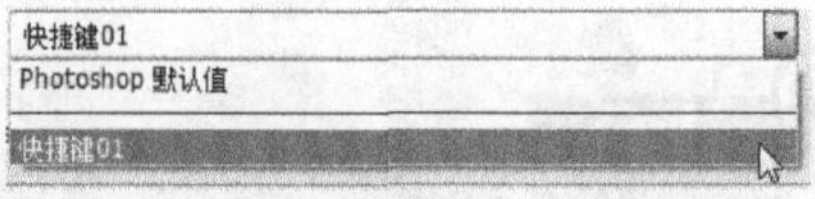

图 2-16

更改快捷键设置后，需要单击“存储对当前快捷键组的所有更改”按钮对设置进行存储，单击“确定”按钮以应用更改的快捷键设置。要将快捷键的设置删除，可以在对话框中单击“删除当前的快捷键组合”按钮，Photoshop CS6 会自动还原为默认设置。

提示

在为控制面板或应用程序菜单中的命令定义快捷键时，其必须包括 Ctrl 键或一个功能键。在为工具箱中的工具定义快捷键时，必须使用 A ~ Z 之间的字母。

2.1.2 工具箱

Photoshop CS6 的工具箱包括选择工具、绘图工具、填充工具、编辑工具、颜色选择工具、屏幕视图工具、快速蒙版工具等，如图 2-17 所示。要了解每个工具的具体名称，可以将光标放置在具体工具的上方，此时会出现一个黄色的图标并显示名称，如图 2-18 所示。工具名称后面括号中的字母代表选择此工具的快捷键，只要在键盘上按该字母，就可以快速切换到相应的工具上。

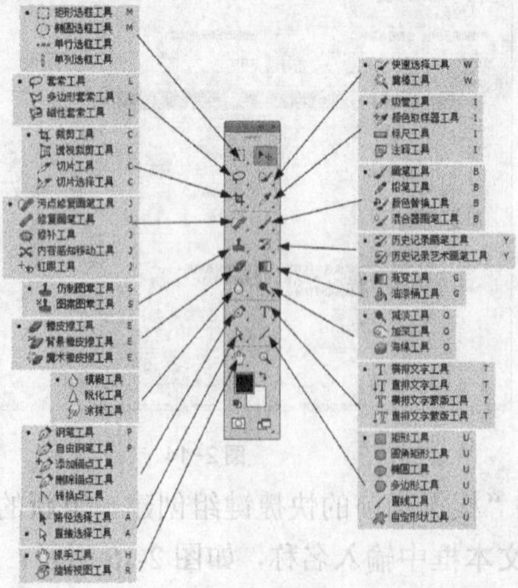

图 2-17

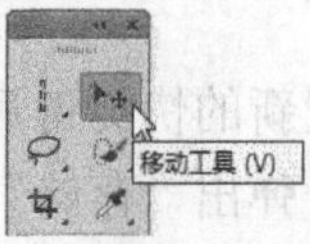

图 2-18

切换工具箱的显示状态：Photoshop CS6 的工具箱可以根据需要在单栏与双栏之间自由切换。当工具箱显示为双栏时，如图 2-19 所示；单击工具箱上方的双箭头图标，即可转换为单栏从而节省工作空间，如图 2-20 所示。

图 2-19

图 2-20

显示隐藏工具箱：在工具箱中，部分工具图标的右下方有一个黑色的小三角，表示在该工具下还有隐藏的工具。在工具箱中有小三角的工具图标上单击，并按住鼠标不放，可弹出隐藏工具选项，如图 2-21 所示。将光标移动到需要的工具图标上，即可选择该工具。

恢复工具箱的默认设置：要想恢复工具默认的设置，可以选择该工具，在相应的工具属性栏中右键单击工具图标，在弹出的菜单中选择“复位工具”命令，如图 2-22 所示。

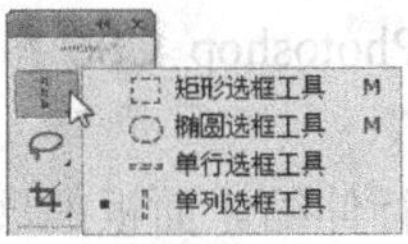

图 2-21

图 2-22

光标的显示状态：当选择工具箱中的工具后，图像中的光标就变为工具图标。例如，选择“裁剪”工具，图像窗口中的光标便显示为裁剪工具的图标，如图 2-23 所示。选择“画笔”工具，光标显示为画笔工具的对应图标，如图 2-24 所示。按 Caps Lock 键，光标则转换为精确的十字形图标，如图 2-25 所示。

图 2-23

图 2-24

图 2-25

2.1.3 属性栏

当选择某个工具后，会出现相应的工具属性栏，可以通过它对工具进行进一步的设置。例如，当选择“魔棒”工具时，工作界面的上方就会出现相应的魔棒工具属性栏，可以应用属性栏中的各个命令对工具做进一步的设置，如图 2-26 所示。

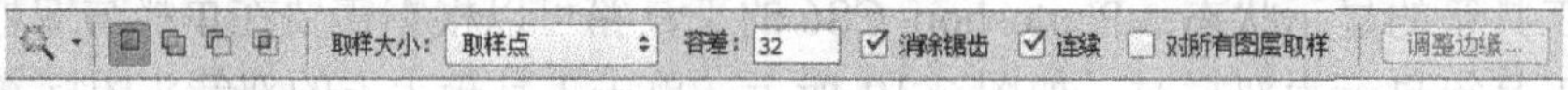

图 2-26

2.1.4 状态栏

打开一幅图像，其下方会出现该图像的状态栏，如图 2-27 所示。

状态栏的左侧显示当前图像缩放显示的百分数，在显示区的文本框中输入数值可改变图像窗口的显示比例。

状态栏的中间显示当前图像的文件信息，单击三角形图标▶，在弹出的菜单中可以选择当前图像的相关信息，如图 2-28 所示。

图 2-27

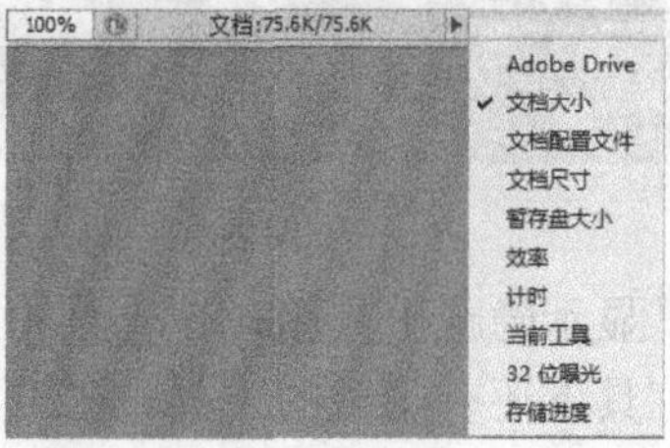

图 2-28

2.1.5 控制面板

控制面板是处理图像时另一个不可或缺的部分。Photoshop CS6 界面为用户提供了多个控制面板组。

收缩与扩展控制面板：控制面板可以根据需要进行伸缩。面板的展开状态如图 2-29 所示。单击控制面板上方的双箭头图标▸▸，可以收缩控制面板，如图 2-30 所示。如果要展开某个控制面板，可以直接单击其选项卡，相应的控制面板会自动弹出，如图 2-31 所示。

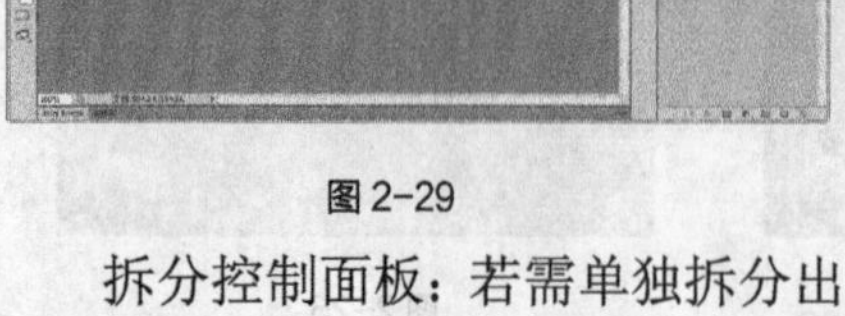

图 2-29

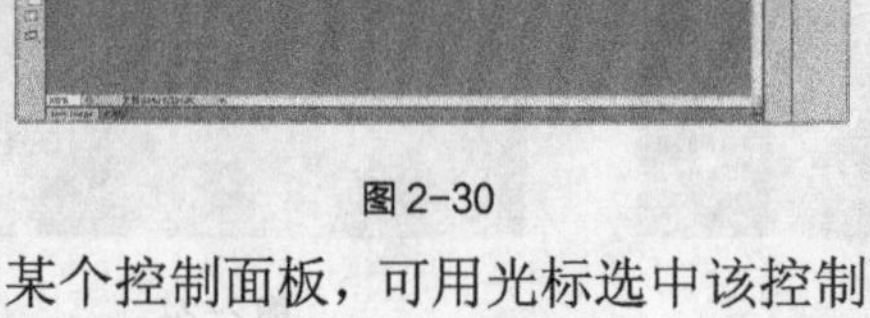

图 2-30

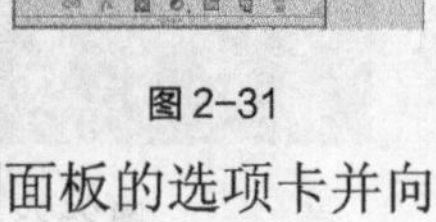

图 2-31

拆分控制面板：若需单独拆分出某个控制面板，可用光标选中该控制面板的选项卡并向工作区拖曳，如图 2-32 所示。选中的控制面板将被单独拆分出来，如图 2-33 所示。

组合控制面板：可以根据需要将两个或多个控制面板组合到一个面板组中，以节省操作空间。要组合控制面板，可以选中外部控制面板的选项卡，按住鼠标左键将其拖曳到要组合的面板组中，面板组周围会出现蓝色的边框，如图 2-34 所示。此时释放鼠标，控制面板将被组合到面板组中，如图 2-35 所示。

控制面板弹出式菜单：单击控制面板右上方的图标▾≡，可以弹出控制面板的相关命令菜单，应用这些菜单可以提高控制面板的功能性，如图 2-36 所示。

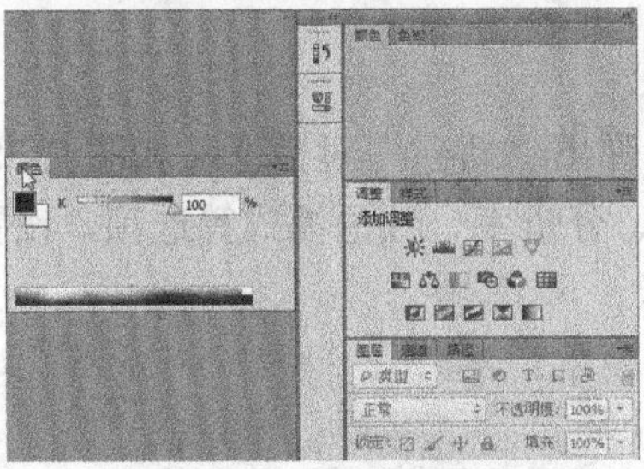

图 2-32

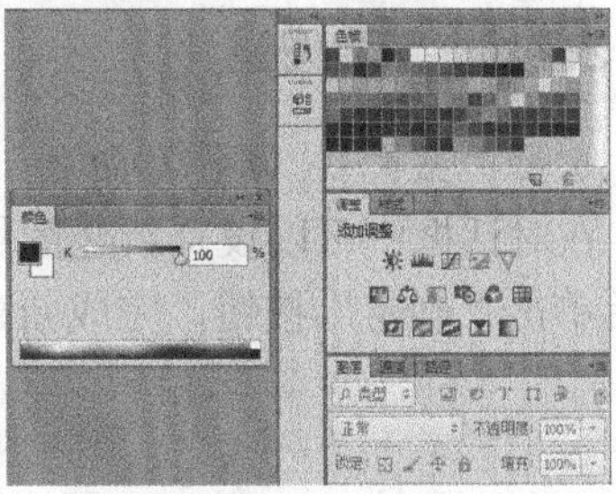

图 2-33

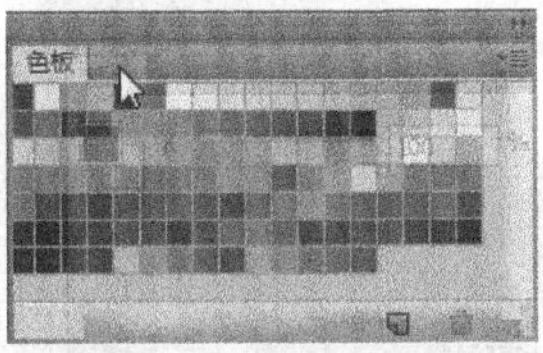

图 2-34

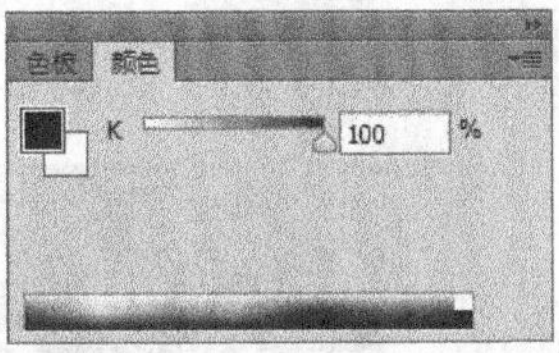

图 2-35

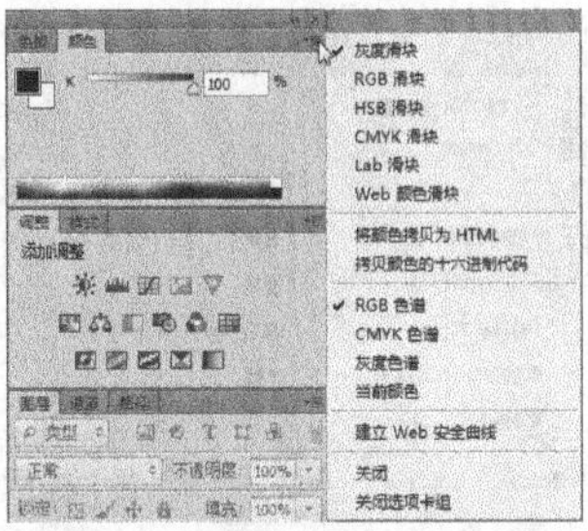

图 2-36

隐藏与显示控制面板：按 Tab 键，可隐藏工具箱和控制面板；再次按 Tab 键，可显示隐藏的部分。按 Shift+Tab 组合键，可隐藏控制面板；再次按 Shift+Tab 组合键，可显示隐藏的部分。

提示

按 F5 键可显示或隐藏“画笔”控制面板，按 F6 键可显示或隐藏“颜色”控制面板，按 F7 键可显示或隐藏“图层”控制面板，按 F8 键可显示或隐藏“信息”控制面板，按 Alt+F9 组合键可显示或隐藏“动作”控制面板。

自定义工作区：可以依据操作习惯自定义工作区、存储控制面板及设置工具的排列方式，设计出个性化的 Photoshop CS6 界面。

设置工作区后，选择“窗口 > 工作区 > 新建工作区”命令，弹出“新建工作区”对话框，输入工作区名称，单击“存储”按钮，即可将自定义的工作区进行存储，如图 2-37 所示。

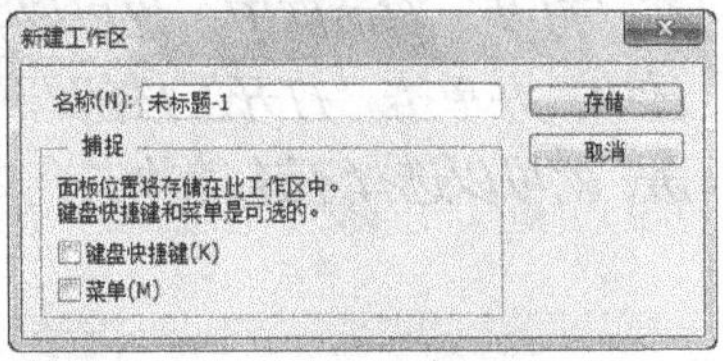

图 2-37

使用自定义工作区时，可在“窗口 > 工作区”的子菜单中选择新保存的工作区名称。要恢复使用 Photoshop CS6 默认的工作区状态，可以选择菜单“窗口 > 工作区 > 复位基本功能”命令进行恢复。选择“窗口 > 工作区 > 删除工作区”命令，即可删除自定义的工作区。

2.2 文件操作

新建图像是使用 Photoshop CS6 进行设计的第一步。要在一个空白的图像上绘图，就要在 Photoshop CS6 中新建一个图像文件。

2.2.1 新建图像

选择“文件 > 新建”命令，或按 Ctrl+N 组合键，弹出“新建”对话框，如图 2-38 所示。在对话框中可以设置新建图像的名称、宽度和高度、分辨率、颜色模式等选项，设置完成后单击“确定”按钮，完成新建的图像如图 2-39 所示。

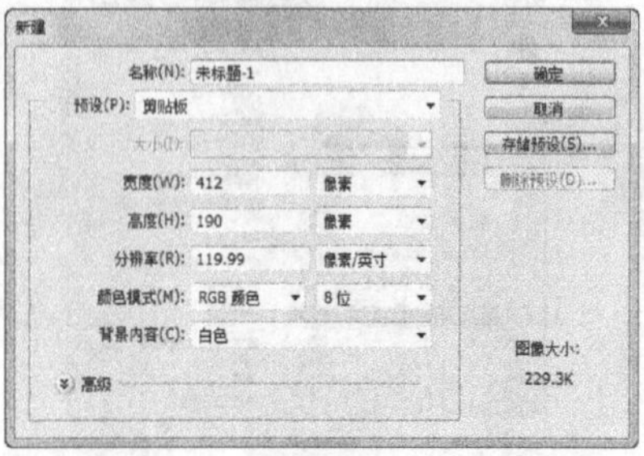

图 2-38

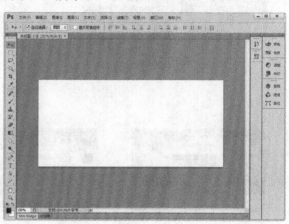

图 2-39

2.2.2 打开图像

要修改和处理图像，就要在 Photoshop CS6 中打开该图像。

选择“文件 > 打开”命令，或按 Ctrl+O 组合键，弹出“打开”对话框，在对话框中搜索路径和文件，确认文件类型和名称，如图 2-40 所示。然后单击“打开”按钮，或直接双击文件，即可打开所指定的图像，如图 2-41 所示。

提示

在“打开”对话框中，也可以一次同时打开多个文件，只要在文件列表中将所需的几个文件选中，并单击“打开”按钮即可。在“打开”对话框中选择文件时，按住 Ctrl 键并用鼠标单击，就可以选择不连续的多个文件；按住 Shift 键并用鼠标单击，就可以选择连续的多个文件。

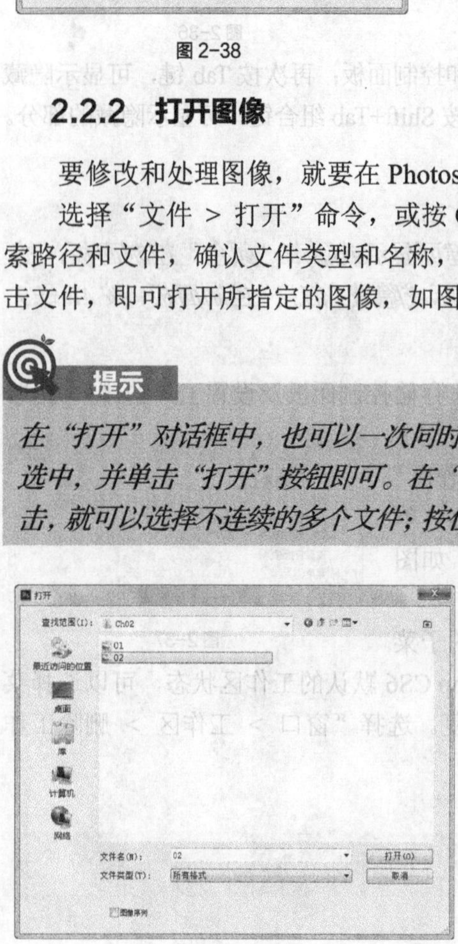

图 2-40

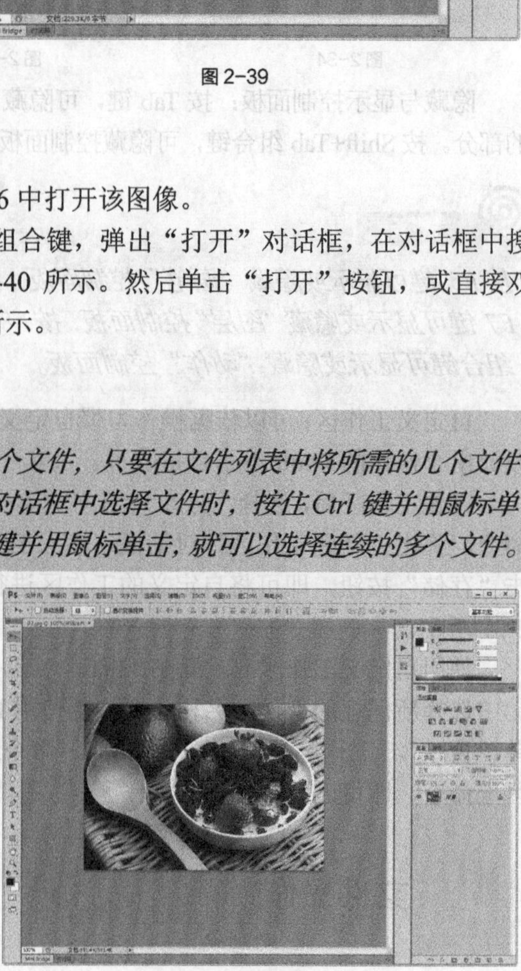

图 2-41

2.2.3 保存图像

编辑和制作完图像后，就需要保存，以便下次打开继续操作。

选择“文件 > 存储”命令，或按 Ctrl+S 组合键，可以存储文件。当第一次存储设计好的作品时，选择菜单“文件 > 存储”命令，将弹出“存储为”对话框，在对话框中输入文件名、选择文件格式后，单击“保存”按钮，即可将图像保存，如图 2-42 所示。

提示

当对已存储过的图像文件进行各种编辑操作后，选择“存储”命令将不弹出“存储为”对话框，计算机会直接保存最终确认的结果，并覆盖原始文件。

2.2.4 关闭图像

将图像存储后，就可以关闭。选择“文件 > 关闭”命令，或按 Ctrl+W 组合键，可以关闭图像。关闭图像时，若当前文件被修改过或是新建文件，则会弹出如图 2-43 所示的提示框，单击“是”按钮即可存储并关闭图像。

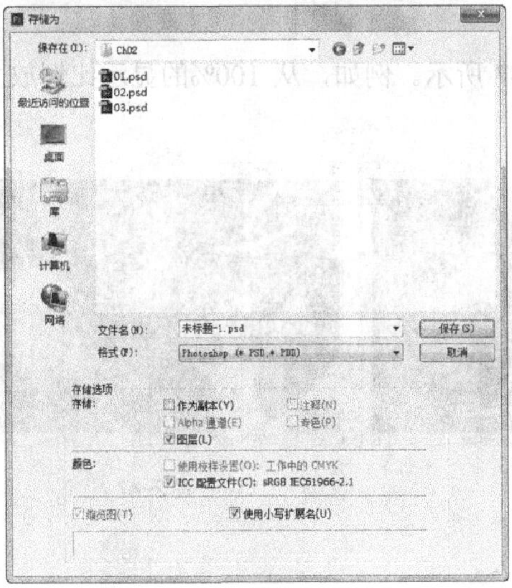

图 2-42

图 2-43

2.3 图像的显示效果

使用 Photoshop CS6 编辑和处理图像时，可以通过改变图像的显示比例使工作更便捷、高效。

2.3.1 100%显示图像

100%显示图像如图 2-44 所示，在此状态下可以对文件进行精确的编辑。

图 2-44

2.3.2 放大显示图像

选择“缩放”工具，在图像中光标变为放大图标，每单击一次，图像就会放大一倍。当图像以 100%的比例显示时，在图像窗口中单击 1 次，图像则以 200%的比例显示，效果如图 2-45 所示。

当要放大一个指定的区域时，在需要的区域按住鼠标不放，选中的区域会放大显示，直到需要的大小后释放鼠标，如图 2-46 所示。取消勾选“细微缩放”复选框，可在图像上框选出矩形选区，以将选中的区域放大。

按 Ctrl++组合键可逐次放大图像，如图 2-47 所示。例如，从 100%的显示比例放大到 200%、300%、400%。

图 2-45

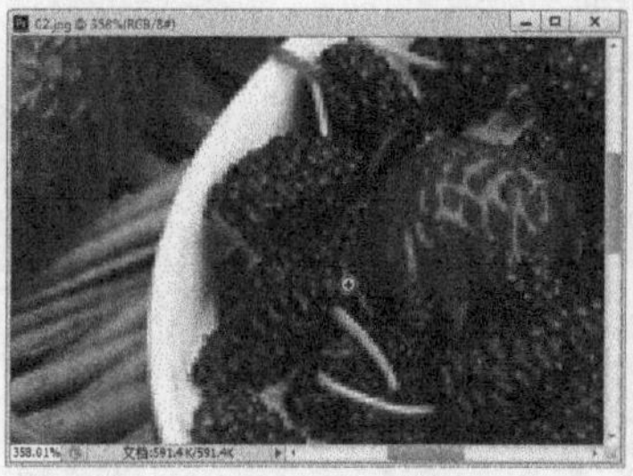

图 2-46

图 2-47

2.3.3 缩小显示图像

缩小显示图像一方面可以用有限的屏幕空间显示出更多的图像，另一方面可以看到一个较大图像的全貌。

选择“缩放”工具，在图像中光标变为放大工具图标。按住 Alt 键不放，光标变为缩小工具图标。每单击一次，图像将缩小显示一级，缩小显示后的效果如图 2-48 所示。按 Ctrl+－组合键可逐次缩小图像，如图 2-49 所示。

图 2-48

也可在缩放工具属性栏中单击缩小工具按钮，如图 2-50 所示，则光标变为缩小工具图标。每单击一次鼠标，图像将缩小显示一级。

图 2-49

图 2-50

2.3.4 全屏显示图像

要将图像的窗口放大填满整个屏幕，可以在缩放工具的属性栏中单击“适合屏幕”按钮 适合屏幕 ，再勾选“调整窗口大小以满屏显示”复选框，如图 2-51 所示。这样在放大图像时，窗口就会和屏幕的尺寸相适应，效果如图 2-52 所示。单击“实际像素”按钮 实际像素 ，图像将以实际像素比例显示。单击“填充屏幕”按钮 填充屏幕 ，将缩放图像以适合屏幕。单击“打印尺寸”按钮 打印尺寸 ，图像将以打印分辨率显示。

图 2-51

图 2-52

2.3.5 图像窗口显示

当打开多个图像文件时，会出现多个图像文件窗口，这时就要对窗口进行布置和摆放。

同时打开多幅图像，效果如图 2-53 所示。按 Tab 键，关闭操作界面中的工具箱和控制面板，如图 2-54 所示。

图 2-53

图 2-54

选择“窗口 > 排列 > 全部垂直拼贴”命令，图像的排列效果如图 2-55 所示。选择“窗口 > 排列 > 全部水平拼贴”命令，图像的排列效果如图 2-56 所示。

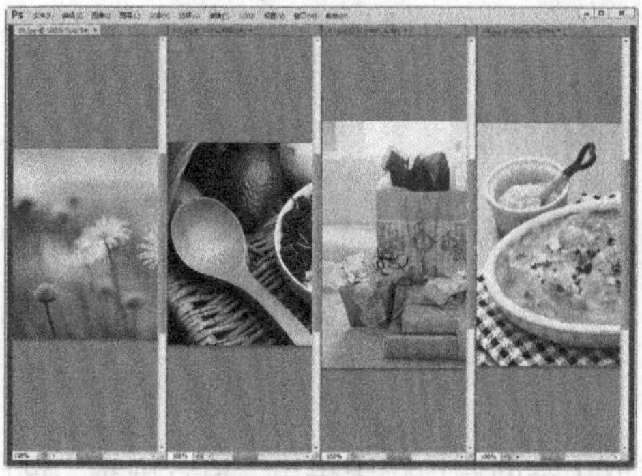

图 2-55

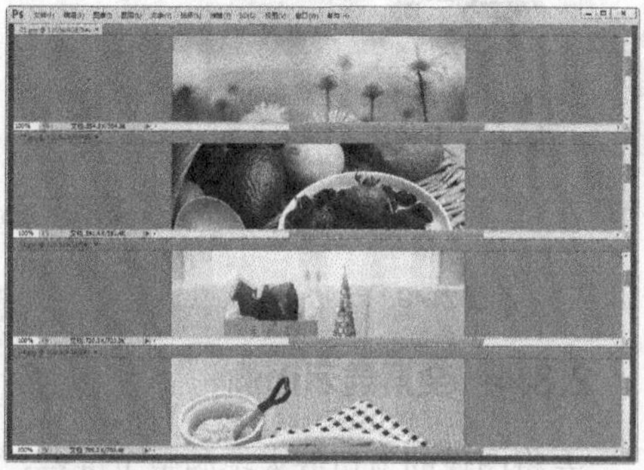

图 2-56

2.3.6 观察放大图像

选择“抓手”工具，在图像中光标变为抓手，拖曳图像可以观察图像的每个部分，效果如图 2-57 所示。直接拖曳图像周围的垂直和水平滚动条，也可观察图像的每个部分，效果如图 2-58 所示。如果正在使用其他工具进行工作，按住 Spacebar（空格）键即可快速切换到“抓手”工具。

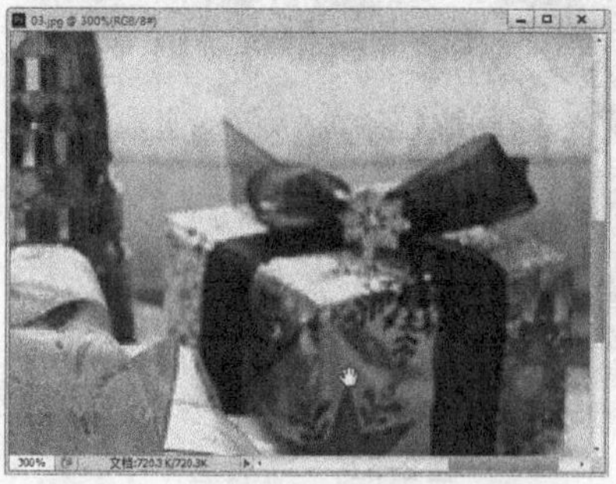

图 2-57

图 2-58

2.4 标尺、参考线和网格线的设置

标尺、参考线和网格线的设置可以使图像处理更加精确，因此在实际设计任务中应用广泛。

2.4.1 标尺的设置

设置标尺可以精确地编辑和处理图像。选择“编辑 > 首选项 > 单位与标尺”命令，弹出相应的对话框，如图 2-59 所示。

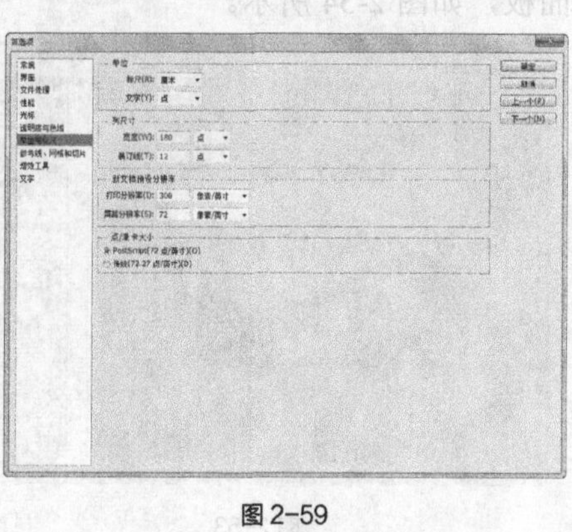

图 2-59

单位：用于设置标尺和文字的显示单位，有不同的显示单位可供选择。列尺寸：用于用列来精确确

定图像的尺寸。点/派卡大小：与输出有关。选择“视图 > 标尺”命令，可以将标尺显示或隐藏，如图 2-60 和图 2-61 所示。

将光标放在标尺的 x 轴和 y 轴的 0 点处，如图 2-62 所示。单击并按住鼠标不放，向右下方拖曳到适当的位置，如图 2-63 所示。释放鼠标，标尺的 x 轴和 y 轴的 0 点就变为鼠标移动后的位置，如图 2-64 所示。

图 2-60

图 2-61

图 2-62

图 2-63

图 2-64

2.4.2　参考线的设置

设置参考线：设置参考线可以更精确地编辑图像的位置。将光标放在水平标尺上，按住鼠标不放，向下拖曳出水平的参考线，效果如图 2-65 所示。将光标放在垂直标尺上，按住鼠标不放，向右拖曳出垂直的参考线，效果如图 2-66 所示。

显示或隐藏参考线：选择“视图 > 显示 > 参考线”命令，可以显示或隐藏参考线，注意此命令只有在存在参考线的前提下才能应用。

移动参考线：选择“移动”工具，将光标放在参考线上，此时光标变为，按住鼠标拖曳即可移动参考线。

锁定、清除、新建参考线：选择“视图 > 锁定参考线”命令或按 Alt +Ctrl+; 组合键，可以将参考线锁定，之后将不能移动。选择“视图 > 清除参考线”命令，可以将参考线清除。选择“视图 > 新建参考线”命令，弹出“新建参考线”对话框，设定后单击“确定”按钮，图像中将出现新建的参考线，如图 2-67 所示。

2.4.3　网格线的设置

设置网格线可以更精准地处理图像。选择“编辑 > 首选项 > 参考线、网格和切片”命令，弹出相应的对话框，如图 2-68 所示。

图 2-65

图 2-66

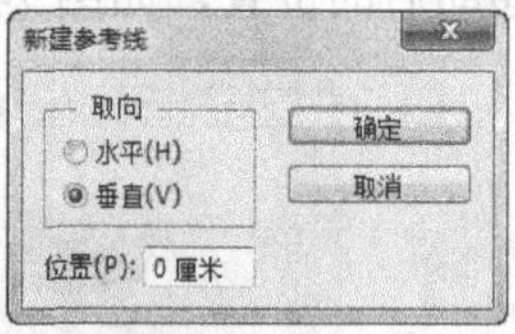

图 2-67

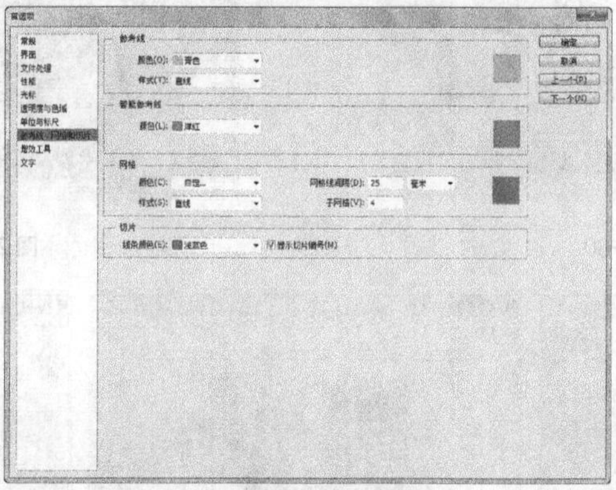

图 2-68

参考线：用于设定参考线的颜色和样式。网格：用于设定网格的颜色、样式、网格线间隔、子网格等。切片：用于设定切片的颜色和显示切片的编号。

选择“视图 > 显示 > 网格”命令，可以显示或隐藏网格，如图 2-69 和图 2-70 所示。

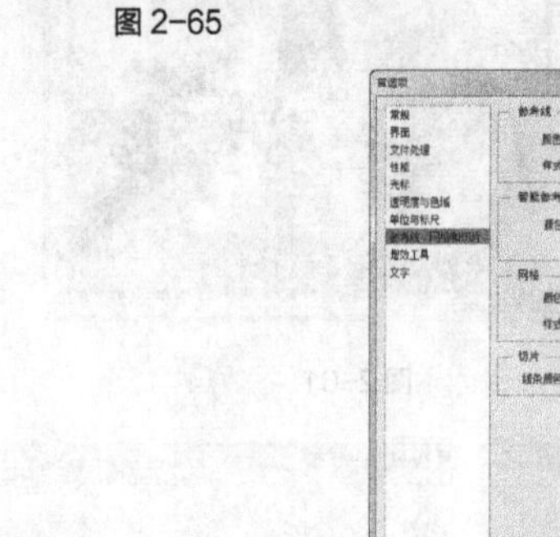

图 2-69

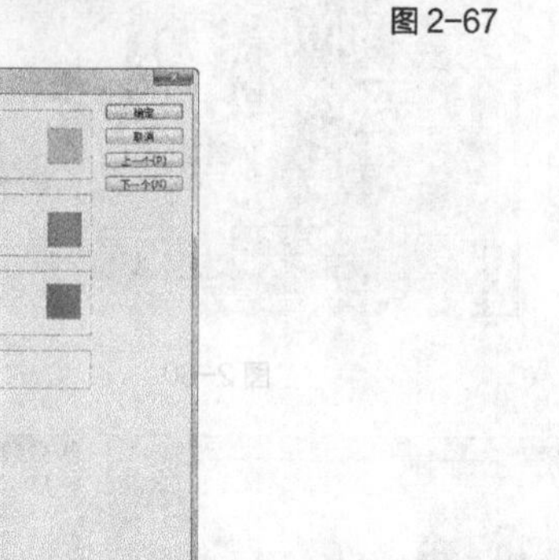

图 2-70

2.5 图像和画布尺寸的调整

根据制作过程中的不同需求，可以随时调整图像和画布的尺寸。

2.5.1 图像尺寸的调整

打开一幅图像，选择“图像 > 图像大小”命令，弹出“图像大小”对话框，如图 2-71

所示。

像素大小：通过改变“宽度”和“高度”选项的数值，改变图像在屏幕上显示的大小，图像的尺寸也相应改变。文档大小：通过改变“宽度”、“高度”和“分辨率”选项的数值，改变图像的文档大小，图像的尺寸也相应改变。缩放样式：勾选此复选框后，若在图像操作中添加了图层样式，可以在调整图像大小时自动缩放样式大小。约束比例：勾选此复选框后，在“宽度”和“高度”选项右侧出现锁链标志，表示改变其中一项设置时，两项会成比例地改变。重定图像像素：不勾选此复选框，像素的数值将不能单独设置，“文档大小”选项组中的“宽度”、“高度”和“分辨率”选项右侧将出现锁链标志，改变数值时 3 项会同时改变，如图 2-72 所示。

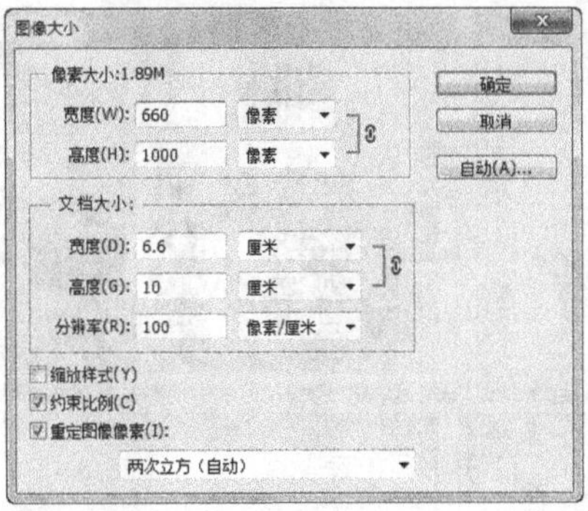

图 2-71

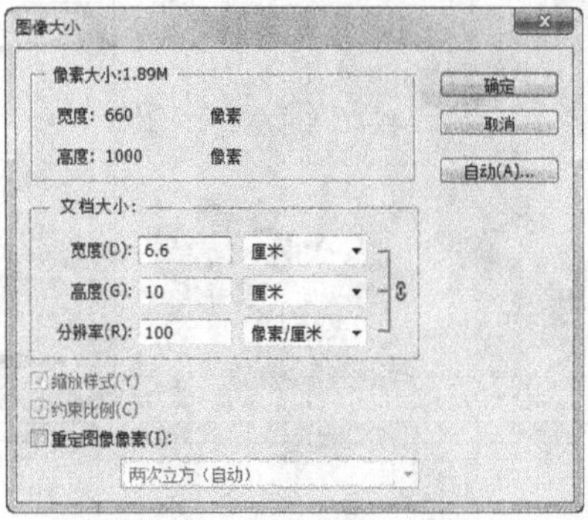

图 2-72

在“图像大小”对话框中改变选项数值的计量单位，可在选项右侧的下拉列表中进行选择，如图 2-73 所示。单击“自动”按钮，弹出“自动分辨率”对话框，系统将自动调整图像的分辨率和品质效果，如图 2-74 所示。

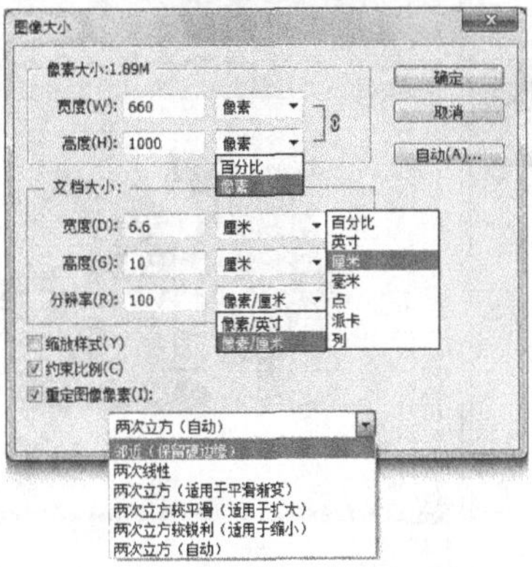

图 2-73

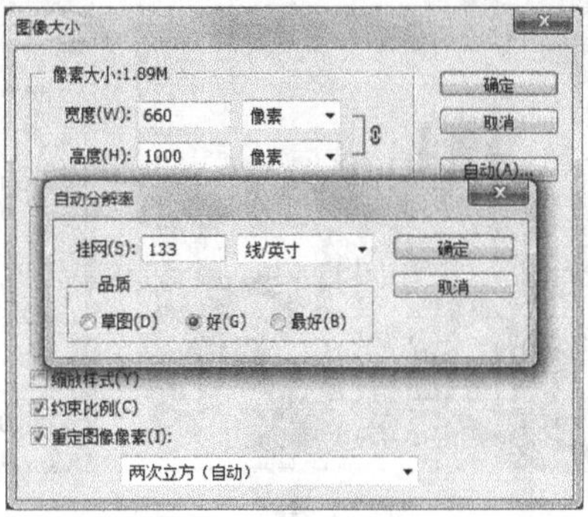

图 2-74

2.5.2 画布尺寸的调整

图像的画布尺寸是指当前图像周围工作空间的大小。选择“图像 > 画布大小”命令，弹出“画布大小”对话框，如图 2-75 所示。

当前大小：显示的是当前文件的大小和尺寸。新建大小：可重新设定图像画布的大小。定位：可调整图像在新画面中的位置，可偏左、居中或在右上角等，如图 2-76 所示。设置不同的调整方式，调整后的效果如图 2-77 所示。

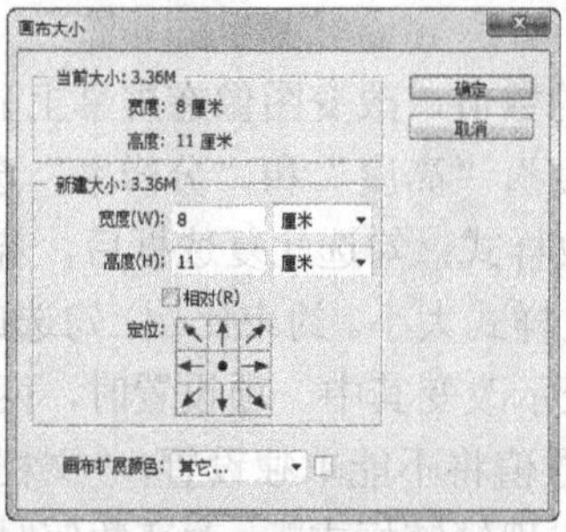

图 2-75

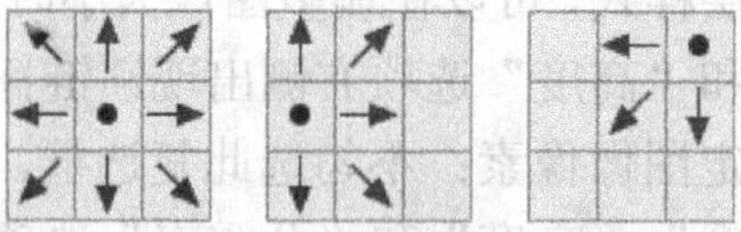

图 2-76

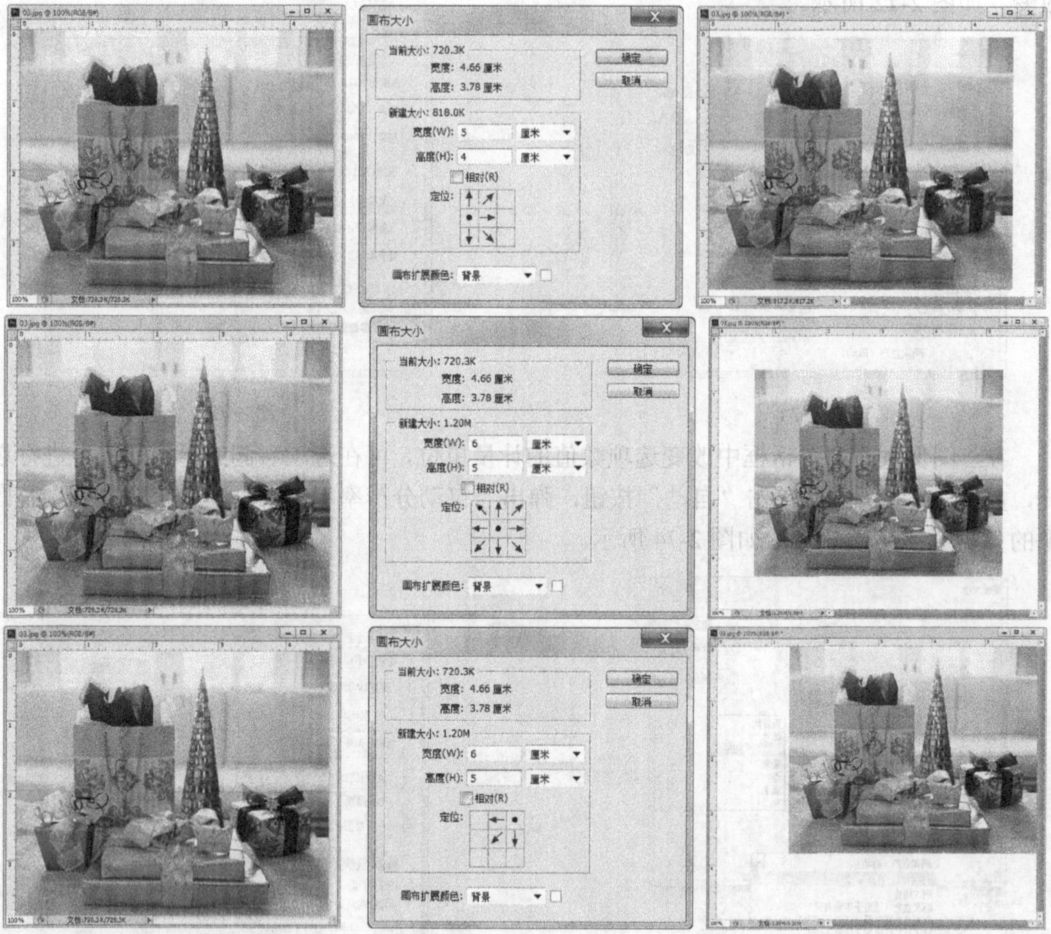

图 2-77

画布扩展颜色：在此选项的下拉列表中可以选择填充图像周围扩展部分的颜色，可以选择前景色、背景色或 Photoshop CS6 中的默认颜色，也可以自己调整所需颜色。在对话框中进行设置，如图 2-78 所示；单击“确定”按钮，效果如图 2-79 所示。

2.6 设置绘图颜色

在 Photoshop CS6 中可以使用“拾色器”对话框、“颜色”控制面板、“色板”控制面板对图像进行颜色的设置。

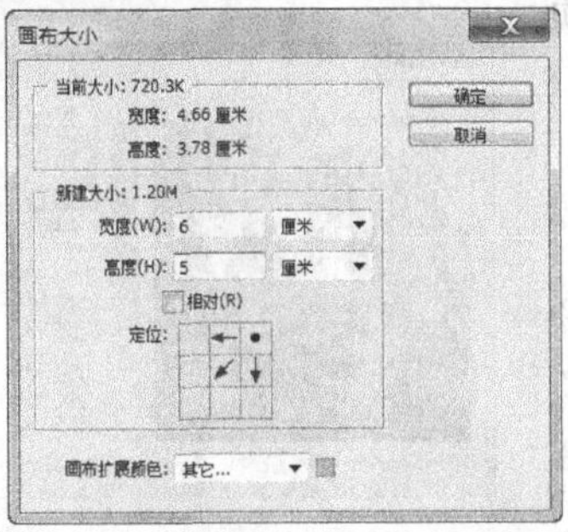

图 2-78

图 2-79

2.6.1　使用“拾色器”对话框设置颜色

可以在“拾色器”对话框中设置颜色。

使用颜色滑块和颜色选择区：在颜色色带上单击或拖曳两侧的三角形滑块，如图 2-80 所示，就可以使颜色的色相产生变化。

在“拾色器”对话框左侧的颜色选择区中，可以选择颜色的明度和饱和度，垂直方向表示的是明度的变化，水平方向表示的是饱和度的变化。

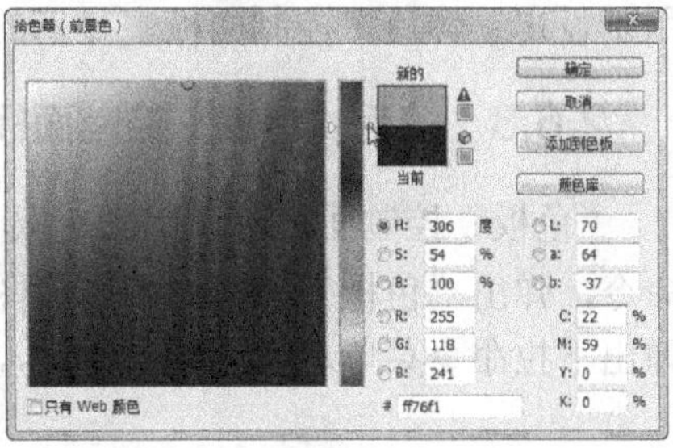

图 2-80

在对话框右侧上方的颜色框中会显示所选择的颜色，右侧下方是所选择颜色的 HSB，RGB，CMYK，Lab 值，选择好颜色后，单击“确定”按钮，所选择的颜色将变为工具箱中的前景色或背景色。

使用颜色库按钮选择颜色：在“拾色器”对话框中单击“颜色库”按钮 颜色库 ，弹出“颜色库”对话框，如图 2-81 所示。在对话框中，“色库”下拉菜单中是一些常用的印刷颜色体系，其中“TRUMATCH”是为印刷设计提供服务的印刷颜色体系，如图 2-82 所示。

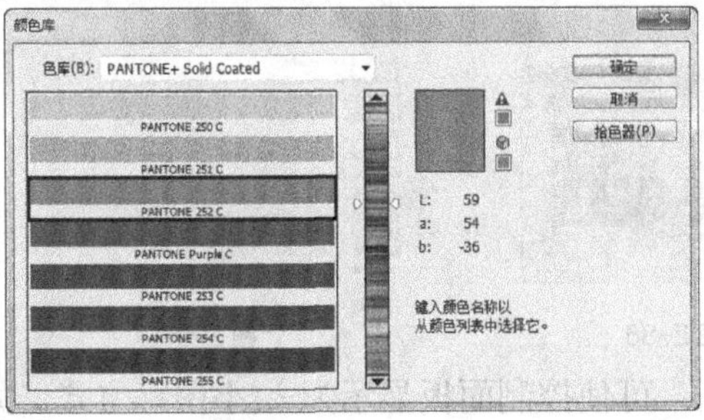

图 2-81

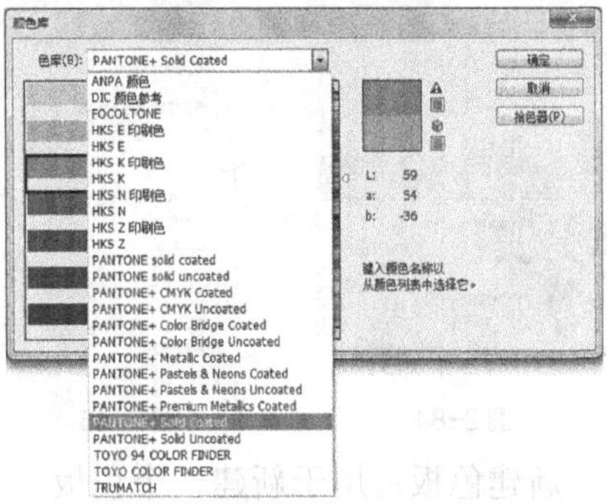

图 2-82

在颜色色相区域内单击或拖曳两侧的三角形滑块，可以使颜色的色相产生变化。在颜色选择区中选择带有编码的颜色，在对话框右侧上方的颜色框中会显示出所选择的颜色，右侧下方是所选择颜色的 CMYK 值。

通过输入数值选择颜色：在“拾色器”对话框中，右侧下方的 HSB，RGB，CMYK，Lab 色彩模式后面都带有可以输入数值的数值框，在其中输入所需颜色的数值也可达到目的。

勾选对话框左下方的“只有 Web 颜色”复选框，颜色选择区中会出现供网页使用的颜色，在右侧的数值框# cc66cc中，显示的是网页颜色的数值，如图 2-83 所示。

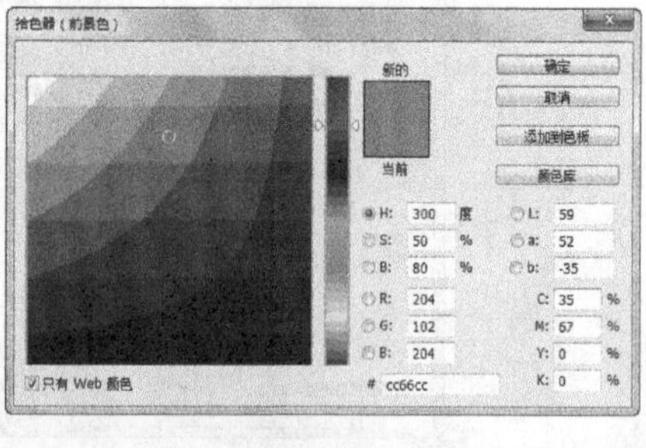

图 2-83

2.6.2 使用“颜色”控制面板设置颜色

“颜色”控制面板可以用来改变前景色和背景色。选择“窗口 > 颜色”命令，弹出“颜色”控制面板，如图 2-84 所示。

在“颜色”控制面板中，可先单击左侧的设置前景色或设置背景色图标来确定所调整的是前景色还是背景色；然后拖曳三角滑块或在色带中选择所需的颜色，或直接在颜色的数值框中输入数值即可调整颜色。

单击“颜色”控制面板右上方的图标，弹出下拉命令菜单，如图 2-85 所示。此菜单用于设定“颜色”控制面板中显示的颜色模式，可以在不同的颜色模式中调整颜色。

2.6.3 使用“色板”控制面板设置颜色

“色板”控制面板可以用来选取一种颜色以改变前景色或背景色。选择“窗口 > 色板”命令，弹出“色板”控制面板，如图 2-86 所示。单击“色板”控制面板右上方的图标，弹出下拉命令菜单，如图 2-87 所示。

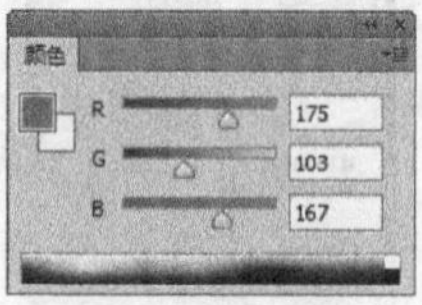

图 2-84

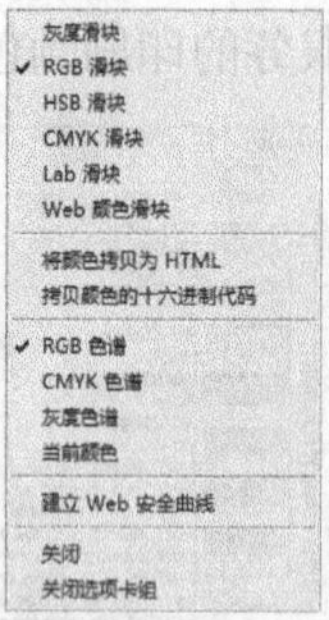

图 2-85

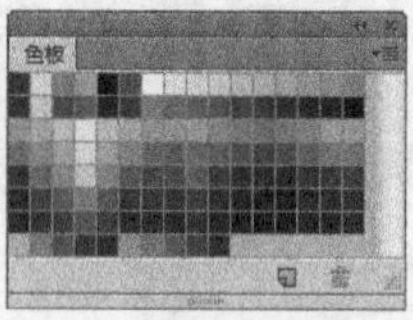

图 2-86

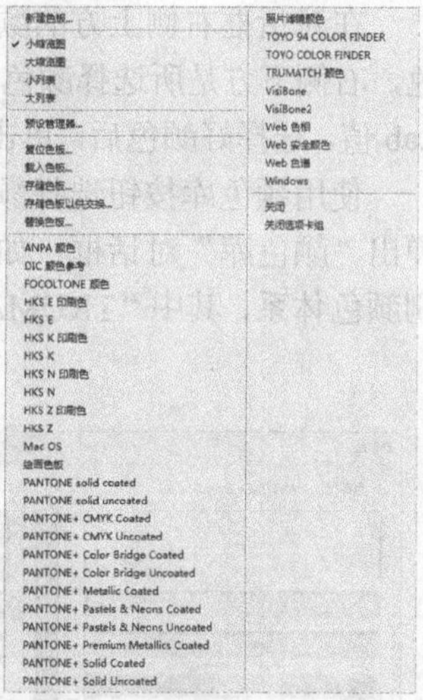

图 2-87

新建色板：用于新建一个色板。大/小缩览图：可使控制面板显示为大/小图标方式。大/小列表：可使控制面板显示为大/小列表方式。预设管理器：用于对色板中的颜色进行管理。复位色板：用于恢复系统的初始设置状态。载入色板：用于向“色板”控制面板中增加色板文件。存储色板：用于将当前“色板”控制面板中的色板文件存入硬盘。存储色板以供交换：通过存储用于交换的色板库，可以在其他软件中共享创建的实色色板。替换色板：用于替换“色板”控制面板中现有的色板文件。ANPA 颜色选项以下都是配置的颜色库。

在“色板”控制面板中，将光标移到空白处，光标变为油漆桶，如图 2-88 所示。此时单击可弹出“色板名称”对话框，如图 2-89 所示。单击“确定”按钮，即可将当前的前景色添加到“色板”控制面板中，如图 2-90 所示。

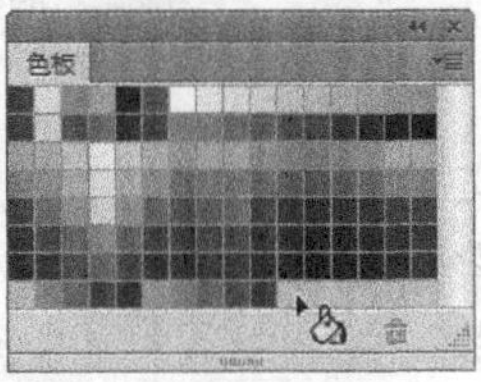

图 2-88

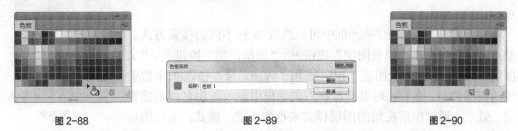

图 2-89

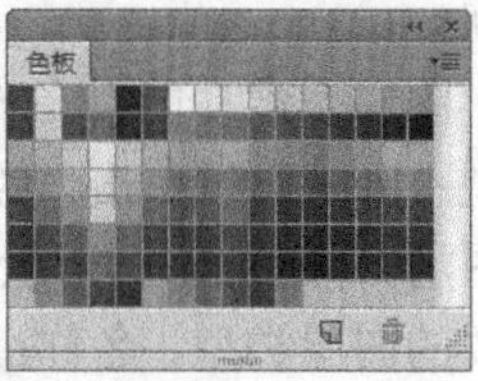

图 2-90

在“色板”控制面板中，将光标移到色标上，光标变为吸管，如图 2-91 所示。此时单击将设置吸取的颜色为前景色，如图 2-92 所示。

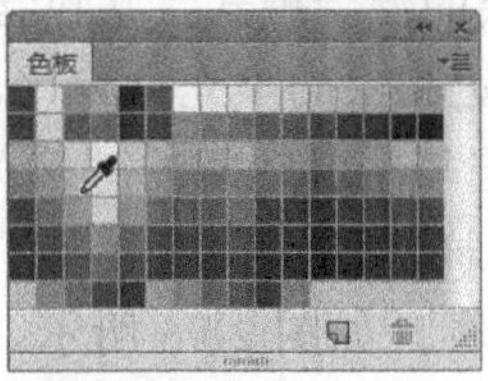

图 2-91

图 2-92

技巧

在“色板”控制面板中，按住 Alt 键并将光标移到颜色色标上，光标变为剪刀，此时单击可删除当前的颜色色标。

2.7　了解图层的含义

图层是在不影响图像中其他图像元素的情况下对某一图像元素进行处理。可以将图层想象成一张张叠起来的硫酸纸，透过图层的透明区域可以看到下面的图层。通过更改图层的顺序和属性，可以改变图像的合成。图像效果如图 2-93 所示，图层原理如图 2-94 所示。

图 2-93

图 2-94

2.7.1　“图层”控制面板

“图层”控制面板列出了图像中的所有图层、组和图层效果，如图 2-95 所示。使用“图层”控制面板可以搜索图层、显示和隐藏图层、创建新图层以及处理图层组；还可以在“图层”控制面板的弹出式菜单中设置其他命令和选项。

图 2-95

图层搜索功能：在框中可以选取 6 种不同的搜索方式。类型：可以通过单击“像素图层”按钮、“调整图层”按钮、“文字图层”按钮、“形状图层”按钮和“智能对象”按钮来搜索需要的图层类型。名称：可以通过在右侧的框中输入图层名称来搜索图层。效果：通过图层应用的图层样式来搜索图层。模式：通过图层设定的混合模式来搜索图层。属性：通过图层的可见性、锁定、链接、混合、蒙版等属性来搜索图层。颜色：通过不同的图层颜色来搜索图层。

图层混合模式：用于设定图层的混合模式，共包含 27 种混合模式。不透明度：用于设定图层的不透明度。填充：用于设定图层的填充百分比。眼睛图标：用于打开或隐藏图层中的内容。锁链图标：表示图层与图层之间的链接关系。图标T：表示此图层为可编辑的文字层。图标：为图层添加了样式。

在“图层”控制面板的上方有 4 个工具图标，如图 2-96 所示。

锁定透明像素：用于锁定当前图层中的透明区域，使透明区域不能被编辑。锁定图像像素：使当前图层和透明区域不能被编辑。锁定位置：使当前图层不能被移动。锁定全部：使当前图层或序列完全被锁定。

在“图层”控制面板的下方有 7 个工具图标，如图 2-97 所示。

图 2-96

图 2-97

链接图层：使所选图层和当前图层成为一组，当对一个链接图层进行操作时，将影响一组链接图层。添加图层样式：为当前图层添加图层样式效果。添加图层蒙版：将在当前层上创建一个蒙版。在图层蒙版中，黑色代表隐藏图像，白色代表显示图像。可以使用画笔等绘图工具对蒙版进行绘制，还可以将蒙版转换成选择区域。创建新的填充或调整图层：可对图层进行颜色填充和效果调整。创建新组：用于新建一个文件夹，可在其中放入图层。创建新图层：用于在当前图层上方创建一个新层。删除图层：即垃圾桶，可以将不需要的图层拖到此处进行删除。

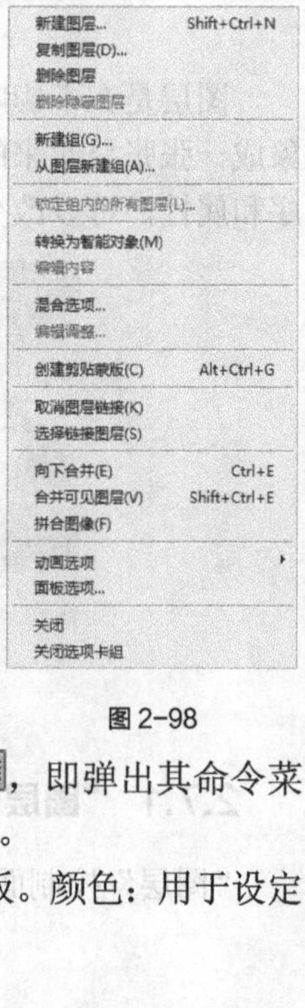

图 2-98

2.7.2 “图层”命令菜单

单击“图层”控制面板右上方的图标，即弹出其命令菜单，如图 2-98 所示。

2.7.3 新建图层

使用控制面板弹出式菜单：单击“图层”控制面板右上方的图标，即弹出其命令菜单；选择“新建图层”命令，弹出“新建图层”对话框，如图 2-99 所示。

名称：用于设定当前图层的名称，可以选择与前一图层创建剪贴蒙版。颜色：用于设定当前图层的颜色。模式：用于设定当前图层的合成模式。不透明度：用于设定当前图层的不透明度值。

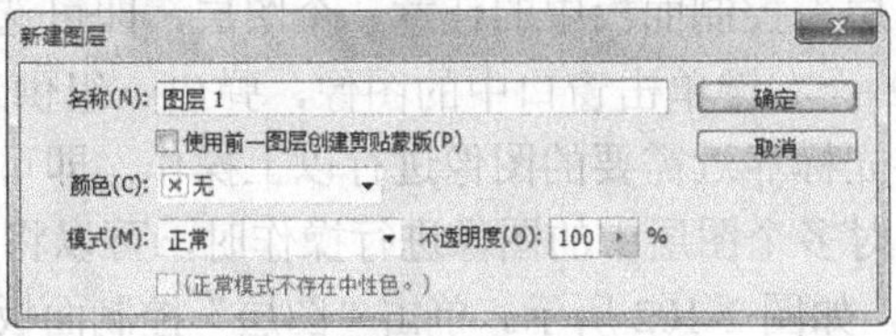

图 2-99

使用控制面板按钮或快捷键：单击“图层”控制面板下方的“创建新图层”按钮，可以创建一个新图层。按住 Alt 键并单击“创建新图层”按钮，将弹出“新建图层”对话框。

使用“图层”菜单命令或快捷键：选择“图层 > 新建 > 图层”命令，弹出“新建图层”对话框。按 Shift+Ctrl+N 组合键，也可以弹出“新建图层”对话框。

2.7.4 复制图层

使用控制面板弹出式菜单：单击“图层”控制面板右上方的图标，即弹出其命令菜单；选择“复制图层”命令，弹出“复制图层”对话框，如图 2-100 所示。

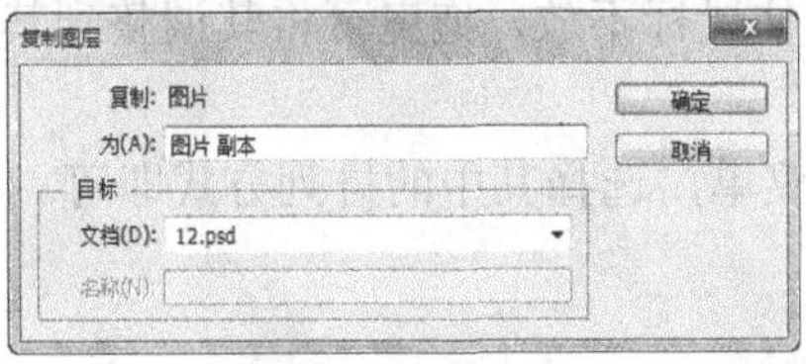

图 2-100

为：用于设定复制层的名称。文档：用于设定复制层的文件来源。

使用控制面板按钮：将需要复制的图层拖曳到控制面板下方的“创建新图层”按钮上，可以将所选的图层复制为一个新图层。

使用菜单命令：选择“图层 > 复制图层”命令，弹出“复制图层”对话框。

使用拖曳的方法复制不同图像之间的图层：打开目标图像和需要复制的图像，将需要复制图像中图层直接拖曳到目标图像的图层中，即可完成图层复制。

2.7.5 删除图层

使用控制面板弹出式菜单：单击“图层”控制面板右上方的图标，即弹出其命令菜单；选择“删除图层”命令，弹出提示对话框，如图 2-101 所示。

使用控制面板按钮：选中要删除的图层，单击“图层”控制面板下方的“删除图层”按钮，即可删除图层；或将需要删除的图层直接拖曳到“删除图层”按钮上进行删除。

使用菜单命令：选择“图层 > 删除 > 图层”命令，即可删除图层。

图 2-101

2.7.6 图层的显示和隐藏

单击“图层”控制面板中任意图层左侧的眼睛图标，即可隐藏或显示这个图层。

按住 Alt 键并单击“图层”控制面板中任意图层左侧的眼睛图标，此时图层控制面板中将只显示这个图层，其他图层被隐藏。

2.7.7 图层的选择、链接和排列

选择图层：单击“图层”控制面板中的任意一个图层，即可选择这个图层。

选择“移动”工具，右键单击窗口中的图像，弹出一组供选择的图层选项菜单，选择所需要的图层即可。将光标靠近需要的图像进行以上操作，即可选择该图像所在的图层。

链接图层：当要同时对多个图层中的图像进行操作时，可以将多个图层进行链接以方便操作。选中要链接的图层，如图 2-102 所示。单击“图层”控制面板下方的“链接图层”按钮，选中的图层即被链接，如图 2-103 所示。再次单击“链接图层”按钮，可取消链接。

图 2-102

图 2-103

排列图层：单击“图层”控制面板中的任意图层并按住鼠标不放，拖曳可将其调整到其他图层的上方或下方。

选择“图层 > 排列”命令，弹出“排列”命令的子菜单，选择其中的排列方式即可。

提示

按 Ctrl+［ 组合键，可以将当前图层向下移动一层；按 Ctrl+］ 组合键，可以将当前图层向上移动一层；按 Ctrl+Shift+［ 组合键，可以将当前图层移动到除背景图层以外所有图层的下方；按 Ctrl+Shift+］ 组合键，可以将当前图层移动到所有图层的上方。注意背景图层不能随意移动，可转换为普通图层后再移动。

2.7.8 合并图层

“向下合并”命令用于向下合并图层。单击“图层”控制面板右上方的图标，在弹出式菜单中选择“向下合并”命令，或按 Ctrl+E 组合键即可。

“合并可见图层”命令用于合并所有可见图层。单击“图层”控制面板右上方的图标，在弹出式菜单中选择“合并可见图层”命令，或按 Ctrl+Shift+E 组合键即可。

“拼合图像”命令用于合并所有的图层。单击“图层”控制面板右上方的图标，在弹出式菜单中选择“拼合图像”命令即可。

2.7.9 图层组

当编辑多层图像时，为了方便操作，可以将多个图层建立在一个图层组中。单击“图层”控制面板右上方的图标，在弹出式菜单中选择“新建组”命令，弹出“新建组”对话框，单击“确定”按钮，新建一个图层组，如图 2-104 所示。选中要放置到组中的多个图层，如

图 2-105 所示。将其拖曳至图层组中，效果如图 2-106 所示。

图 2-104

图 2-105

图 2-106

提示

单击“图层”控制面板下方的“创建新组”按钮，可新建图层组；选择“图层 > 新建 > 组”命令，也可新建图层组；还可选中要放置在图层组中的所有图层，按 Ctrl+G 组合键，自动生成新的图层组。

2.8 恢复操作的应用

在绘制和编辑图像的过程中，经常会错误地执行一个步骤或对制作的一系列效果不满意。当希望恢复到前一步或原来的图像效果时，可以使用恢复操作命令。

2.8.1 恢复到上一步的操作

在编辑图像的过程中可以随时将操作返回到上一步，也可以还原图像到恢复前的效果。选择“编辑 > 还原”命令，或按 Ctrl+Z 组合键，即可恢复到图像的上一步操作。如果想还原图像到恢复前的效果，再按 Ctrl+Z 组合键即可。

2.8.2 中断操作

当 Photoshop CS6 正在进行图像处理时，要想中断这次操作，按 Esc 键即可。

2.8.3 恢复到操作过程的任意步骤

“历史记录”控制面板可将进行过多次处理操作的图像恢复到任何一步操作时的状态，即所谓的“多次恢复功能”。选择“窗口 > 历史记录”命令，弹出“历史记录”控制面板，如图 2-107 所示。

控制面板下方的按钮从左至右依次为“从当前状态创建新文档”按钮、“创建新快照”按钮、“删除当前状态”按钮。

单击控制面板右上方的图标，弹出“历史记录”控制面板的下拉命令菜单，如图 2-108 所示。

前进一步：用于将滑块向下移动一位。后退一步：用于将滑块向上移动一位。新建快照：

用于根据当前滑块所指的操作记录建立新的快照。删除：用于删除控制面板中滑块所指的操作记录。清除历史记录：用于清除控制面板中除最后一条记录外的所有记录。新建文档：用于由当前状态或者快照建立新的文件。历史记录选项：用于设置“历史记录”控制面板。关闭/关闭选项卡组：用于关闭“历史记录”控制面板和控制面板所在的选项卡组。

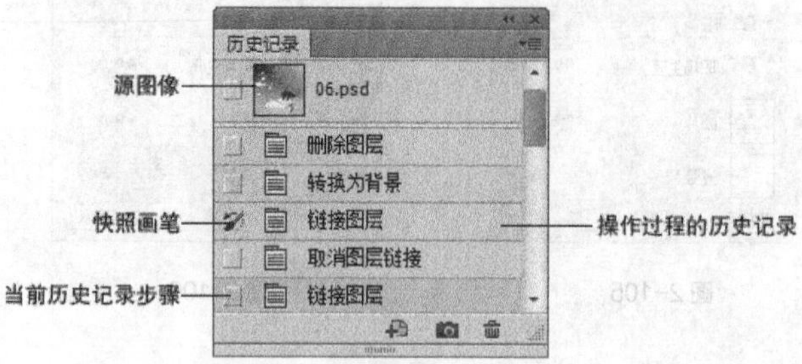

图 2-107

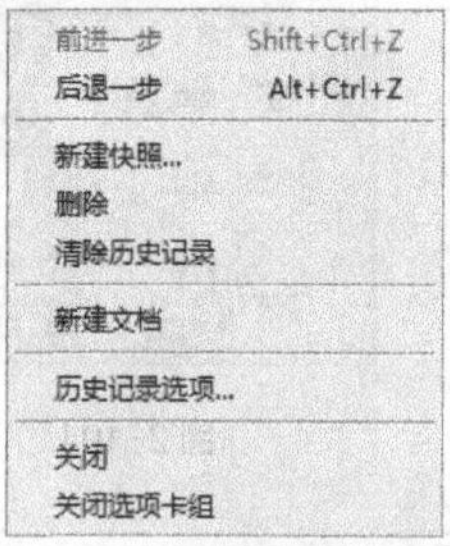

图 2-108

Photoshop CS6

3 Chapter

第3章
绘制和编辑选区

本章将主要介绍 Photoshop CS6 选区的概念、绘制选区的方法以及编辑选区的技巧。通过本章的学习，可以快速地绘制规则与不规则的选区，并对其进行移动、反选、羽化等调整操作。

课堂学习目标

- 选区工具的使用
- 选区的操作技巧

3.1 选区工具的使用

要编辑图像，首先要进行选择图像的操作，而能够快捷精确地选择图像是提高处理图像效率的关键。

3.1.1 选框工具

选择“矩形选框”工具，或反复按 Shift+M 组合键，其属性栏状态如图 3-1 所示。

图 3-1

新选区：去除旧选区，绘制新选区。添加到选区：在原有选区的上面增加新的选区。从选区减去：在原有选区上减去新选区的部分。与选区交叉：选择新旧选区重叠的部分。羽化：用于设定选区边界的羽化程度。消除锯齿：用于清除选区边缘的锯齿。样式：用于选择类型。

绘制矩形选区：选择“矩形选框”工具，在图像中适当的位置单击并按住鼠标，向右下方拖曳绘制选区；释放鼠标，矩形选区绘制完成，如图 3-2 所示。按住 Shift 键，在图像中可以绘制出正方形选区，如图 3-3 所示。

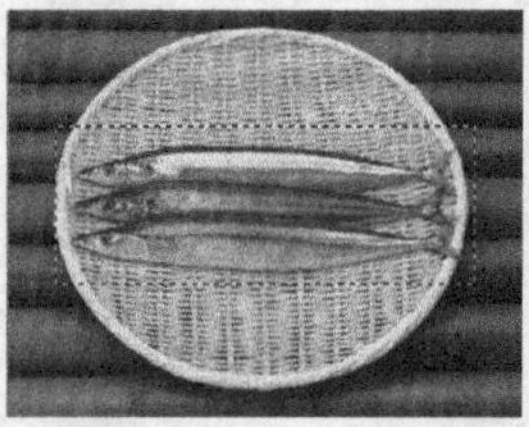

图 3-2

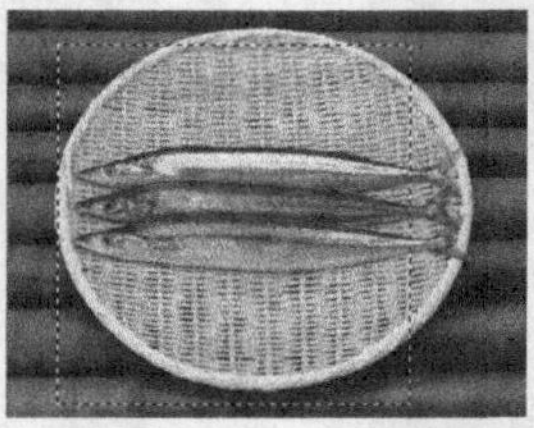

图 3-3

设置矩形选区的比例：在“矩形选框”工具的属性栏中，选择“样式”选项下拉列表中的“固定比例”，将“宽度”选项设为 1，“高度”选项设为 3，如图 3-4 所示。在图像中绘制固定比例的选区，效果如图 3-5 所示。单击“高度和宽度互换”按钮，可以快速地置换高度和宽度比的数值，互换后绘制的选区效果如图 3-6 所示。

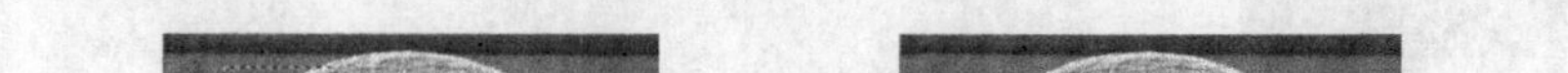

图 3-4

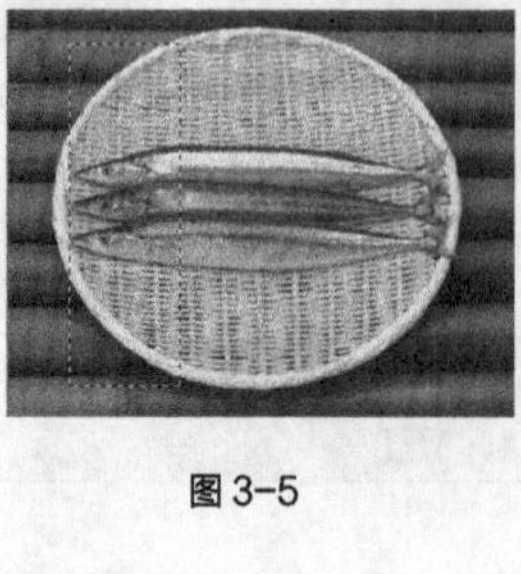

图 3-5

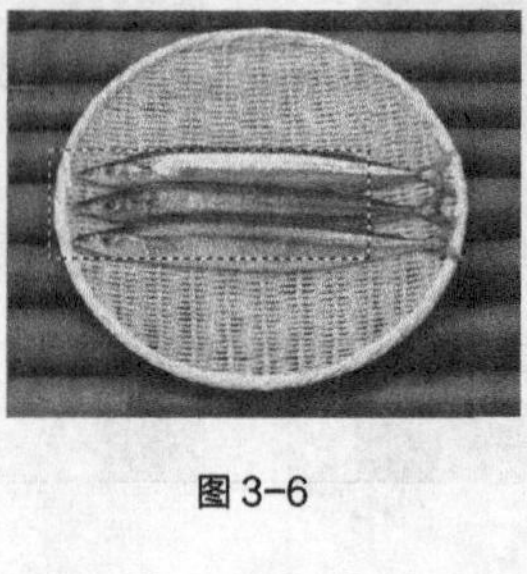

图 3-6

设置固定尺寸的矩形选区：在“矩形选框”工具的属性栏中，选择“样式”选项下拉列表中的“固定大小”，在“宽度”和“高度”选项中输入数值，单位只能是像素，如图 3-7 所示。绘制固定大小的选区，效果如图 3-8 所示。单击“高度和宽度互换”按钮，可以快速地置换高度和宽度的数值，互换后绘制的选区效果如图 3-9 所示。

图 3-7

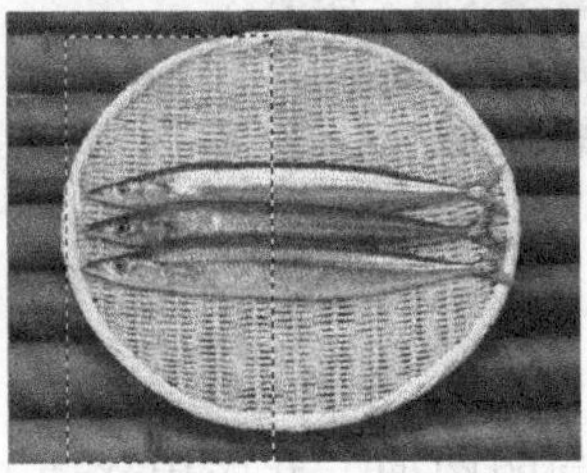

图 3-8

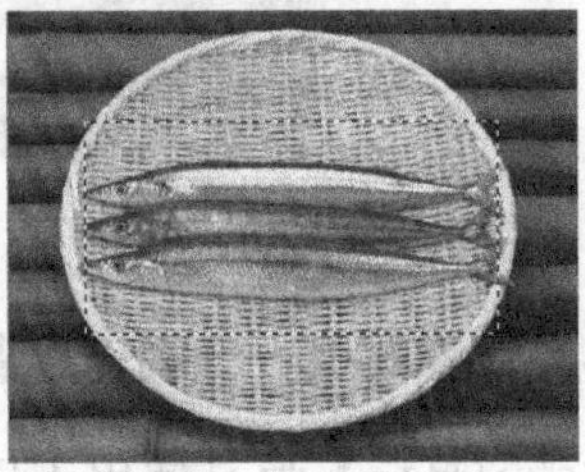

图 3-9

3.1.2 套索工具

选择“套索”工具，或反复按 Shift+L 组合键，其属性栏状态如图 3-10 所示。

图 3-10

：为选择方式选项。羽化：用于设定选区边缘的羽化程度。消除锯齿：用于消除选区边缘的锯齿。

选择“套索”工具，在图像中适当的位置单击并按住鼠标，在餐具的周围拖曳进行绘制，如图 3-11 所示；释放鼠标，选择区域自动封闭生成选区，效果如图 3-12 所示。

图 3-11

图 3-12

3.1.3 魔棒工具

选择“魔棒”工具，或按 W 键，其属性栏状态如图 3-13 所示。

图 3-13

：为选择方式选项。取样大小：用于设置取样范围的大小。容差：用于控制色彩的范围；数值越大，可容许的颜色范围则越大。消除锯齿：用于清除选区边缘的锯齿。连续：用于选择单独的色彩范围。对所有图层取样：用于将所有可见图层中颜色容许范围内的

色彩加入选区。

选择“魔棒”工具，在图像中单击需要选择的颜色区域，即可得到需要的选区，如图 3-14 所示。调整属性栏中的容差值，再次单击需要选择的区域，不同容差值的选区效果如图 3-15 所示。

图 3-14

图 3-15

3.1.4 课堂案例——制作圣诞贺卡

【案例学习目标】学习使用不同的选择工具选取不同的图像，并应用移动工具移动装饰图形。

【案例知识要点】使用磁性套索工具绘制选区，使用魔棒工具选取图像，使用椭圆选框工具绘制选区，使用移动工具移动选区中的图像，如图 3-16 所示。

图 3-16

【效果所在位置】光盘/Ch03/效果/制作圣诞贺卡.psd。

（1）按 Ctrl+O 组合键，打开光盘中的“Ch03 > 素材 > 制作圣诞贺卡 > 01”文件，如图 3-17 所示。按 Ctrl+O 组合键，打开光盘中的“Ch03 > 素材 > 制作圣诞贺卡 > 02”文件，如图 3-18 所示。选择“椭圆形选框”工具，在图像中拖曳出一个圆形选区，效果如图 3-19 所示。

图 3-17

图 3-18

图 3-19

（2）选择“移动”工具，将选区中的图像拖曳到 01 文件图像窗口中的适当位置，如图 3-20 所示。在“图层”控制面板中生成新的图层并将其命名为“圆形”，如图 3-21 所示。

图 3-20

图 3-21

（3）按 Ctrl＋O 组合键，打开光盘中的“Ch03 > 素材 > 制作圣诞贺卡 > 03”文件，如图 3-22 所示。选择“魔棒”工具，在属性栏中进行设置，如图 3-23 所示。在图像窗口中蓝色背景区域单击，图像周围生成选区，如图 3-24 所示。

图 3-22

图 3-23

图 3-24

（4）按 Ctrl+Shift+I 组合键，将选区反选。选择“移动”工具，将选区中的图像拖曳到 01 文件窗口中的适当位置，如图 3-25 所示。在“图层”控制面板中生成新图层并将其命名为“装饰 1”，如图 3-26 所示。

图 3-25

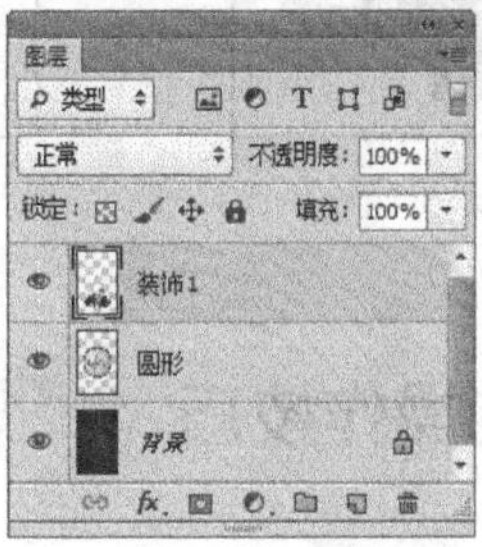

图 3-26

（5）按 Ctrl＋O 组合键，打开光盘中的“Ch03 > 素材 > 制作圣诞贺卡 > 04”文件，如图 3-27 所示。选择“魔棒”工具，在属性栏中进行设置，如图 3-28 所示。在图像窗口中白色背景区域单击，图像周围生成选区，如图 3-29 所示。

图 3-27

图 3-28

（6）按 Ctrl+Shift+I 组合键，将选区反选。选择“移动”工具，将选区中的图像拖曳到 01 文件窗口中的适当位置，如图 3-30 所示。在“图层”控制面板中生成新图层并将其命名为“装饰 2”，如图 3-31 所示。

（7）按 Ctrl＋O 组合键，打开光盘中的“Ch03 > 素材 > 制作圣诞贺卡 > 05”文件，如图 3-32 所示。选择“磁性套索”工具，在图像窗口中沿着圣诞树边缘拖曳绘制选区，效果如图 3-33 所示。

（8）选择“移动”工具，将选区中的图像拖曳到 01 文件窗口中的适当位置，如图 3-34

所示。在“图层”控制面板中生成新图层并将其命名为“圣诞树”。至此，圣诞贺卡制作完成。

图 3-29

图 3-30

图 3-31

图 3-32

图 3-33

图 3-34

3.2 选区的操作技巧

在建立选区后，可以对选区进行一系列的操作，如移动选区、调整选区、羽化选区等。

3.2.1 移动选区

使用鼠标移动选区：将光标放在选区中，光标变为，如图 3-35 所示。按住鼠标并拖曳，光标变为，将选区拖曳到其他位置，如图 3-36 所示。释放鼠标，即可完成选区的移动，效果如图 3-37 所示。

图 3-35

图 3-36

图 3-37

使用键盘移动选区：当使用矩形和椭圆选框工具绘制选区时，不要释放鼠标，按住 Spacebar（空格）键的同时拖曳，即可移动选区。绘制出选区后，使用键盘中的方向键可以将选区沿各方向移动 1 个像素；绘制出选区后，使用 Shift+方向组合键可以将选区沿各方向移动 10 个像素。

3.2.2 羽化选区

在图像中绘制不规则选区，如图 3-38 所示。选择“选择 > 修改 > 羽化”命令，弹出“羽化选区”对话框，设置羽化半径的数值，如图 3-39 所示。单击“确定”按钮，选区被羽化，将选区反选，效果如图 3-40 所示。在选区中填充颜色，效果如图 3-41 所示。

在绘制选区前，还可在所使用工具的属性栏中直接输入羽化的数值，如图 3-42 所示。此时，绘制的选区便自动成为带有羽化边缘的选区。

图 3-38

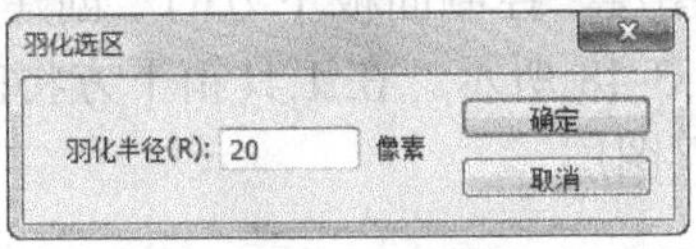

图 3-39

图 3-40

图 3-41

图 3-42

3.2.3 取消选区

选择“选择 > 取消选择”命令，或按 Ctrl+D 组合键，可以取消选区。

3.2.4 全选和反选选区

全选：选择所有像素，即指将图像中的所有图像全部选取。选择“选择 > 全部”命令，或按 Ctrl+A 组合键，即可选取全部图像，效果如图 3-43 所示。

反选：选择“选择 > 反向”命令，或按 Ctrl+Shift+I 组合键，即可对当前的选区进行反向选取，效果如图 3-44 和图 3-45 所示。

图 3-43

图 3-44

图 3-45

3.2.5 课堂案例——制作我爱我家照片模板

图 3-46

【案例学习目标】学习调整选区的方法和技巧，并应用羽化选区命令制作柔和的图像效果。

【案例知识要点】使用羽化选区命令制作柔和的图像效果，使用反选命令制作选区反选效果，使用魔棒工具选取图像，如图 3-46 所示。

【效果所在位置】光盘/Ch03/效果/制作我爱我家照片模板.psd。

（1）按 Ctrl＋O 组合键，打开光盘中的“Ch03＞素材＞制作我爱我家照片模板＞01”文件，如图 3-47 所示。单击“图层”控制面板下方的“创建新图层”按钮，生成新的图层并将其命名为“暗角”，如图 3-48 所示。在工具箱下方将前景色设为白色，按 Alt+Delete 组合键，用前景色填充“暗角”图层。

图 3-47

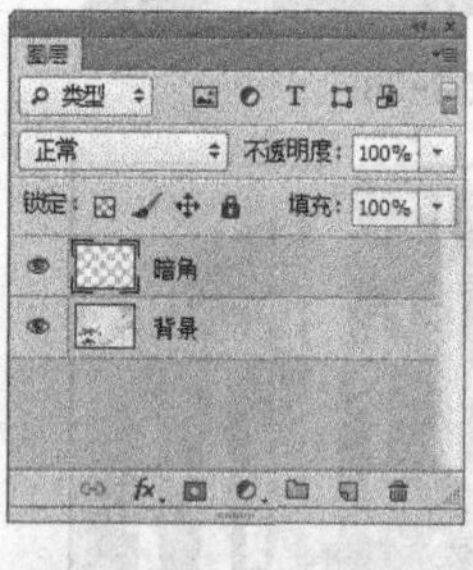

图 3-48

（2）选择“椭圆选框”工具，在图像窗口中绘制椭圆选区，如图 3-49 所示。选择“选择＞修改＞羽化”命令，弹出“羽化选区”对话框，选项的设置如图 3-50 所示，单击“确定”按钮可羽化选区。按 Delete 键，删除选区中的图像；按 Ctrl+D 组合键，取消选区，效果如图 3-51 所示。

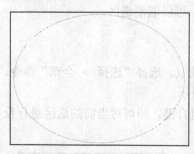

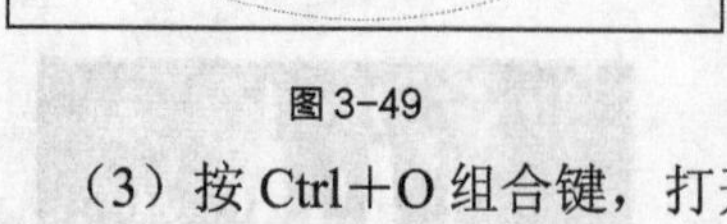

图 3-49

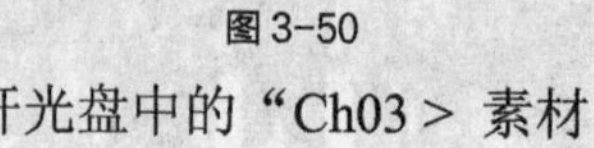

图 3-50

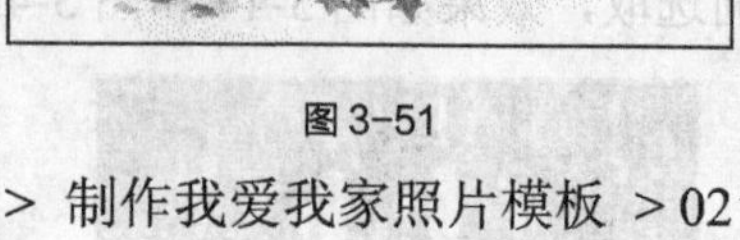

图 3-51

（3）按 Ctrl＋O 组合键，打开光盘中的“Ch03＞素材＞制作我爱我家照片模板＞02”文件。选择“移动”工具，将 02 图片拖曳到图像窗口的适当位置，如图 3-52 所示。在“图层”控制面板中分别生成新图层并将其命名为“人物 1”。

（4）选择“魔棒”工具，在属性栏中的设置如图 3-53 所示。在图像窗口中的蓝色背景区域单击，图像周围生成选区，如图 3-54 所示。按 Delete 键，删除选区中的图像；按 Ctrl+D 组合键，取消选区，效果如图 3-55 所示。

图 3-52

图 3-53

图 3-54

图 3-55

（5）按 Ctrl＋O 组合键，打开光盘中的“Ch03 > 素材 > 制作我爱我家照片模板 > 03”文件。选择“移动”工具，将人物图片拖曳到图像窗口的适当位置，如图 3-56 所示。在“图层”控制面板中生成新图层并将其命名为“人物 2”。

（6）选择“魔棒”工具，在图像窗口中的绿色背景区域多次单击，图像周围生成选区，如图 3-57 所示。按 Delete 键，删除选区中的图像；按 Ctrl+D 组合键，取消选区，效果如图 3-58 所示。

图 3-56

图 3-57

图 3-58

（7）按 Ctrl＋O 组合键，打开光盘中的“Ch03 > 素材 > 制作我爱我家照片模板 > 03”文件。选择“移动”工具，将人物图片拖曳到图像窗口的适当位置，如图 3-59 所示。在“图层”控制面板中生成新图层并将其命名为“装饰”。

（8）选择“椭圆选框”工具，按住 Shift 键并在图像窗口中拖曳绘制椭圆选区，如图 3-60 所示。

（9）按 Ctrl+F6 组合键，弹出“羽化选区”对话框，设置如图 3-61 所示，单击“确定”按钮。按 Ctrl+Shift+I 组合键，将选区反选；按 Delete 键，删除选区中的图像；按 Ctrl+D 组合键，取消选区，效果如图 3-62 所示。在“图层”控制面板中将该图层的“不透明度”选项设为 50%，如图 3-63 所示，效果如图 3-64 所示。

图 3-59

图 3-60

（10）按 Ctrl＋O 组合键，打开光盘中的“Ch03 > 素材 > 制作我爱我家照片模板 > 04、05”文件。选择“移动”工具，分别将 04、05 图片拖曳到图像窗口的适当位置，如图 3-65 所示。在“图层”控制面板中生成新的图层并将其分别命名为“飞机”和“文字”。至此，我爱我家照片模板制作完成。

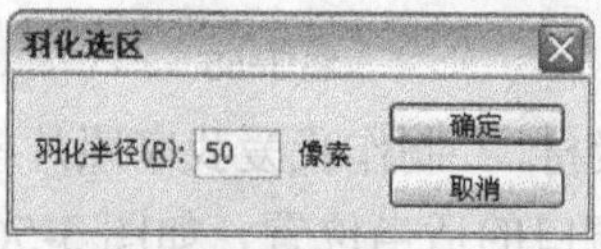

图 3-61

图 3-62

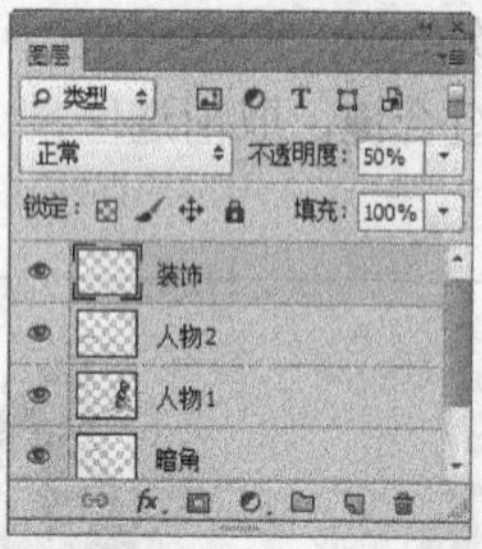

图 3-63

图 3-64

图 3-65

3.3 课堂练习——制作保龄球

【练习知识要点】使用椭圆选框工具、羽化命令制作球体，使用钢笔工具、矩形选框工具和透视命令制作球瓶，使用添加图层样式命令为球体添加投影效果，效果如图 3-66 所示。

图 3-66

【效果所在位置】光盘/Ch03/效果/制作保龄球.psd。

3.4 课后习题——制作梦星空

【习题知识要点】使用移动工具置入需要的素材，使用钢笔工具绘制环形，使用添加图层样式命令为图片添加外发光效果，如图 3-67 所示。

【效果所在位置】光盘/Ch03/效果/制作梦星空.psd。

图 3-67

Photoshop CS6

4 Chapter

第 4 章 绘制图像

本章将主要介绍 Photoshop CS6 画笔工具的使用方法以及填充工具的使用技巧。通过本章的学习，可以用画笔工具绘制出丰富多彩的图像效果，用填充工具制作出多样的填充效果。

课堂学习目标

- 绘图工具的使用
- 历史记录画笔和颜色替换工具
- 油漆桶工具、吸管工具和渐变工具
- 填充、定义图案与描边命令

4.1 绘图工具的使用

使用绘图工具是绘画和编辑图像的基础。画笔工具可以绘制出各种绘画效果；铅笔工具可以绘制出各种硬边效果。

4.1.1 画笔工具

选择“画笔”工具，或反复按 Shift+B 组合键，其属性栏状态如图 4-1 所示。

图 4-1

画笔预设：用于选择预设的画笔。模式：用于选择绘画颜色与下面现有像素的混合模式。不透明度：可以设定画笔颜色的不透明度。流量：用于设定喷笔压力，压力越大，喷色越浓。启用喷枪模式：用以启用喷枪功能。绘图板压力控制大小：使用压感笔压力可以覆盖“画笔”面板中的“不透明度”和“大小”的设置。

使用画笔工具：选择“画笔”工具，在画笔工具属性栏中设置画笔，如图 4-2 所示。在图像中单击并按住鼠标不放，拖曳绘制出如图 4-3 所示效果。

图 4-2

图 4-3

画笔预设：在画笔工具属性栏中单击“画笔”选项右侧的按钮，弹出如图 4-4 所示的画笔选择面板，在其中可以选择画笔形状。

拖曳“主直径”选项下方的滑块或直接输入数值，可以设置画笔的大小。如果选择的画笔是基于样本的，将显示“恢复到原始大小”按钮；单击此按钮，可以使画笔的大小恢复到初始大小。

单击“画笔”面板右上方的按钮，在弹出的下拉菜单中选择“描边缩览图”命令，如图 4-5 所示。“画笔”选择面板的显示效果如图 4-6 所示。

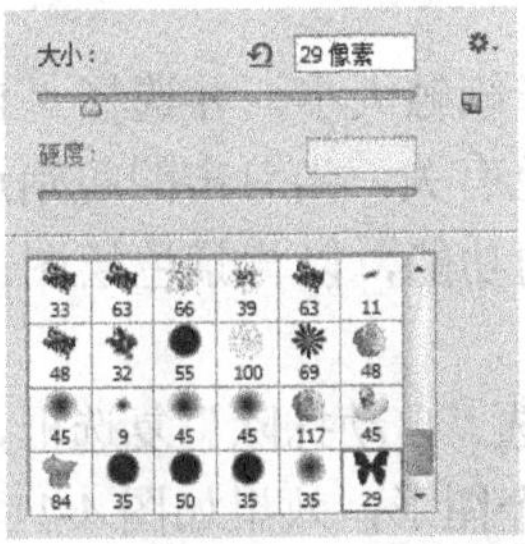

图 4-4

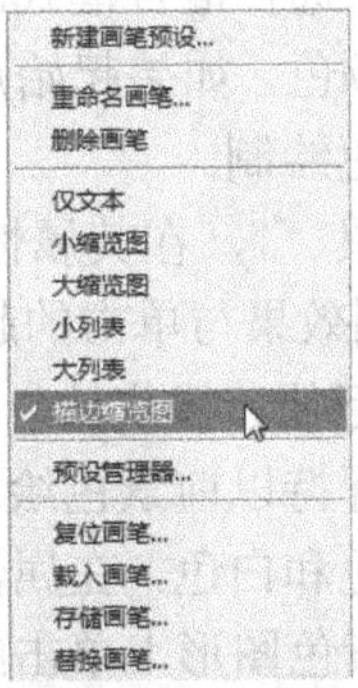

图 4-5

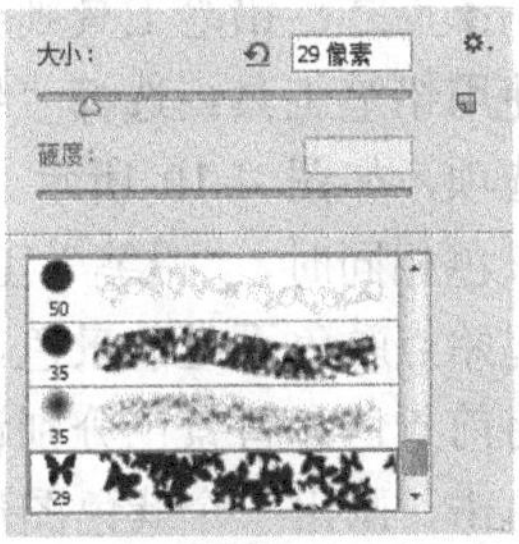

图 4-6

新建画笔预设：用于建立新画笔。重命名画笔：用于重新命名画笔。删除画笔：用于删除当前选中的画笔。仅文本：以文字描述方式显示画笔选择面板。小缩览图：以小图标方式显示画笔选择面板。大缩览图：以大图标方式显示画笔选择面板。小列表：以小文字和图标列表方式显示画笔选择面板。大列表：以大文字和图标列表方式显示画笔选择面板。描边缩览图：以笔画的方式显示画笔选择面板。预设管理器：用于在弹出的预置管理器对话框中编辑画笔。复位画笔：用于恢复默认状态的画笔。载入画笔：用于将存储的画笔载入面板。存储画笔：用于将当前的画笔进行存储。替换画笔：用于载入新画笔并替换当前画笔。

在画笔选择面板中单击“从此画笔创建新的预设”按钮，弹出如图 4-7 所示的“画笔名称”对话框。单击画笔工具属性栏中的“切换画笔面板”按钮，弹出如图 4-8 所示的“画笔”控制面板。

图 4-7

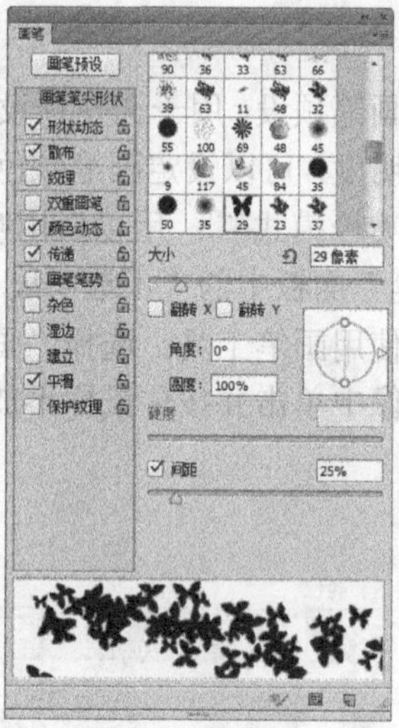

图 4-8

4.1.2 铅笔工具

选择“铅笔”工具，或反复按 Shift+B 组合键，其属性栏状态如图 4-9 所示。

图 4-9

画笔：用于选择画笔。模式：用于选择混合模式。不透明度：用于设定不透明度。自动抹除：用于自动判断绘画时的起始点颜色。如果起始点颜色为背景色，则铅笔工具将以前景色绘制；反之，铅笔工具则会以背景色绘制。

使用铅笔工具：选择“铅笔”工具，在其属性栏中选择笔触大小，并选择“自动抹除”选项，如图 4-10 所示。此时绘制效果与单击的起始点颜色有关，当单击的起始点像素与前景色相同时，“铅笔”工具将行使“橡皮擦”工具的功能，以背景色绘图；当单击的起始点颜色不是前景色，仍然会保持以前景色绘图。

将前景色和背景色分别设定为紫色和白色，在属性栏中勾选“自动抹除”复选框，在图像中单击，画出一个紫色图形，并在紫色图形上单击绘制下一个图形，效果如图 4-11 所示。

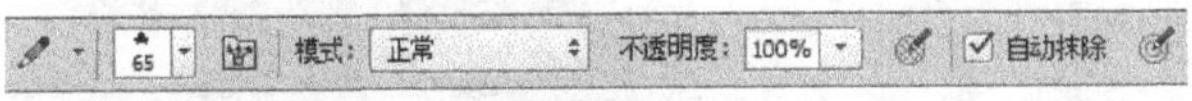

图 4-10

图 4-11

4.1.3　课堂案例——绘制时尚插画

【案例学习目标】学会使用绘图工具绘制装饰图形。

【案例知识要点】使用画笔工具绘制圆形装饰图形，如图 4-12 所示。

【效果所在位置】光盘/Ch04/效果/绘制时尚插画.psd。

图 4-12

（1）按 Ctrl＋O 组合键，打开光盘中的“Ch04 > 素材 > 绘制时尚插画 > 01”文件，如图 4-13 所示。

（2）新建图层并将其命名为“画笔 1”。选择“画笔”工具，在属性栏中单击“画笔”选项右侧的按钮，在弹出的面板中选择需要的画笔形状，如图 4-14 所示。单击属性栏中的“切换画笔面板”按钮，在弹出的“画笔”控制面板中进行设置，如图 4-15 所示。

图 4-13

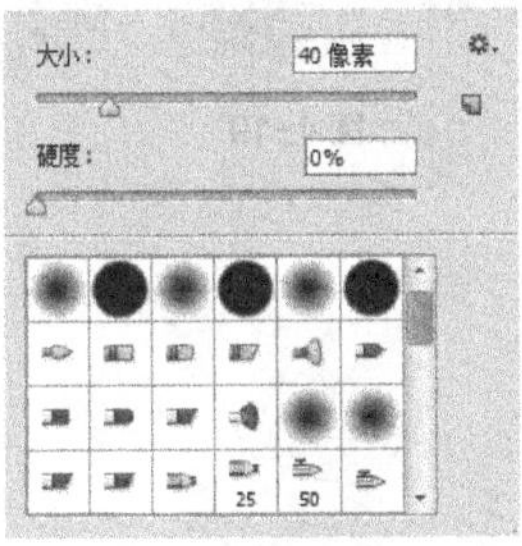

图 4-14

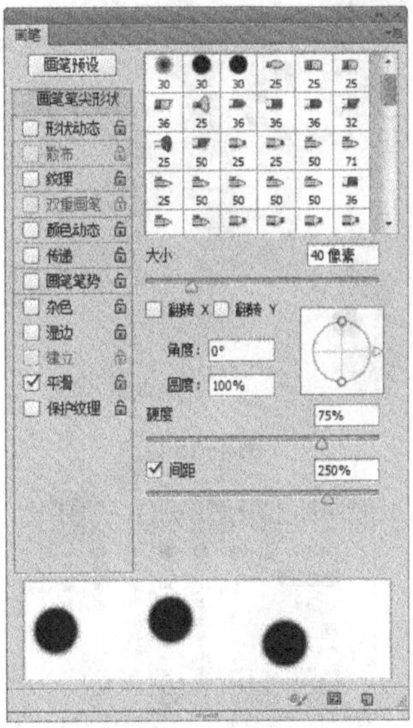

图 4-15

（3）选择“形状动态”选项，切换到相应的面板，选项的设置如图 4-16 所示。选择“散布”选项，切换到相应的面板，选项的设置如图 4-17 所示。选择“纹理”选项，切换到相应的面板，选项的设置如图 4-18 所示。选择“传递”选项，切换到相应的面板，选项的设置如图 4-19 所示。

（4）在图像窗口中拖曳，绘制圆形装饰图形，效果如图 4-20 所示。

（5）新建图层并将其命名为“画笔 2”。选择“画笔”工具，单击属性栏中的“切换画笔面板”按钮，在弹出的“画笔”控制面板中进行设置，如图 4-21 所示。在图像窗口中拖曳，绘制圆形装饰图形，效果如图 4-22 所示。用相同的方法调整画笔大小，分别绘制所需要的装饰图形，效果如图 4-23 所示。至此，时尚插画制作完成。

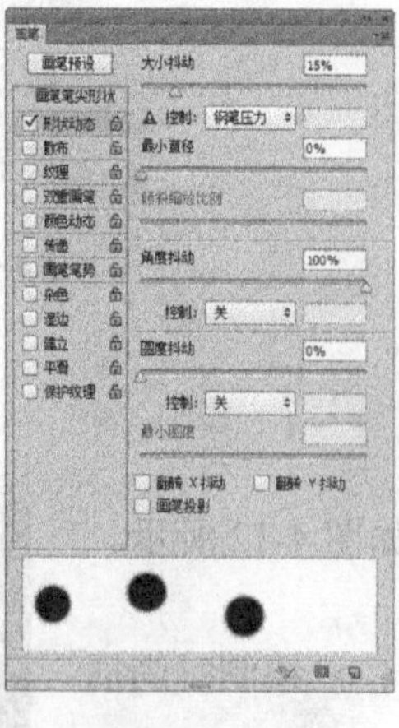

图 4-16

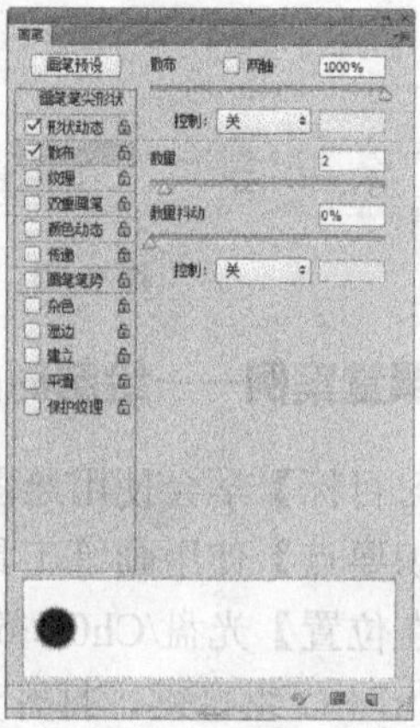

图 4-17

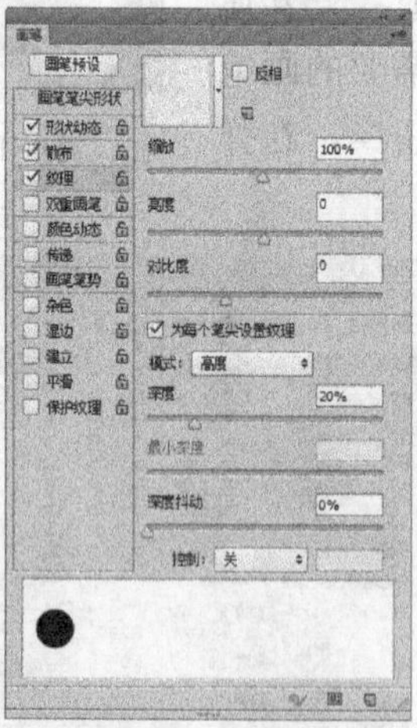

图 4-18

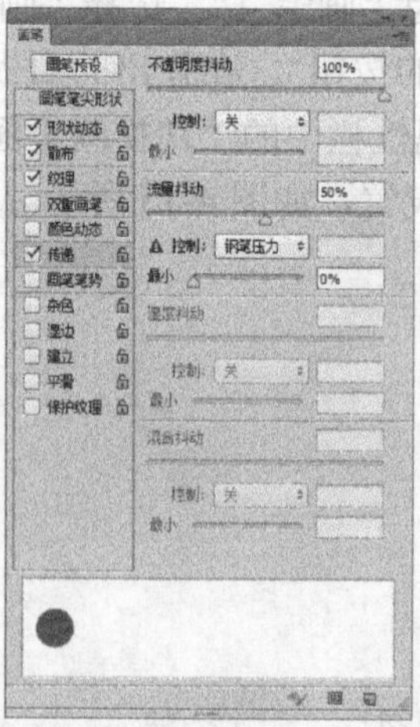

图 4-19

图 4-20

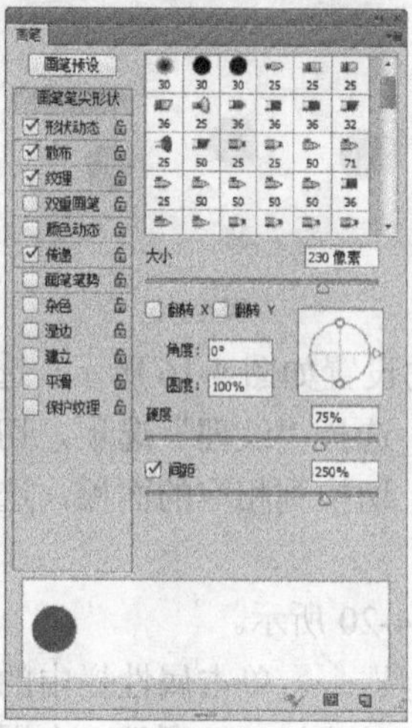

图 4-21

图 4-22

图 4-23

4.2 应用历史记录画笔和颜色替换工具

历史记录画笔工具主要用于将图像恢复到以前某一历史状态，以形成特殊的图像效果；颜色替换工具用于更改图像中某对象的颜色。

4.2.1 历史记录画笔工具

历史记录画笔工具是与“历史记录”控制面板结合起来使用的。其主要用于将图像的部分区域恢复到以前某一历史状态，以形成特殊的图像效果。

打开一张图片，如图 4-24 所示。为图片添加滤镜效果，如图 4-25 所示。“历史记录”控制面板中的效果如图 4-26 所示。

图 4-24

图 4-25

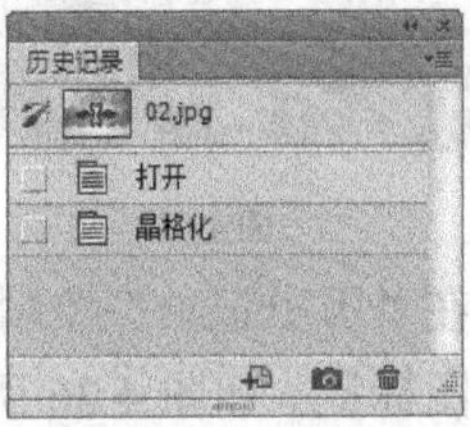

图 4-26

选择“椭圆选框”工具，在其属性栏中将“羽化”选项设为 50，在图像上绘制一个椭圆形选区，如图 4-27 所示。选择“历史记录画笔”工具，在“历史记录”控制面板中单击“打开”步骤左侧的方框，设置历史记录画笔的源，显示出图标，如图 4-28 所示。

图 4-27

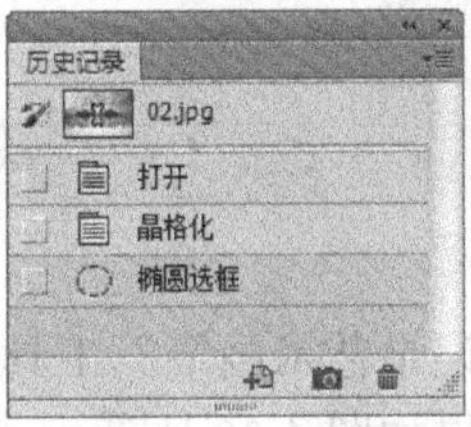

图 4-28

用“历史记录画笔”工具在选区中涂抹，如图 4-29 所示。取消选区后，效果如图 4-30 所示。“历史记录”控制面板中的效果如图 4-31 所示。

图 4-29

图 4-30

图 4-31

4.2.2 历史记录艺术画笔工具

历史记录艺术画笔工具和历史记录画笔工具的用法基本相同，区别在于使用历史记录艺术画笔绘图时可以产生艺术效果。选择“历史记录艺术画笔”工具，其属性栏如图 4-32 所示。

图 4-32

样式：用于选择一种艺术笔触。区域：用于设置画笔绘制时所覆盖的像素范围。容差：用于设置画笔绘制时的间隔时间。

原图效果如图 4-33 所示。用颜色填充图像，效果如图 4-34 所示。“历史记录”控制面板中的效果如图 4-35 所示。

图 4-33

图 4-34

图 4-35

在“历史记录”控制面板中单击“打开”步骤左侧的方框，设置历史记录画笔的源，显示出图标，如图 4-36 所示。选择“历史记录艺术画笔”工具，在属性栏中进行如图 4-37 所示的设置。

图 4-36

图 4-37

用“历史记录艺术画笔”工具在图像上涂抹，效果如图 4-38 所示。“历史记录”控制面板中的效果如图 4-39 所示。

图 4-38

图 4-39

4.3 油漆桶工具、吸管工具和渐变工具

油漆桶工具可以改变图像的色彩，吸管工具可以吸取需要的色彩，渐变工具可以创建多

种颜色间的渐变效果。

4.3.1　油漆桶工具

选择“油漆桶”工具，或反复按 Shift+G 组合键，其属性栏状态如图 4-40 所示。

图 4-40

前景：在其下拉列表中选择填充的是前景色或图案。：用于选择定义好的图案。模式：用于选择着色的模式。不透明度：用于设定不透明度。容差：用于设定色差的范围，数值越小，容差越小，填充的区域也越小。消除锯齿：用于消除边缘的锯齿。连续的：用于设定填充方式。所有图层：用于选择是否对所有可见图层进行填充。

选择“油漆桶”工具，在其属性栏中对“容差”选项进行不同的设定，如图 4-41 和图 4-42 所示。用油漆桶工具在图像中填充颜色，不同的填充效果如图 4-43 和图 4-44 所示。

图 4-41

图 4-42

图 4-43

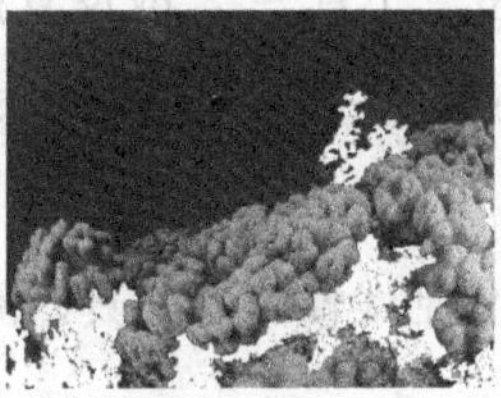

图 4-44

在油漆桶工具属性栏中设置图案，如图 4-45 所示。用油漆桶工具在图像中填充图案，效果如图 4-46 所示。

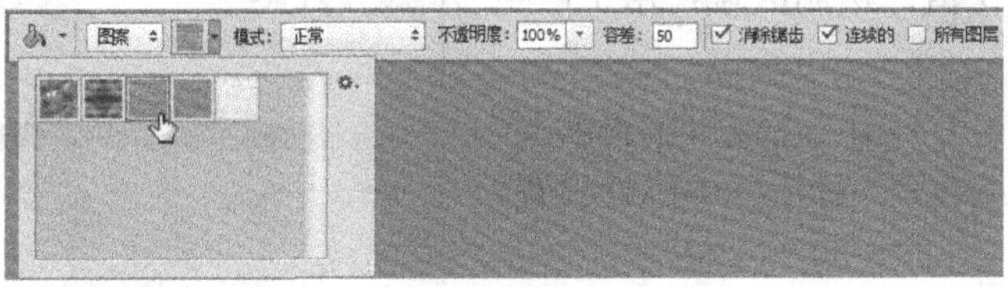

图 4-45

图 4-46

4.3.2　吸管工具

选择“吸管”工具，其属性栏状态如图 4-47 所示。

提示

按 I 键或反复按 Shift+I 组合键，可以调出“吸管”工具。

选择“吸管”工具，在图像中需要的位置单击，当前的前景色将变为吸管吸取的颜色，在“信息”控制面板中可观察到吸取颜色的色彩信息，效果如图 4-48 所示。

图 4-47

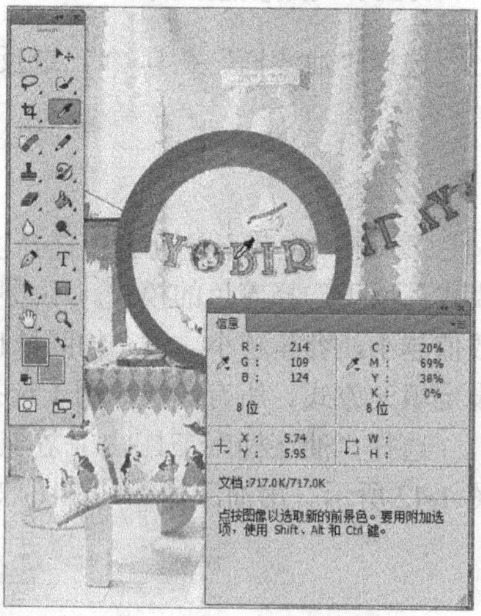

图 4-48

4.3.3 渐变工具

选择“渐变”工具，或反复按 Shift+G 组合键，其属性栏状态如图 4-49 所示。

图 4-49

渐变工具包括线性渐变工具、径向渐变工具、角度渐变工具、对称渐变工具和菱形渐变工具。

：用于选择和编辑渐变的色彩。：用于选择各类型的渐变工具。模式：用于选择着色的模式。不透明度：用于设定不透明度。反向：用于反向产生色彩渐变的效果。仿色：用于使渐变更平滑。透明区域：用于产生不透明度。

如果自定义渐变形式和色彩，可单击“点按可编辑渐变”按钮，在弹出的“渐变编辑器”对话框中进行设置，如图 4-50 所示。

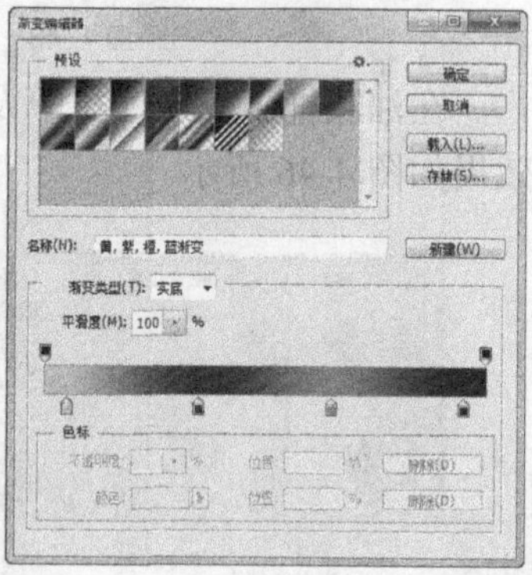

图 4-50

在“渐变编辑器”对话框中，单击颜色编辑框下方的适当位置，可以增加颜色色标，如图 4-51 所示。颜色可以进行调整，在对话框下方的“颜色”选项中选择颜色，或双击刚建立的颜色色标，弹出“拾色器”对话框，如图 4-52 所示。在其中选择合适的颜色，单击“确定”按钮，颜色即可改变。颜色的位置也可以进行调整，在“位置”选项的数值框中输入数值或直接拖曳颜色色标，都可以调整颜色的位置。

任意选择一个颜色色标，如图 4-53 所示。单击对话框下方的“删除”按钮，或按 Delete 键，可以将颜色色标删除，如图 4-54 所示。

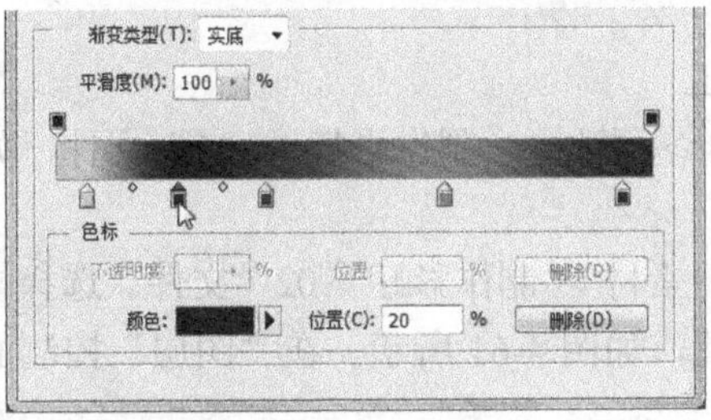

图 4-51

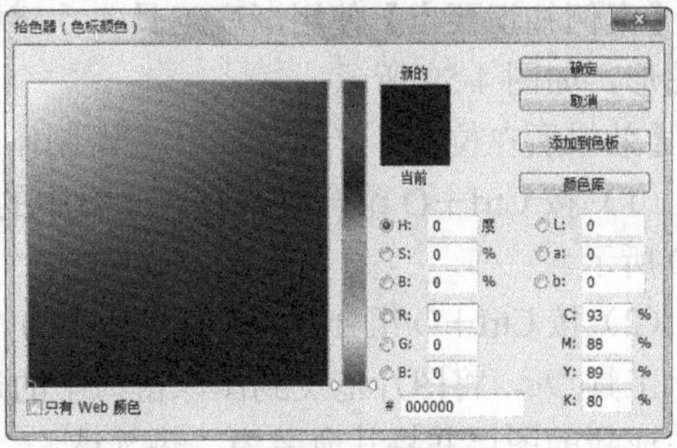

图 4-52

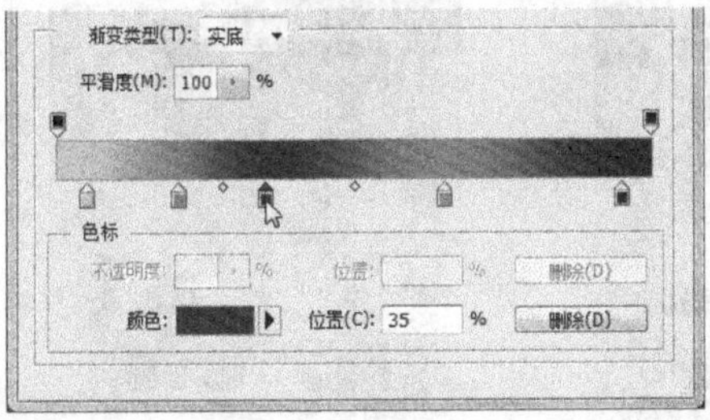

图 4-53

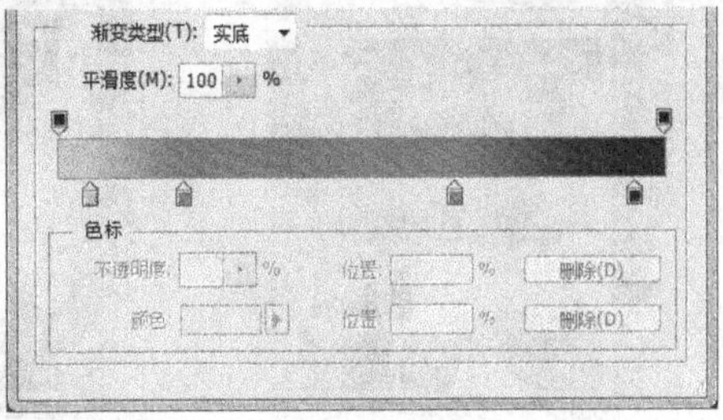

图 4-54

在对话框中单击颜色编辑框左上方的黑色色标，如图 4-55 所示。调整“不透明度”选项的数值，可以使开始的颜色到结束的颜色显示为半透明的效果，如图 4-56 所示。

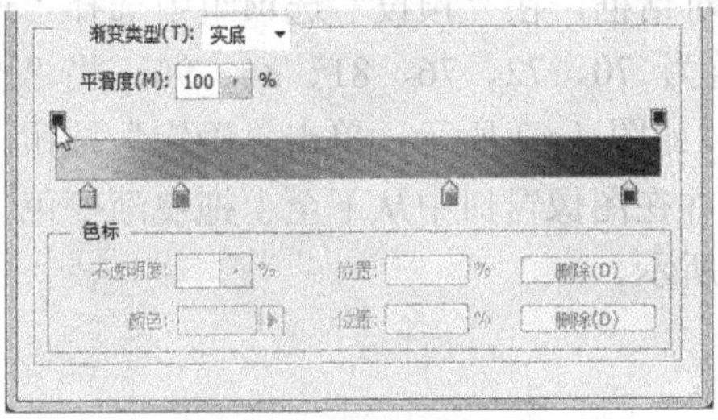

图 4-55

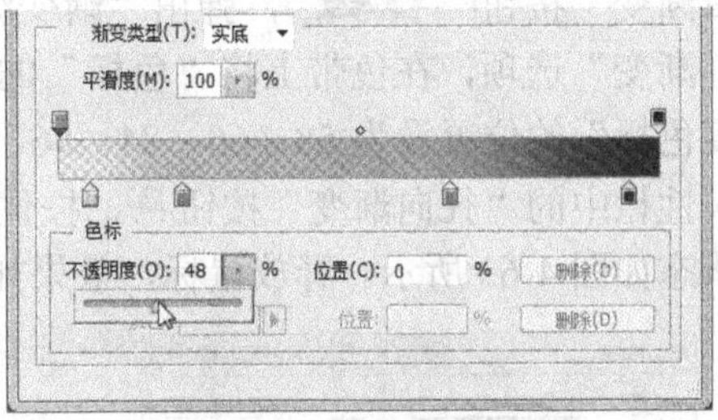

图 4-56

在对话框中单击颜色编辑框的上方，出现新的色标，如图 4-57 所示。调整“不透明度”选项的数值，可以使新色标的颜色向两边的颜色出现过渡式的半透明效果，如图 4-58 所示。如果想删除新的色标，单击对话框下方的“删除”按钮，或按 Delete 键即可。

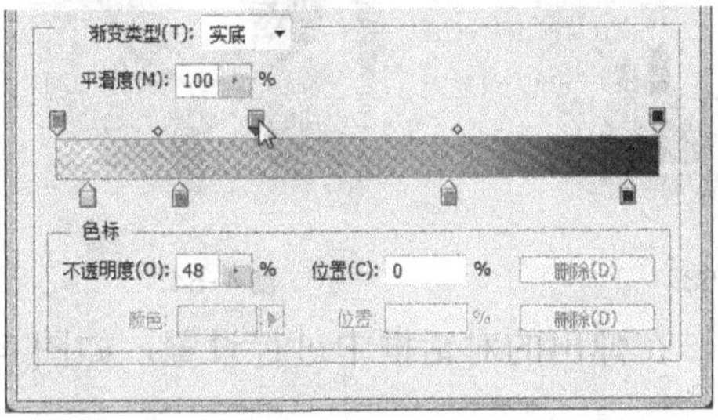

图 4-57

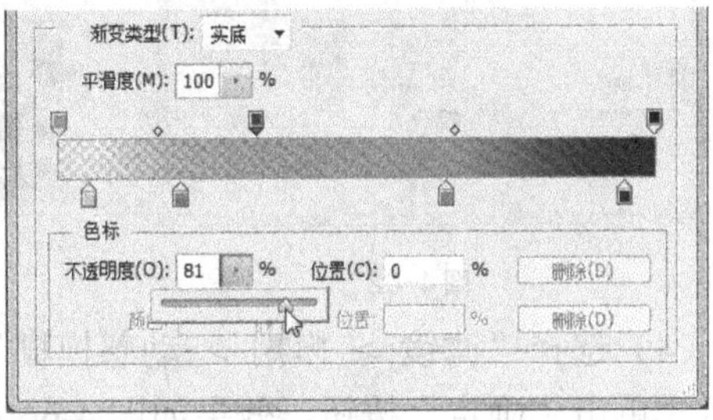

图 4-58

4.3.4 课堂案例——制作彩虹

【案例学习目标】学习使用填充工具和模糊滤镜制作彩虹图形。

【案例知识要点】使用渐变工具、动感模糊命令、色相/饱和度命令和橡皮擦工具绘制彩虹图形，如图 4-59 所示。

【效果所在位置】光盘/Ch04/效果/制作彩虹.psd。

（1）按 Ctrl+O 组合键，打开光盘中的“Ch04 > 素材 > 制作彩虹 > 01”文件，如图 4-60 所示。

（2）按 Ctrl+O 组合键，打开光盘中的“Ch04 > 素材 > 制作彩虹 > 02”文件。选择“移动”工具，将图片拖曳到图像窗口中的适当位置，如图 4-61 所示。在“图层”控制面板中生成新的图层并将其命名为“热气球”。

图 4-59

图 4-60

图 4-61

（3）新建图层并将其命名为“彩虹”。选择“渐变”工具，单击属性栏中的“点按可编辑渐变”按钮，弹出“渐变编辑器”对话框，在“预设”选项组中选择“透明彩虹渐变”选项，在色带上将“色标”的位置调整为 70、72、76、81、86、90，将“不透明度色标”的位置设为 58、66、84、86、91、96，如图 4-62 所示，单击“确定”按钮。选中属性栏中的“径向渐变”按钮，按住 Shift 键并在图像窗口中从下至上拖曳渐变色，编辑状态如图 4-63 所示。释放鼠标，效果如图 4-64 所示。

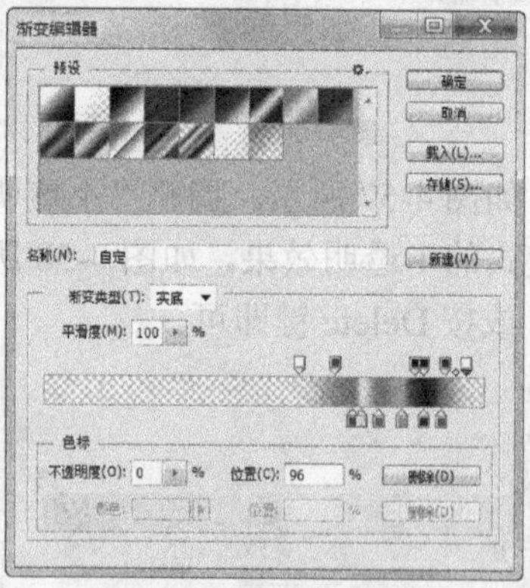

图 4-62

图 4-63

图 4-64

（4）选择“滤镜 > 模糊 > 动感模糊”命令，在弹出的对话框中进行设置，如图 4-65 所示。单击“确定”按钮，效果如图 4-66 所示。

（5）选择“橡皮擦”工具，在属性栏中单击“画笔”选项右侧的按钮，弹出画笔选择面板，在面板中选择需要的画笔形状，将“大小”选项设为 75 像素，如图 4-67 所示。在属性栏中将画笔的“不透明度”选项设为 80%，在彩虹上涂抹擦除部分图像，效果如图 4-68 所示。

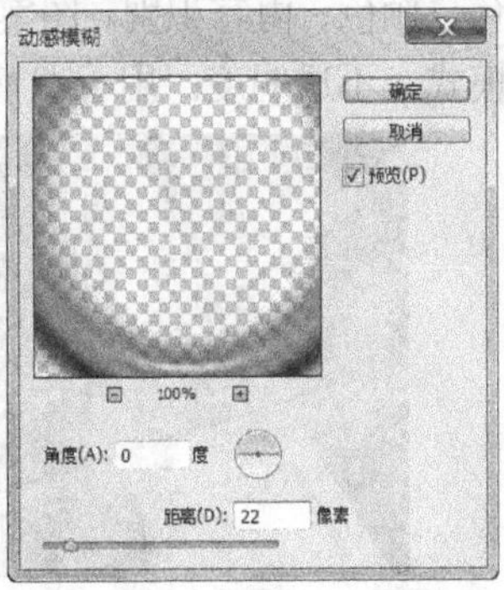

图 4-65

图 4-66

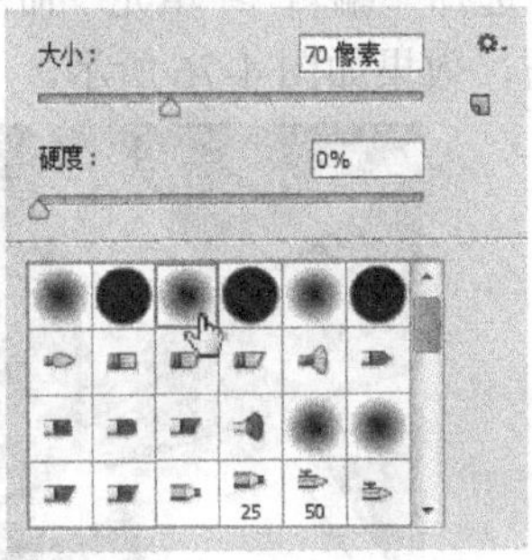

图 4-67

图 4-68

（6）选择“图像 > 调整 > 色相/饱和度”命令，在弹出的对话框中进行设置，如图 4-69 所示。单击“确定”按钮，效果如图 4-70 所示。

（7）在“图层”控制面板上方将“彩虹”图层的混合模式设为“滤色”，如图 4-71 所示，效果如图 4-72 所示。至此，彩虹制作完成。

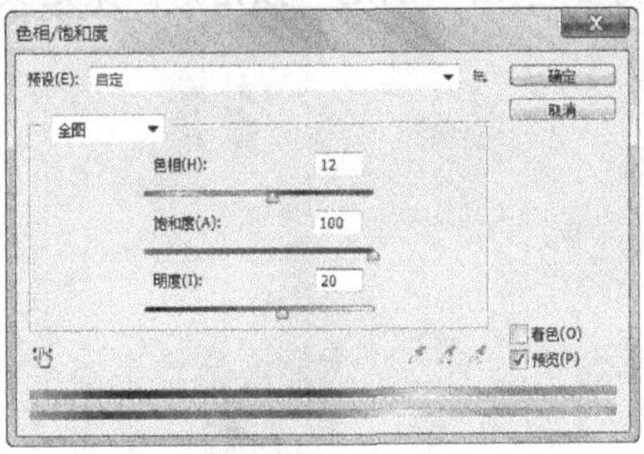

图 4-69

图 4-70

图 4-71

图 4-72

4.4 填充、定义图案与描边命令

应用填充和定义图案命令可以为图像添加颜色和定义好的图案效果，应用描边命令可以为图像描边。

4.4.1 填充命令

“填充”命令对话框：选择“编辑 > 填充”命令，弹出“填充”对话框，如图 4-73 所示。

使用：用于选择填充方式，包括使用前景色、背景色、颜色、内容识别、图案、历史记录、黑色、50%灰色、白色进行填充。模式：用于设置填充模式。不透明度：用于调整不透明度。

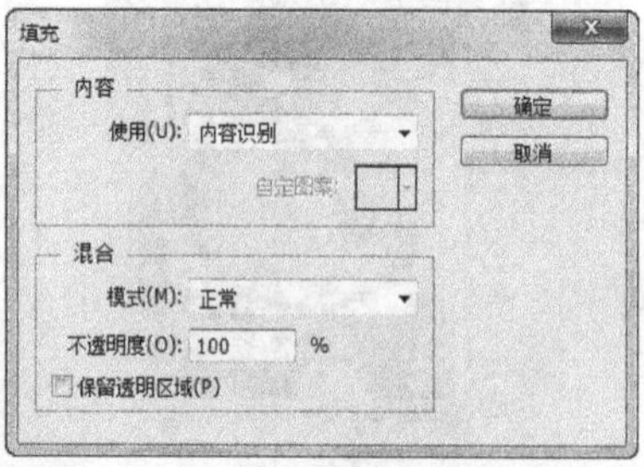

图 4-73

图 4-74

填充颜色：在图像中绘制选区，如图 4-74 所示。选择“编辑 > 填充”命令，弹出“填充”对话框，设置如图 4-75 所示。单击“确定”按钮，效果如图 4-76 所示。

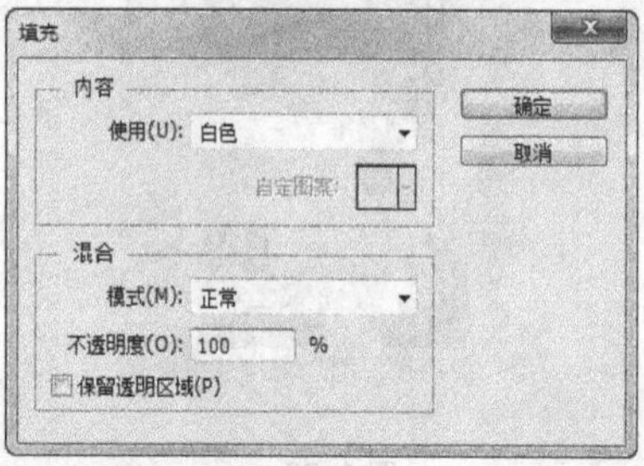

图 4-75

图 4-76

4.4.2 定义图案命令

隐藏除图案外的其他图层，在图案上绘制需要的选区，如图 4-77 所示。选择“编辑 > 定义图案”命令，弹出“图案名称”对话框，如图 4-78 所示。单击“确定”按钮，图案定义完成。按 Ctrl+D 组合键，取消选区。

图 4-77

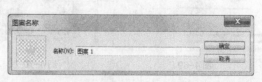

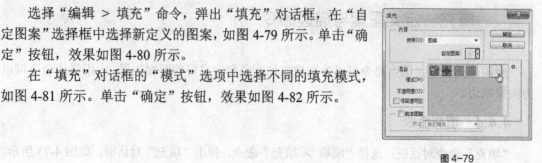

图 4-78

选择“编辑 > 填充”命令，弹出“填充”对话框，在“自定图案”选择框中选择新定义的图案，如图 4-79 所示。单击“确定”按钮，效果如图 4-80 所示。

在“填充”对话框的“模式”选项中选择不同的填充模式，如图 4-81 所示。单击“确定”按钮，效果如图 4-82 所示。

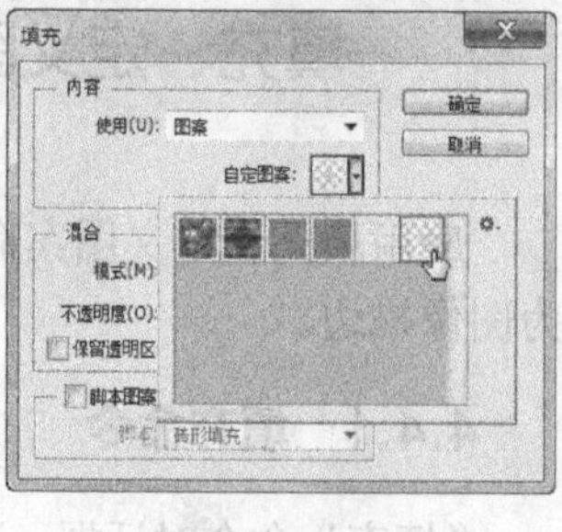

图 4-79

图 4-80

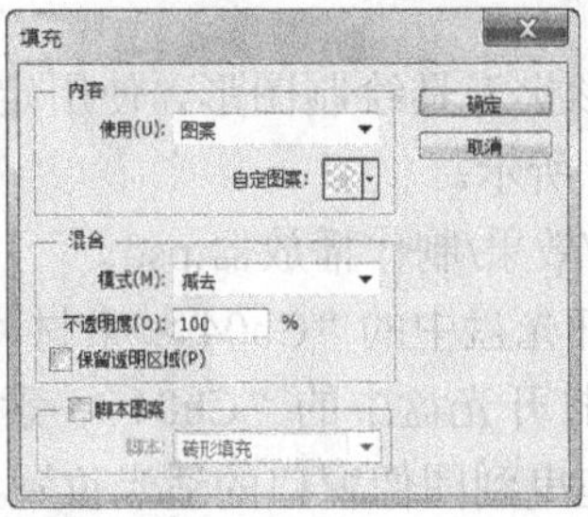

图 4-81

图 4-82

4.4.3　描边命令

描边命令：选择“编辑 > 描边”命令，弹出“描边”对话框，如图 4-83 所示。

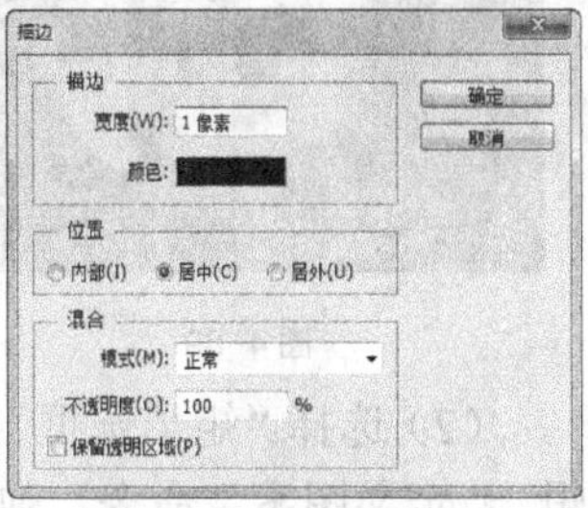

图 4-83

描边：用于设定边线的宽度和颜色。位置：用于设定所描边线相对于区域边缘的位置，包括内部、居中和居外 3 个选项。混合：用于设置描边模式和不透明度。

制作描边效果：选中要描边的文字并生成选区，效果如图 4-84 所示。选择“编辑 > 描边”命令，弹出“描边”对话框，设置如图 4-85 所示。单击“确定”按钮，按 Ctrl+D 组合键取消选区，效果如图 4-86 所示。

图 4-84

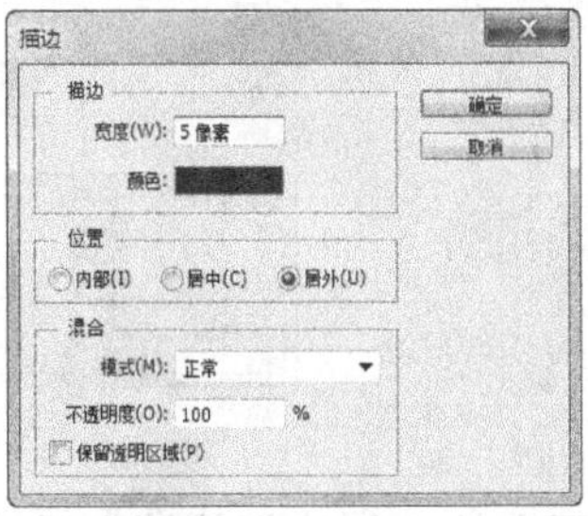

图 4-85

图 4-86

在“描边”对话框中，将“模式”选项设置为“差值”，如图 4-87 所示。单击“确定”按钮，按 Ctrl+D 组合键取消选区，效果如图 4-88 所示。

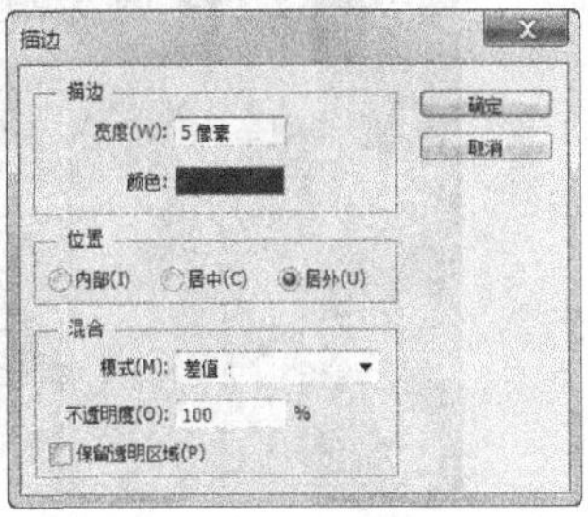

图 4-87

图 4-88

4.4.4　课堂案例——制作播放器

【案例学习目标】应用填充命令和定义图案命令制作播放器，使用填充和描边命令制作图形。

【案例知识要点】使用自定形状工具绘制图形，使用定义图案命令定义图案，使用填充命令为选区填充颜色，如图 4-89 所示。

【效果所在位置】光盘/Ch04/效果/制作播放器.psd。

（1）按 Ctrl＋O 组合键，打开光盘中的“Ch04 > 素材 > 制作播放器 > 01”文件，如图 4-90 所示。按 Ctrl＋O 组合键，打开光盘中的“Ch04 > 素材 > 制作播放器 > 02”文件。选择“移动”工具，将图片拖曳到图像窗口的适当位置，如图 4-91 所示。单击“背景”图层左侧的眼睛图标，隐藏图层。

图 4-89

图 4-90

图 4-91

（2）选择“矩形选框”工具，在图像窗口中绘制矩形选区，如图 4-92 所示。选择“编辑 > 定义图案”命令，弹出“图案名称”对话框，如图 4-93 所示，单击“确定”按钮。按 Delete 键，删除选区中的图像；按 Ctrl+D 组合键，取消选区。单击“背景”图层左侧的空白图标，显示出隐藏的图层。

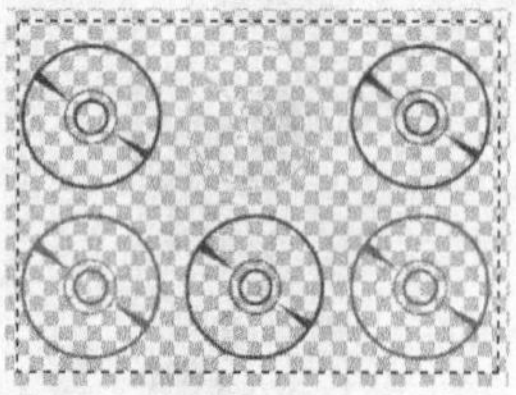

图 4-92

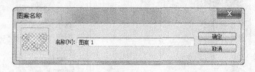

图 4-93

（3）单击“图层”控制面板下方的“创建新的填充或调整图层”按钮，在弹出的菜单中选择“图案”命令，弹出“图案填充”对话框，设置如图 4-94 所示。单击“确定”按钮，效果如图 4-95 所示。

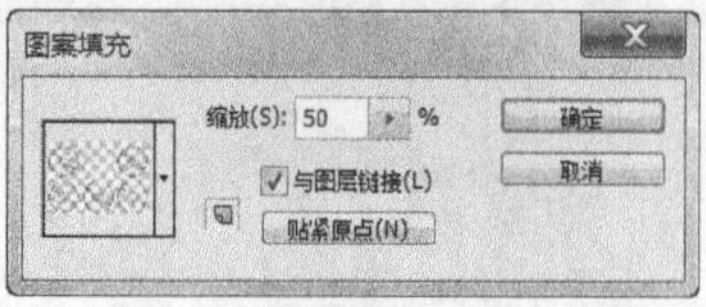

图 4-94

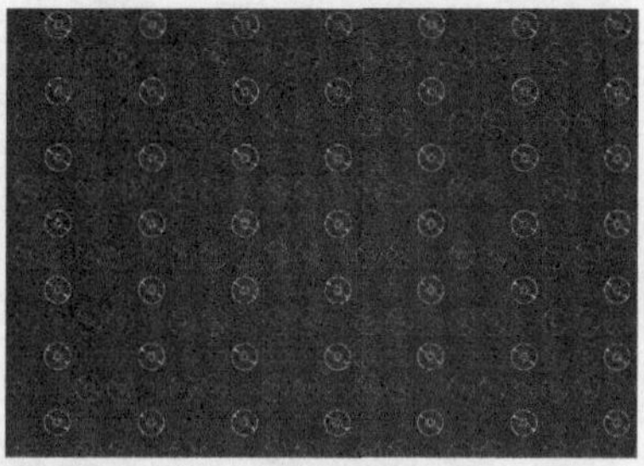

图 4-95

（4）在“图层”控制面板上方将“图案填充 1”图层的混合模式设为“叠加”，如图 4-96 所示，效果如图 4-97 所示。按 Ctrl＋O 组合键，打开光盘中的“Ch04 > 素材 > 制作播放器 > 03”文件。选择“移动”工具，将图片拖曳到图像窗口的适当位置，如图 4-98 所示。

至此，播放器制作完成。

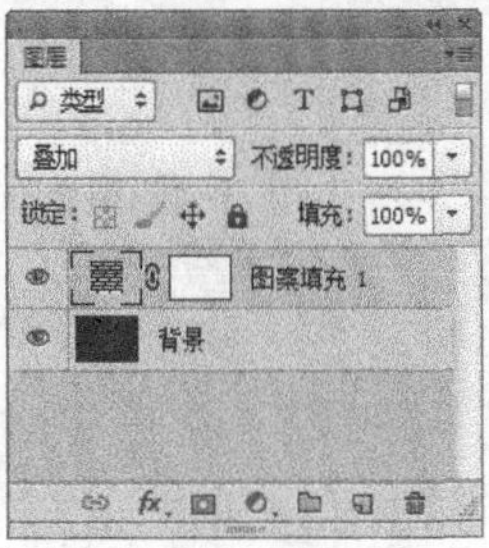

图 4-96

图 4-97

图 4-98

4.5 课堂练习——制作水果油画

【练习知识要点】使用历史记录艺术画笔工具制作涂抹效果，使用色相/饱和度命令调整图片颜色，使用去色命令将图片去色，使用浮雕效果滤镜为图片添加浮雕效果，如图 4-99 所示。

【效果所在位置】光盘/Ch04/效果/制作水果油画.psd。

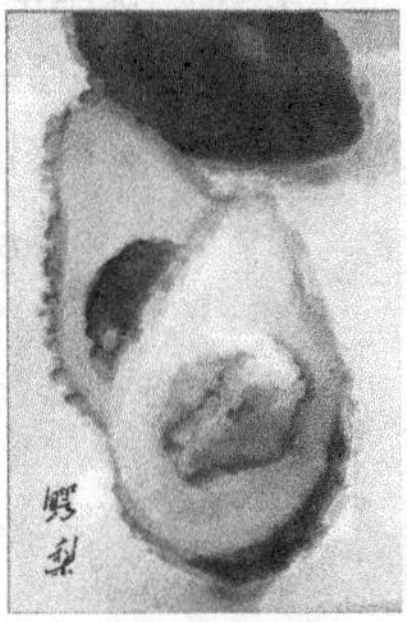

图 4-99

4.6 课后习题——制作电视机

【习题知识要点】使用定义图案命令、不透明度命令制作背景图，使用圆角矩形工具、钢笔工具、图层样式命令制作按钮图形，使用矩形选框工具、添加图层蒙版命令制作高光图形，使用横排文字工具添加文字，效果如图 4-100 所示。

【效果所在位置】光盘/Ch04/效果/制作电视机.psd。

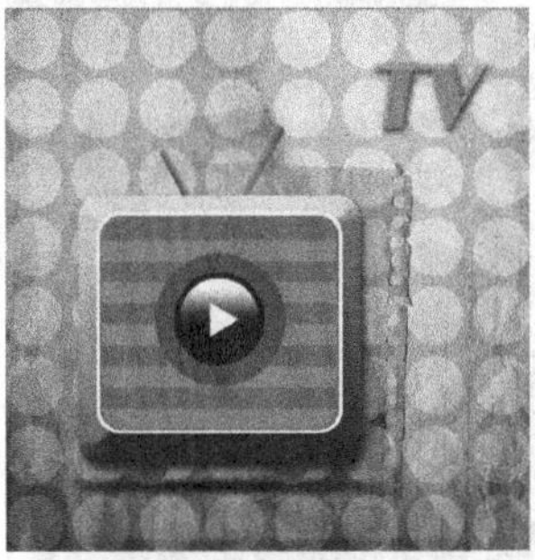

图 4-100

Photoshop CS6

5 Chapter

第5章 修饰图像

本章将主要介绍 Photoshop CS6 修饰图像的方法与技巧。通过本章的学习，可了解和掌握修饰图像的基本方法与操作技巧，应用相关工具快速地仿制图像、修复污点、消除红眼及把有缺陷的图像修复完整。

课堂学习目标

- 修复与修补工具
- 修饰工具
- 橡皮擦工具

5.1 修复与修补工具

修图工具用于修整图像的细微部分，是在处理图像时不可缺少的工具。

5.1.1 修补工具

修补工具：选择“修补”工具，或反复按 Shift+J 组合键，其属性栏状态如图 5-1 所示。

图 5-1

新选区：去除旧选区，绘制新选区。添加到选区：在原有选区上再增加新的选区。从选区减去：在原有选区上减去新选区的部分。与选区交叉：选择新旧选区重叠的部分。

使用修补工具：用“修补”工具圈选图像中的香水瓶，如图 5-2 所示。选择修补工具属性栏中的“源”选项，在选区中单击并按住鼠标不放，将选区中的图像拖曳到相应位置，如图 5-3 所示。释放鼠标，选区中的香水瓶被新放置的选取位置的图像所修补，效果如图 5-4 所示。

图 5-2

图 5-3

图 5-4

按 Ctrl+D 组合键取消选区，效果如图 5-5 所示。选择修补工具属性栏中的“目标”选项，用“修补”工具圈选图像中的区域，如图 5-6 所示。再将选区拖曳到要修补的图像区域，如图 5-7 所示。圈选区域中的图像修补了香水瓶的图像，如图 5-8 所示。按 Ctrl+D 组合键取消选区，效果如图 5-9 所示。

图 5-5

图 5-6

图 5-7

图 5-8

图 5-9

5.1.2 修复画笔工具

修复画笔工具：选择“修复画笔”工具，或反复按 Shift+J 组合键，其属性栏状态如图 5-10 所示。

图 5-10

模式：在其弹出菜单中可以选择复制像素或填充图案与底图的混合模式。源：选择“取样”选项后，按住 Alt 键，光标变为圆形十字图标，单击定下样本的取样点，释放鼠标，在图像中要修复的位置单击并按住鼠标不放，拖曳复制出取样点的图像；选择“图案”选项后，在“图案”面板中选择图案或自定义图案来填充图像。对齐：勾选此复选框，下一次的复制位置会和前一次的完全重合，图像不会因为重新复制而出现错位。

设置修复画笔：可以选择修复画笔的大小。单击“画笔”选项右侧的按钮，在弹出的“画笔”面板中，可以设置画笔的直径、硬度、间距、角度、圆度和压力大小，如图 5-11 所示。

使用修复画笔工具：“修复画笔”工具可以将取样点的像素信息非常自然地复制到图像的破损位置，并保持图像的亮度、饱和度、纹理等属性。使用“修复画笔”工具修复照片的过程如图 5-12～图 5-14 所示。

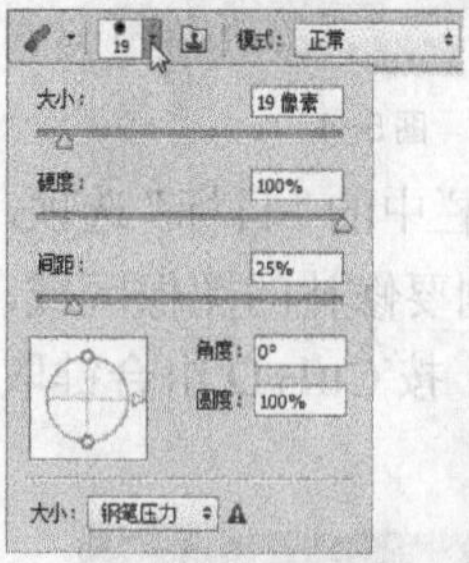

图 5-11

图 5-12

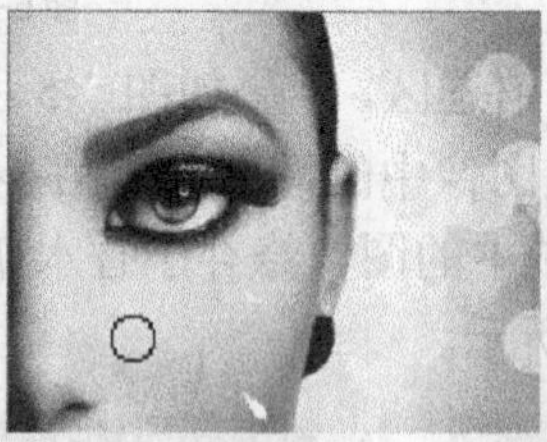

图 5-13

图 5-14

使用仿制源面板：单击属性栏中的“切换仿制源面板”按钮，弹出“仿制源”控制面板，如图 5-15 所示。

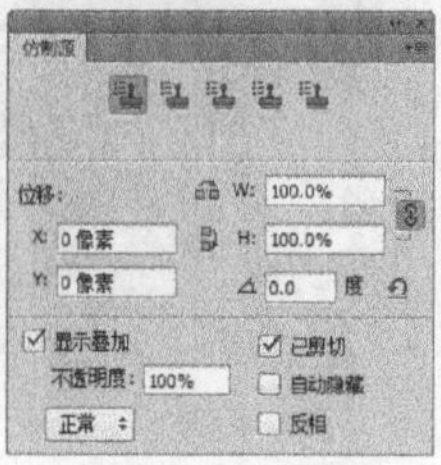

图 5-15

仿制源：激活按钮后，按住 Alt 键并使用修复画笔工具在图像中单击，可设置取样点。单击下一个仿制源按钮，还可以继续取样。

位移：指定 x 轴和 y 轴的像素位移，可以在相对于取样点的精确位置进行仿制。

W/H：可以缩放所仿制的源。

旋转：在文本框中输入旋转角度，可以旋转仿制的源。

翻转：单击“水平翻转”按钮或“垂直翻转”按钮，可水平或垂直翻转仿制源。

“复位变换”按钮：将 W、H、角度值和翻转方向恢复到默认状态。

显示叠加：勾选此复选框并设置了叠加方式后，在使用修复工具时可以更好地查看叠加效果以及下面的图像。

不透明度：用来设置叠加图像的不透明度。

已剪切：可将叠加剪切到画笔大小。

自动隐藏：可以在应用绘画描边时隐藏叠加。

反相：可反相叠加颜色。

5.1.3　图案图章工具

“图案图章”工具可以预先定义的图案为复制对象进行复制。选择“图案图章”工具，或反复按 Shift+S 组合键，其属性栏状态如图 5-16 所示。

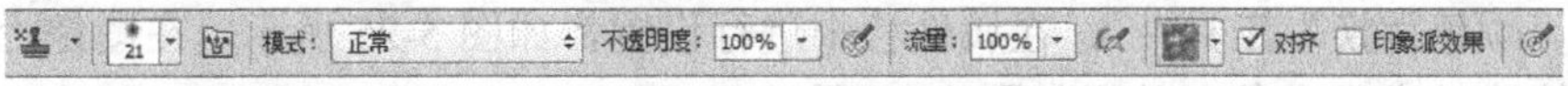

图 5-16

使用图案图章工具：选择“图案图章”工具，在要定义为图案的图像上绘制选区，如图 5-17 所示。选择“编辑 > 定义图案”命令，弹出“图案名称”对话框，单击“确定”按钮，定义选区中的图像为图案，如图 5-18 所示。

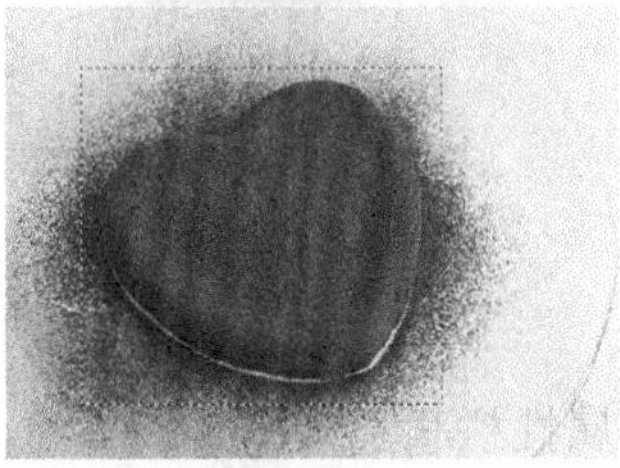

图 5-17

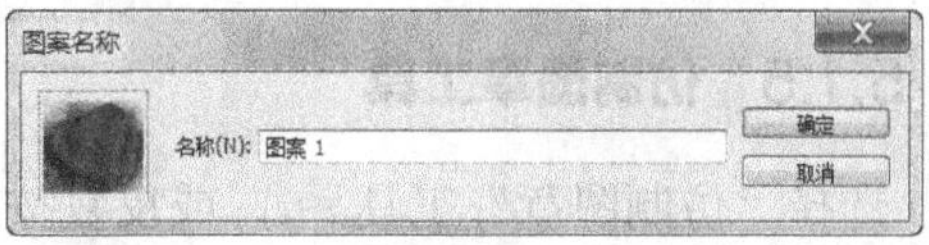

图 5-18

在图案图章工具属性栏中选择定义好的图案，如图 5-19 所示，按 Ctrl+D 组合键取消图像中的选区。选择“图案图章”工具，在合适的位置单击并按住鼠标不放，拖曳复制出定义好的图案，效果如图 5-20 所示。

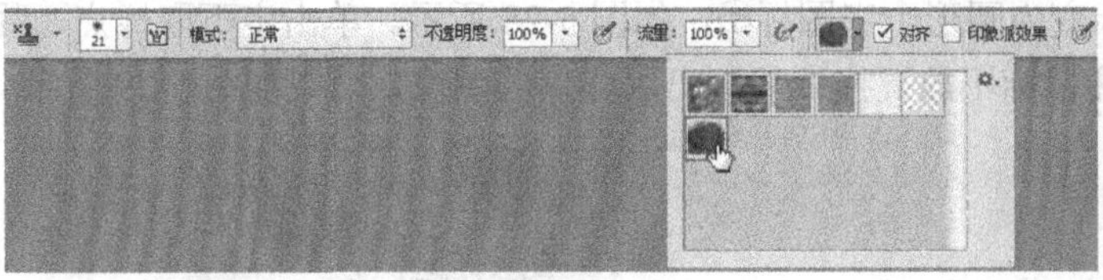

图 5-19

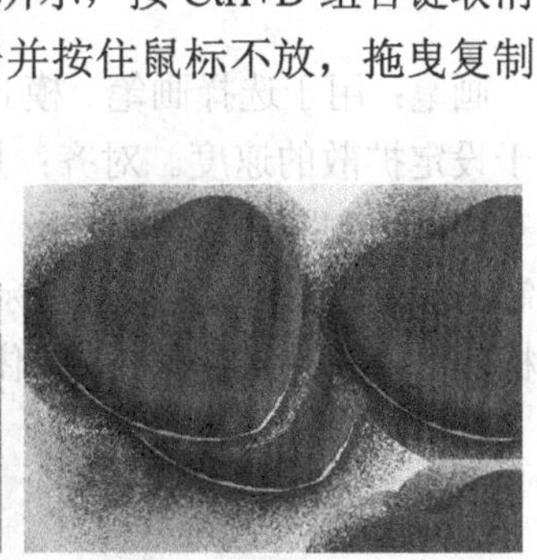

图 5-20

5.1.4　颜色替换工具

颜色替换工具能够简化图像中特定颜色的替换，可以使用校正颜色在目标颜色上绘画。

颜色替换工具不适用于“位图”、“索引”或“多通道”颜色模式的图像。

选择“颜色替换”工具，其属性栏状态如图5-21所示。

图5-21

使用颜色替换工具：原始图像如图5-22所示。调出“颜色”控制面板和“色板”控制面板，在“颜色”控制面板中设置前景色，如图5-23所示。在“色板”控制面板中单击“创建前景色的新色板”按钮，将设置的前景色存放在控制面板中，如图5-24所示。

图5-22

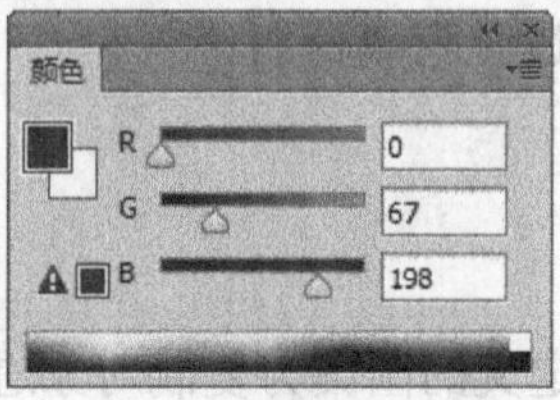

图5-23

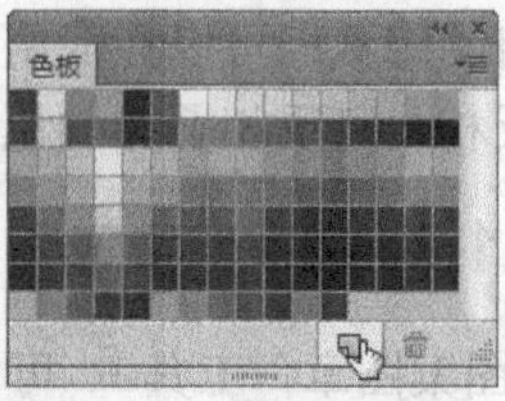

图5-24

选择“颜色替换”工具，在属性栏中进行设置，如图5-25所示。在图像上需要上色的区域直接涂抹进行上色，效果如图5-26所示。

图5-25

图5-26

5.1.5 仿制图章工具

选择“仿制图章”工具，或反复按Shift+S组合键，其属性栏状态如图5-27所示。

图5-27

画笔：用于选择画笔。模式：用于选择混合模式。不透明度：用于设定不透明度。流量：用于设定扩散的速度。对齐：用于控制是否在复制时使用对齐功能。

使用仿制图章工具：选择“仿制图章”工具，将“仿制图章”工具放在图像中需要复制的位置，按住Alt键，光标变为圆形十字图标⊕，如图5-28所示。单击定下取样点，释放鼠标，在合适的位置单击并按住鼠标不放，拖曳复制出取样点的图像，效果如图5-29所示。

图5-28

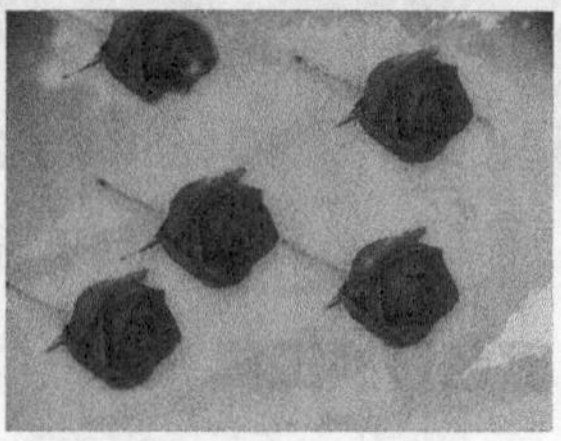

图5-29

5.1.6 红眼工具

选择“红眼”工具，或反复按 Shift+J 组合键，其属性栏状态如图 5-30 所示。

瞳孔大小：用于设置瞳孔的大小。变暗量：用于设置瞳孔的暗度。

5.1.7 污点修复画笔工具

污点修复画笔工具不需要制定样本点，将自动从所修复区域的周围取样。

选择“污点修复画笔”工具，或反复按 Shift+J 组合键，其属性栏状态如图 5-31 所示。

图 5-30

图 5-31

使用污点修复画笔工具：原始图像如图 5-32 所示。选择“污点修复画笔”工具，在“污点修复画笔”工具属性栏中进行设置，如图 5-33 所示。在要修复的污点图像上拖曳，如图 5-34 所示。释放鼠标，污点被去除，效果如图 5-35 所示。

图 5-32

图 5-33

图 5-34

图 5-35

5.1.8 课堂案例——修复人物照片

【案例学习目标】学习多种修图工具以修复人物照片。

【案例知识要点】使用缩放命令调整图像大小，使用红眼工具去除人物红眼，使用仿制图章工具修复人物图像上的斑纹，使用污点修复画笔工具修复照片破损处，如图 5-36 所示。

图 5-36

【效果所在位置】光盘/Ch05/效果/修复人物照片.psd。

1. 修复人物红眼

（1）按 Ctrl+O 组合键，打开光盘中的“Ch05 > 素材 > 修复人物照片 > 01”文件，如图 5-37 所示。选择“缩放”工具，在图像窗口中光标变为放大工具图标，单击将图像放大，效果如图 5-38 所示。

（2）选择“红眼”工具，在人物眼睛上的红色区域单击，去除红眼，效果如图 5-39 所示。

图 5-37

图 5-38

图 5-39

2. 修复人物脸部斑纹

（1）选择“仿制图章”工具，在属性栏中单击“画笔”选项右侧的按钮，弹出画笔选择面板，在面板中选择需要的画笔形状，将“大小”选项设为 35 像素，如图 5-40 所示。将仿制图章工具放在脸部需要取样的位置，按住 Alt 键，光标变为圆形十字图标⊕，如图 5-41 所示，单击确定取样点。将光标放置在需要修复的斑纹上，如图 5-42 所示，单击去掉斑纹。用相同的方法去除人物脸部的所有斑纹，效果如图 5-43 所示。

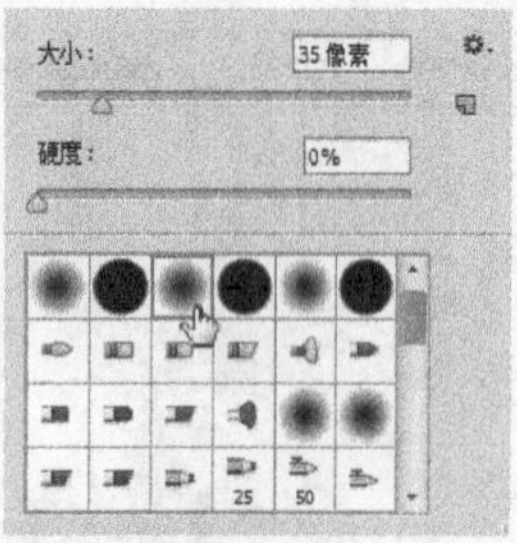

图 5-40

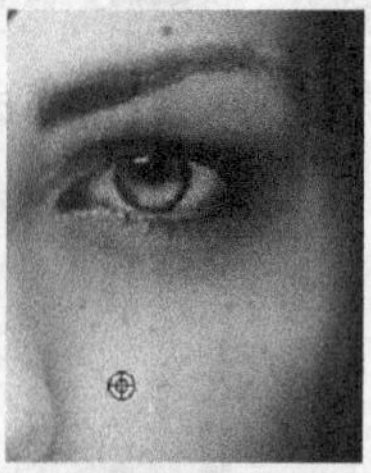
图 5-41

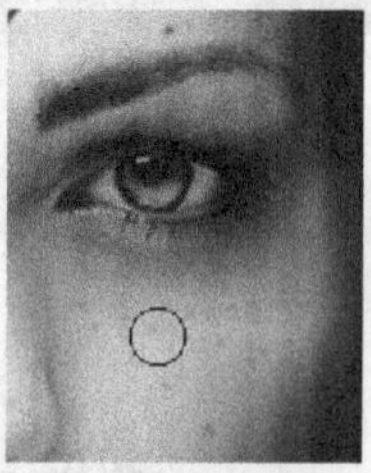
图 5-42

图 5-43

（2）选择“缩放”工具，在图像窗口中单击将图像放大，效果如图 5-44 所示。选择“污点修复画笔”工具，单击“画笔”选项右侧的按钮，弹出画笔选择面板，在面板中进行设置，如图 5-45 所示。在图片破损处单击，如图 5-46 所示，破损被清除。用相同的方法清除其他图片破损处，人物照片效果修复完成，如图 5-47 所示。

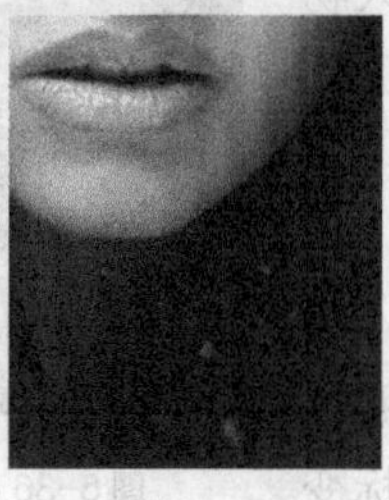
图 5-44

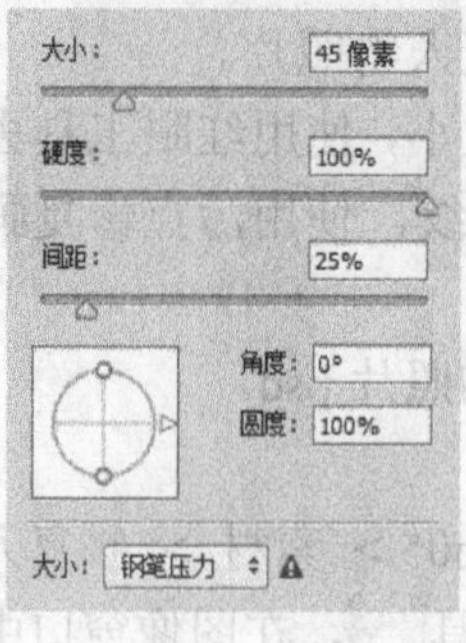

图 5-45

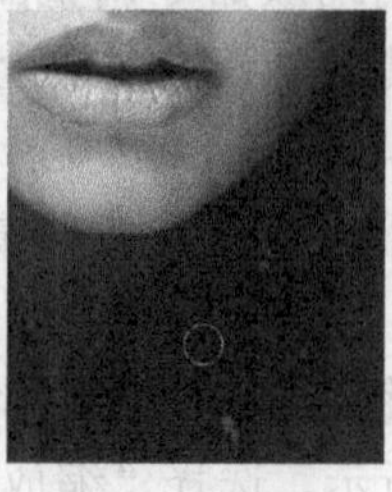
图 5-46

图 5-47

5.2　修饰工具

修饰工具用于修饰图像，从而使图像产生不同的变化效果。

5.2.1　模糊工具

选择“模糊”工具，或反复按 Shift+R 组合键，其属性栏状态如图 5-48 所示。

图 5-48

画笔：用于选择画笔的形状。模式：用于设定模式。强度：用于设定压力的大小。

对所有图层取样：用于确定模糊工具是否对所有可见图层起作用。

使用模糊工具：选择“模糊”工具，在模糊工具属性栏中进行设置，如图 5-49 所示。在图像中单击并按住鼠标不放，拖曳使图像产生模糊的效果。原图像和模糊后的图像效果如图 5-50 和图 5-51 所示。

图 5-49

图 5-50

图 5-51

5.2.2　锐化工具

选择“锐化”工具，或反复按 Shift+R 组合键，其属性栏状态如图 5-52 所示。内容与模糊工具属性栏的选项内容类似。

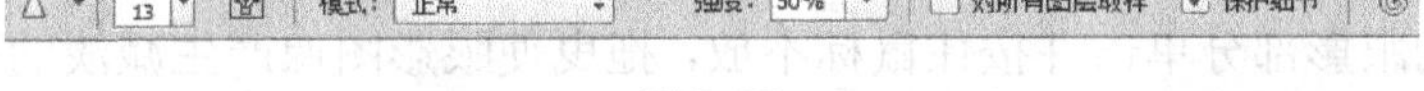

图 5-52

使用锐化工具：选择“锐化”工具，在锐化工具属性栏中进行设置，如图 5-53 所示。在图像中的字母上单击并按住鼠标不放，拖曳使字母图像产生锐化的效果。原图像和锐化后的图像效果如图 5-54 和图 5-55 所示。

图 5-53

图 5-54

图 5-55

5.2.3 涂抹工具

选择“涂抹”工具，或反复按 Shift+R 组合键，其属性栏状态如图 5-56 所示。内容与模糊工具属性栏的选项内容类似，增加的“手指绘画”复选框用于设定是否按前景色进行涂抹。

图 5-56

使用涂抹工具：选择“涂抹”工具，在涂抹工具属性栏中进行设置，如图 5-57 所示。在图像中人物的头发部分单击并按住鼠标不放，拖曳使头发产生涂抹的效果。原图像和涂抹后的图像效果如图 5-58 和图 5-59 所示。

图 5-57

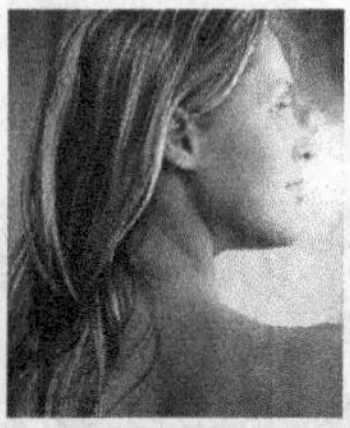

图 5-58

图 5-59

5.2.4 减淡工具

选择“减淡”工具，或反复按 Shift+O 组合键，其属性栏状态如图 5-60 所示。

图 5-60

画笔：用于选择画笔的形状。范围：用于设定图像中所要提高亮度的区域。曝光度：用于设定曝光的强度。

使用减淡工具：选择“减淡”工具，在减淡工具属性栏中进行设置，如图 5-61 所示。在图像中人物的眼影部分单击并按住鼠标不放，拖曳使眼影图像产生减淡的效果。原图像和减淡后的图像效果如图 5-62 和图 5-63 所示。

图 5-61

图 5-62

图 5-63

5.2.5　加深工具

选择“加深”工具，或反复按 Shift+O 组合键，其属性栏状态如图 5-64 所示。内容与减淡工具属性栏选项内容的作用正好相反。

图 5-64

使用加深工具：选择“加深”工具，在加深工具属性栏中进行设置，如图 5-65 所示。在图像中人物的眼影部分单击并按住鼠标不放，拖曳使眼影图像产生加深的效果。原图像和加深后的图像效果如图 5-66 和图 5-67 所示。

图 5-65

图 5-66

图 5-67

5.2.6　海绵工具

选择“海绵”工具，或反复按 Shift+O 组合键，其属性栏状态如图 5-68 所示。

图 5-68

画笔：用于选择画笔的形状。模式：用于设定饱和度的处理方式。流量：用于设定扩散的速度。

使用海绵工具：选择“海绵”工具，在海绵工具属性栏中进行设置，如图 5-69 所示。在图像中人物的头发和衣服部分单击并按住鼠标不放，拖曳使头发和衣服图像增加色彩饱和度。原图像和使用海绵工具后的图像效果如图 5-70 和图 5-71 所示。

图 5-69

图 5-70

图 5-71

5.2.7　课堂案例——制作装饰画

【案例学习目标】使用多种修饰工具调整图像颜色。

【案例知识要点】使用加深工具、减淡工具、锐化工具和模糊工具制作图像，如图 5-72 所示。

图 5-72

【效果所在位置】光盘/Ch05/效果/制作装饰画.psd。

（1）按 Ctrl＋O 组合键，打开光盘中的“Ch05＞素材＞制作装饰画＞01、02”文件。选择“移动”工具，将 02 图片拖曳到 01 图像窗口中的适当位置，如

图 5-73 所示。在“图层”控制面板中生成新的图层并将其命名为“小熊”。

（2）选择“减淡”工具，在属性栏中单击“画笔”选项右侧的按钮，弹出画笔选择面板，在面板中选择需要的画笔形状，将“大小”选项设为 60 像素，如图 5-74 所示。在小熊图像中适当的位置拖曳，效果如图 5-75 所示。

图 5-73

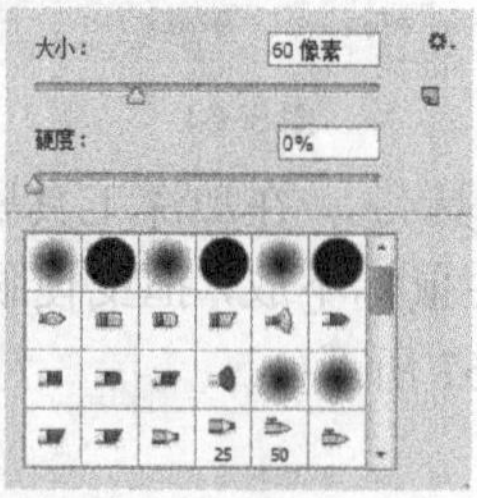

图 5-74

图 5-75

（3）选择“加深”工具，在属性栏中单击“画笔”选项右侧的按钮，弹出画笔选择面板，在面板中选择需要的画笔形状，将“大小”选项设为 45 像素，如图 5-76 所示。在小熊图像中适当的位置拖曳，效果如图 5-77 所示。

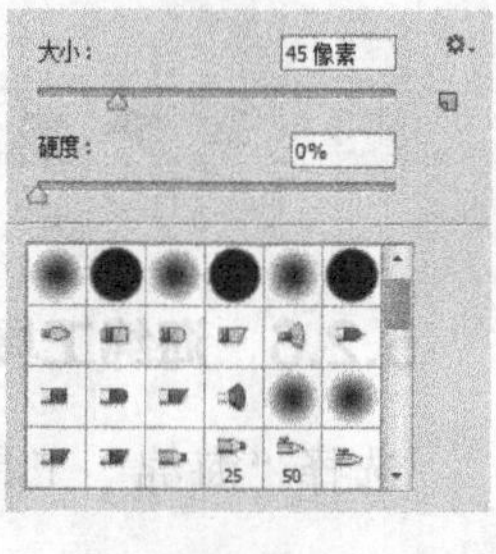

图 5-76

（4）选择“锐化”工具，在属性栏中单击“画笔”选项右侧的按钮，弹出画笔选择面板，在面板中选择需要的画笔形状，将“大小”选项设为 60 像素，如图 5-78 所示。在小熊图像中适当的位置拖曳，效果如图 5-79 所示。

图 5-77

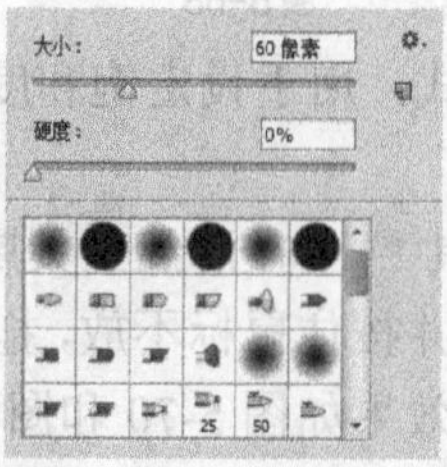

图 5-78

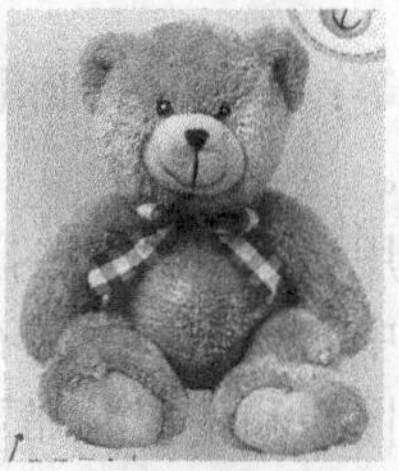

图 5-79

（5）选择“模糊”工具，在属性栏中单击“画笔”选项右侧的按钮，弹出画笔选择面板，在面板中选择需要的画笔形状，将“大小”选项设为 20 像素，如图 5-80 所示。在小熊图像中适当的位置拖曳，效果如图 5-81 所示。

（6）按 Ctrl+O 组合键，打开光盘中的“Ch05 > 素材 > 制作装饰画 > 03”文件。选择“移动”工具，将文字拖曳到图像窗口的左上方，如图 5-82 所示。在“图层”控制面板中生成新的图层并将其命名为“文字”。至此，装饰画制作完成。

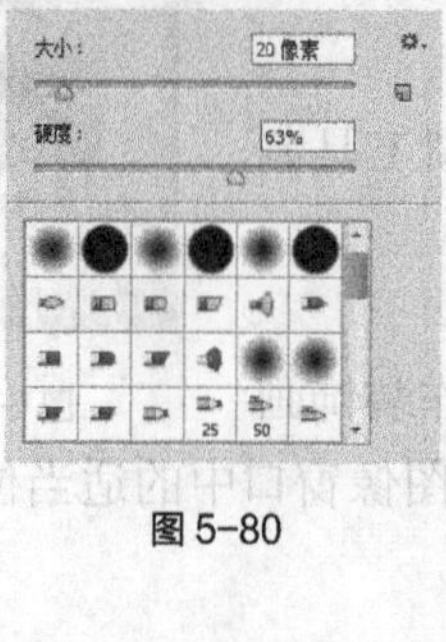

图 5-80

图 5-81

图 5-82

5.3 橡皮擦工具

擦除工具包括橡皮擦工具、背景橡皮擦工具和魔术橡皮擦工具。应用擦除工具可以擦除指定图像的颜色，还可以擦除颜色相近区域中的图像。

5.3.1 橡皮擦工具

选择“橡皮擦”工具，或反复按 Shift+E 组合键，其属性栏状态如图 5-83 所示。

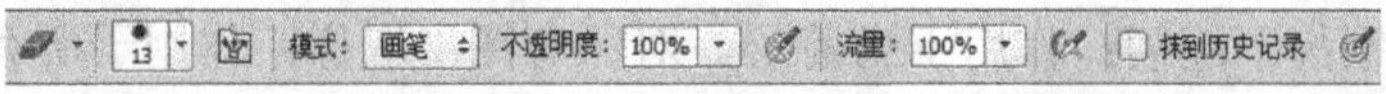

图 5-83

画笔：用于选择橡皮擦的形状和大小。模式：用于选择擦除的笔触方式。不透明度：用于设定不透明度。流量：用于设定扩散的速度。抹到历史记录：用于确定以“历史”控制面板中确定的图像状态来擦除图像。

使用橡皮擦工具：选择“橡皮擦”工具，在图像中单击并按住鼠标拖曳，可以擦除图像。用背景色的白色擦除图像后，效果如图 5-84 所示；用透明色擦除图像后，效果如图 5-85 所示。

图 5-84

图 5-85

5.3.2 背景橡皮擦工具

背景橡皮擦工具可以用来擦除指定的颜色，指定的颜色显示为背景色。选择“背景橡皮擦”工具，或反复按 Shift+E 组合键，其属性栏状态如图 5-86 所示。

图 5-86

画笔：用于选择橡皮擦的形状和大小。限制：用于选择擦除界限。容差：用于设定容差值。保护前景色：用于保护前景色不被擦除。

使用背景橡皮擦工具：选择“背景橡皮擦”工具，在背景橡皮擦工具属性栏中进行设置，如图 5-87 所示。在图像中使用背景橡皮擦工具擦除图像，擦除前后的对比效果如图 5-88 和图 5-89 所示。

5.3.3 魔术橡皮擦工具

魔术橡皮擦工具可以自动擦除颜色相近区域中的图像。选择“魔术橡皮擦”工具，或反复按 Shift+E 组合键，其属性栏状态如图 5-90 所示。

图 5-87

图 5-88

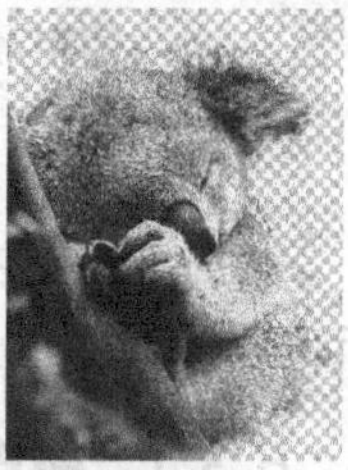

图 5-89

容差：用于设定容差值，容差值的大小决定“魔术橡皮擦”工具擦除图像的面积。消除锯齿：用于消除锯齿。连续：作用于当前层。对所有图层取样：作用于所有层。不透明度：用于设定不透明度。

使用魔术橡皮擦工具：选择“魔术橡皮擦”工具，魔术橡皮擦工具属性栏中的选项为默认值。用“魔术橡皮擦”工具擦除图像，效果如图 5-91 所示。

图 5-90

图 5-91

5.3.4 课堂案例——制作图标

【案例学习目标】使用擦除工具擦除多余的图像。

【案例知识要点】使用填充工具填充底图，使用橡皮擦工具擦除不需要的图像，如图 5-92 所示。

图 5-92

【效果所在位置】光盘/Ch05/效果/制作图标.psd。

（1）按 Ctrl+N 组合键，新建一个文件：宽度为 10 厘米，高度为 10 厘米，分辨率为 150 像素/英寸，颜色模式为 RGB，背景内容为白色，单击“确定”按钮。将前景色设为深棕色（其 R、G、B 的值分别为 37、3、5），按 Alt+Delete 组合键，用前景色填充“背景”图层，如图 5-93 所示。

（2）按 Ctrl＋O 组合键，打开光盘中的“Ch05 > 素材 > 制作图标 > 02、03”文件。选择“移动”工具，分别将 02、03 图片拖曳到背景图像窗口中，如图 5-94 所示。在“图层”控制面板中生成新的图层并将其命名为“底图”和“图形”。

（3）选择“底图”图层。选择“画笔”工具，在属性栏中单击“画笔”选项右侧的按钮，在弹出的“画笔”选择面板中选择需要的画笔形状，其他选项的设置如图 5-95 所示。在图像窗口中拖曳绘制图形，效果如图 5-96 所示。

图 5-93

图 5-94

（4）按 Ctrl＋O 组合键，打开光盘中的“Ch05＞ 素材 ＞ 制作图标 ＞03”文件。选择“移动”工具，将 03 图片拖曳到背景图像窗口中，如图 5-97 所示。在“图层”控制面板中生成新的图层并将其命名为“文字”。至此，图标制作完成。

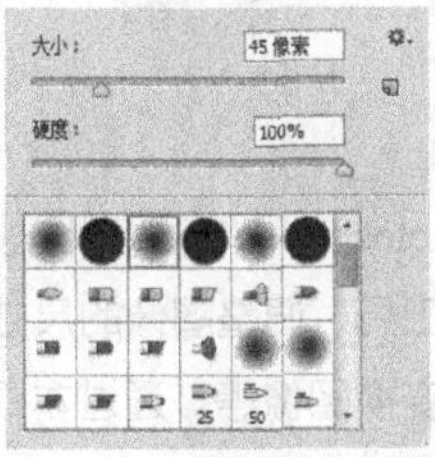

图 5-95

图 5-96

图 5-97

5.4 课堂练习——清除照片中的涂鸦

【练习知识要点】使用修复画笔工具清除涂鸦，效果如图 5-98 所示。

【效果所在位置】光盘/Ch05/效果/清除照片中的涂鸦.psd。

5.5 课后习题——梦中仙子

【习题知识要点】使用红眼工具去除女子的红眼。使用加深工具和减淡工具改变草地、人物衣服、背景、草地高光、背景高光图形的颜色，效果如图 5-99 所示。

【效果所在位置】光盘/Ch05/效果/梦中仙子.psd。

图 5-98

图 5-99

Photoshop CS6

6 Chapter

第 6 章 编辑图像

本章将主要介绍 Photoshop CS6 编辑图像的基础方法，包括应用图像编辑工具、调整图像的尺寸、移动或复制图像、裁剪图像、变换图像等。通过本章的学习，可了解并掌握图像的编辑方法和应用技巧，并快速地应用命令对图像进行适当的编辑与调整。

课堂学习目标

- 图像编辑工具
- 图像的移动、复制和删除
- 图像的裁切和画布的变换

6.1 图像编辑工具

使用图像编辑工具对图像进行编辑和整理，可以提高用户编辑和处理图像的效率。

6.1.1 注释类工具

注释类工具可以为图像增加文字注释。

选择“注释”工具，或反复按 Shift+I 组合键，其属性栏状态如图 6-1 所示。

图 6-1

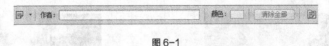

作者：用于输入作者姓名。颜色：用于设置注释窗口的颜色。清除全部：用于清除所有注释。显示或隐藏注释面板按钮：用于打开注释面板，编辑注释文字。

6.1.2 标尺工具

标尺工具可以在图像中测量任意两点之间的距离，并可以测量角度。选择“标尺”工具，或反复按 Shift+I 组合键，其属性栏状态如图 6-2 所示。

图 6-2

6.1.3 课堂案例——制作油画展示效果

【案例学习目标】学习使用图像编辑工具对图像进行裁剪编辑。

【案例知识要点】使用标尺工具、任意角度命令、裁剪工具制作风景照片，使用注释工具为图像添加注释，效果如图 6-3 所示。

【效果所在位置】光盘/Ch06/效果/制作油画展示效果.psd。

（1）按 Ctrl＋O 组合键，打开光盘中的“Ch06 > 素材 > 制作油画展示效果 > 03”文件，如图 6-4 所示。选择“标尺”工具，在图像窗口的左侧单击确定测量的起点，向右拖曳出现测量的线段，再次单击确定测量的终点，如图 6-5 所示。

图 6-3

（2）选择“图像 > 图像旋转 > 任意角度”命令，在弹出的“旋转画布”对话框中进行设置，如图 6-6 所示。单击“确定”按钮，效果如图 6-7 所示。

图 6-4

图 6-5

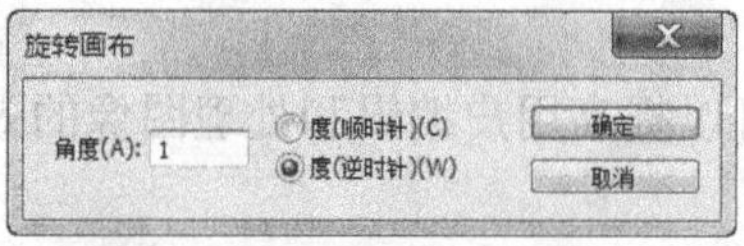

图 6-6

图 6-7

（3）选择“裁剪”工具，在图像窗口中拖曳绘制矩形裁切框，如图 6-8 所示。按 Enter 键确认操作，效果如图 6-9 所示。

图 6-8

图 6-9

（4）按 Ctrl+O 组合键，打开光盘中的“Ch06 > 素材 > 制作油画展示效果 > 01”文件。选择“移动”工具，将 03 图形拖曳到 01 图像窗口中，并调整其大小和位置，效果如图 6-10 所示。在“图层”控制面板中生成新的图层并将其命名为“油画”。

（5）按 Ctrl+O 组合键，打开光盘中的“Ch06 > 素材 > 制作油画展示效果 > 02”文件。选择“移动”工具，将 02 图形拖曳到 01 图像窗口中，并调整其大小和位置，效果如图 6-11 所示。在“图层”控制面板中生成新的图层并将其命名为“画框”。

图 6-10

图 6-11

（6）将前景色设为米色（其 R、G、B 的值分别为 200、178、139）。选择“横排文字”工具，在属性栏中选择合适的字体并设置大小，然后输入需要的文字，效果如图 6-12 所示。在“图层”控制面板中生成新的文字图层。

（7）按 Ctrl+T 组合键，文字周围出现变换框，将光标放在变换框控制手柄的附近，光标变为旋转图标，拖曳将文字旋转到适当的角度，按 Enter 键确定操作，效果如图 6-13 所示。

（8）选择“注释”工具，在图像窗口中单击，弹出“注释”控制面板，在面板中输入文字，如图 6-14 所示。至此，快乐油画制作完成，效果如图 6-15 所示。

图 6-12

图 6-13

图 6-14

图 6-15

6.2 图像的移动、复制和删除

在 Photoshop CS6 中，可以非常便捷地移动、复制和删除图像。

6.2.1 图像的移动

在同一文件中移动图像：原始图像如图 6-16 所示。选择“移动”工具，在属性栏中勾选“自动选择”复选框，并将“自动选择”选项设为“图层”，如图 6-17 所示。用光标选中咖啡杯图形，咖啡杯图形所在图层被选中，将十字图形向下拖曳，效果如图 6-18 所示。

图 6-16

图 6-17

图 6-18

在不同文件中移动图像：打开一幅图片，将图片拖曳到粉色图像中，光标变为，如图 6-19 所示。释放鼠标，图片被移动到粉色图像中，效果如图 6-20 所示。

图 6-19

图 6-20

6.2.2 图像的复制

要在操作过程中随时按需要复制图像，就必须掌握复制图像的方法。在复制图像前，要选择将复制的图像区域，否则将不能复制图像。

使用移动工具复制图像：使用“椭圆选框”工具选中要复制的图像区域，如图 6-21 所示。选择“移动”工具，将光标放在选区中，光标变为图标，如图 6-22 所示。按住 Alt 键，光标变为图标，如图 6-23 所示。单击鼠标并按住不放，拖曳选区中的图像到适当的位置，释放鼠标和 Alt 键，图像复制完成，效果如图 6-24 所示。

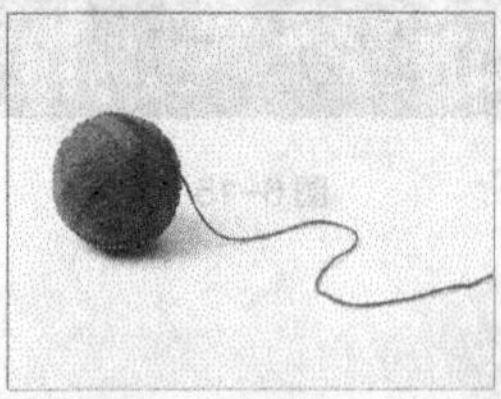

图 6-21

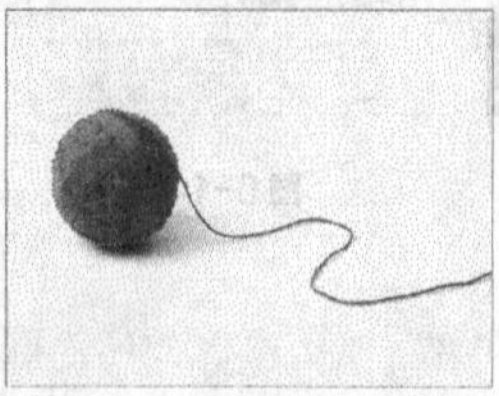

图 6-22

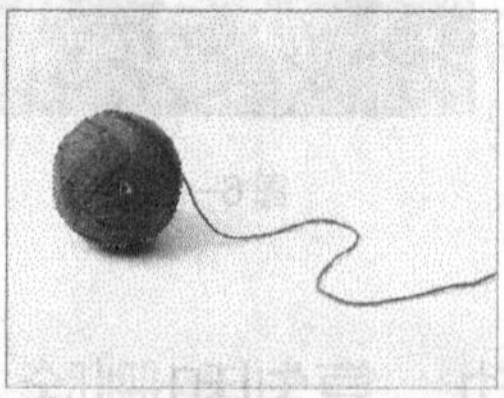

图 6-23

图 6-24

使用菜单命令复制图像：使用“椭圆选框”工具选中要复制的图像区域，如图 6-25 所示。选择菜单“编辑 > 拷贝”命令或按 Ctrl+ C 组合键，将选区中的图像复制，这时屏幕上的图像并没有变化，但系统已将拷贝的图像复制到剪贴板中。

选择菜单“编辑 > 粘贴”命令或按 Ctrl+V 组合键，将剪贴板中的图像粘贴在图像的新图层中，复制的图像在原图的上方，如图 6-26 所示。使用“移动”工具可以移动复制出的图像，效果如图 6-27 所示。

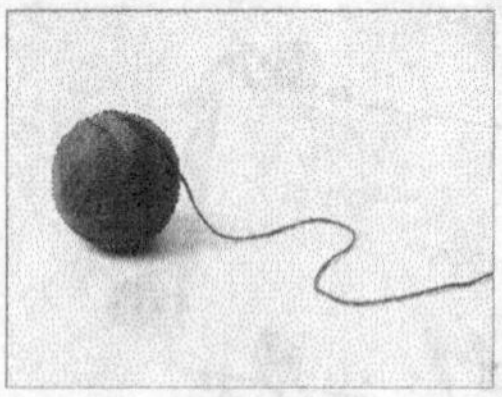

图 6-25

图 6-26

图 6-27

6.2.3 图像的删除

在删除图像前，需选择要删除的图像区域，如果不选择图像区域，将不能删除图像。

使用菜单命令删除图像：在需删除的图像上绘制选区，如图 6-28 所示。选择菜单“编辑 > 清除”命令，将选区中的图像删除，按 Ctrl+D 组合键取消选区，效果如图 6-29 所示。

图 6-28

图 6-29

提示

删除后的图像区域由背景色填充。如果在某一图层中，删除后的图像区域将显示下面一层的图像。

使用快捷键删除图像：在需要删除的图像上绘制选区，按 Delete 键或 Backspace 键，可将选区中的图像删除。按 Alt+Delete 组合键或 Alt+Backspace 组合键，也可将选区中的图像删除，删除后的图像区域由前景色填充。

6.2.4　课堂案例——制作音量调节器

【案例学习目标】学习使用移动工具移动、复制图像。

【案例知识要点】使用移动工具和复制命令制作装饰图形，使用橡皮擦工具擦除不需要的图像，如图 6-30 所示。

图 6-30

【效果所在位置】光盘/Ch06/效果/制作音量调节器.psd。

（1）按 Ctrl＋O 组合键，打开光盘中的“Ch06 > 素材 > 制作音量调节器 > 01”文件，如图 6-31 所示。

（2）新建图层并将其命名为“圆”。选择“椭圆选框”工具，按住 Shift 键并在图像窗口中绘制一个圆形选区。选择“渐变”工具，单击属性栏中的“点按可编辑渐变”按钮，弹出“渐变编辑器”对话框，将渐变色设为从白色到灰色（其 R、G、B 的值分别为 196、196、196），如图 6-32 所示，单击“确定”按钮。单击属性栏中的“径向渐变”按钮，按住 Shift 键并在选区中拖曳渐变色，效果如图 6-33 所示，按 Ctrl+D 组合键取消选区。

图 6-31

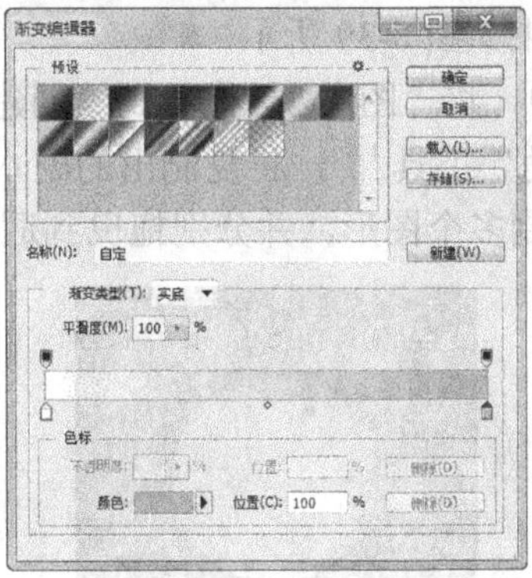

图 6-32

图 6-33

（3）单击“图层”控制面板下方的“添加图层样式”按钮，在弹出的菜单中选择“投影”命令，弹出对话框，选项的设置如图 6-34 所示。单击“确定”按钮，效果如图 6-35 所示。

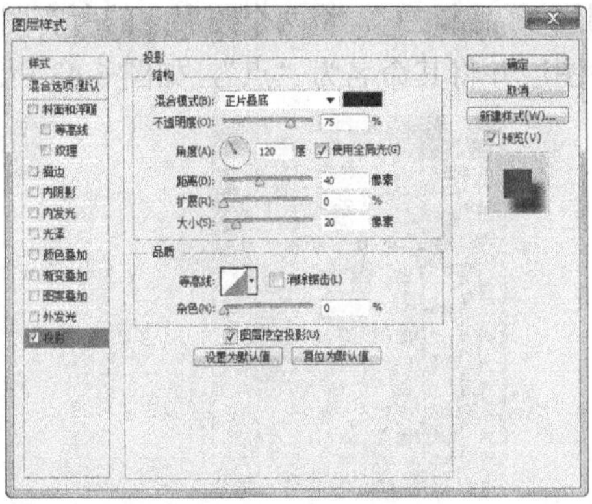

图 6-34

图 6-35

（4）新建图层并将其命名为“圆 2”。将前景色设为灰白色（其 R、G、B 的值分别为 240、240、240）。选择“椭圆选框”工具，按住 Shift 键并在图像窗口中绘制一个圆形选区，如图 6-36 所示。按 Alt+Delete 组合键，用前景色填充选区，按 Ctrl+D 组合键取消选区，效果如图 6-37 所示。

（5）新建图层并将其命名为“圆 3”，将前景色设为黑色。选择“椭圆选框”工具，按住 Shift 键并在图像窗口中绘制一个圆形选区。按 Alt+Delete 组合键，用前景色填充选区，按 Ctrl+D 组合键取消选区，效果如图 6-38 所示

图 6-36

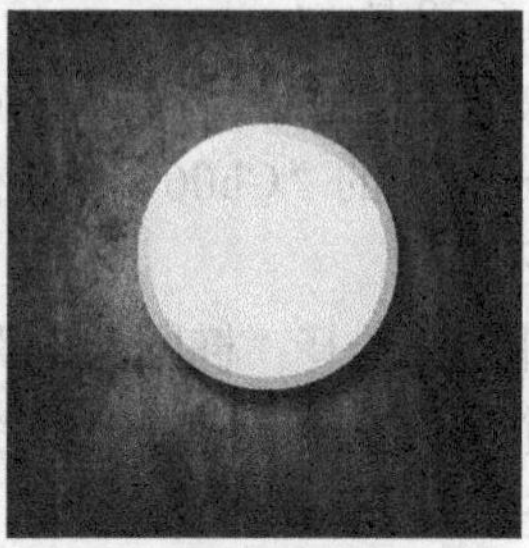
图 6-37

图 6-38

（6）新建图层并将其命名为“图层 3”，将前景色设为白色。选择“椭圆选框”工具，按住 Shift 键并在图像窗口中绘制一个圆形选区。按 Alt+Delete 组合键，用前景色填充选区，按 Ctrl+D 组合键取消选区，效果如图 6-39 所示

（7）在“图层”控制面板中，将“图层 3”拖曳到“创建新图层”按钮上进行复制，生成新的副本图层。选择“移动”工具，将复制出的副本图形拖曳到适当位置，效果如图 6-40 所示。用相同的方法复制多个图形，并分别拖曳到适当位置，效果如图 6-41 所示。

图 6-39

图 6-40

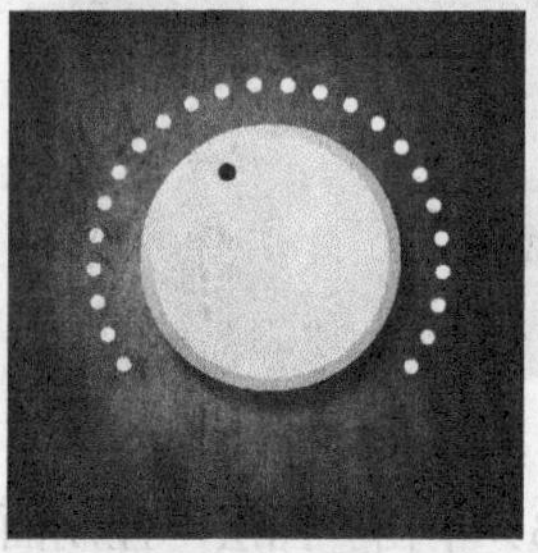
图 6-41

（8）选中“图层 3”，按住 Shift 键并单击“图层 3 副本 23”，将两个图层间的所有图层同时选取，如图 6-42 所示。按 Ctrl+E 组合键，合并图层并将其命名为“点”，如图 6-43 所示。

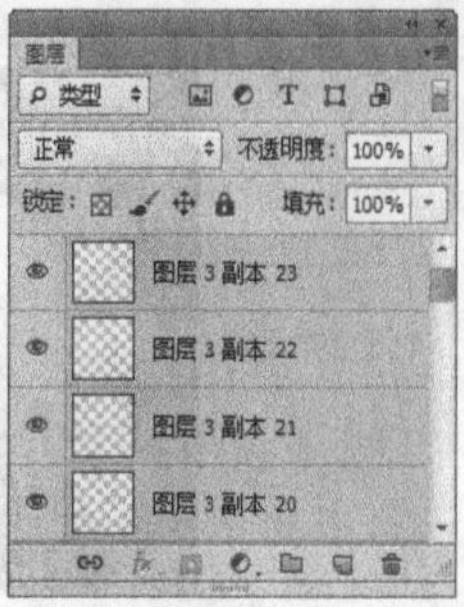

图 6-42

图 6-43

（9）单击“图层”控制面板下方的“添加图层样式”按钮 fx.，在弹出的菜单中选择“渐变叠加”选项，切换到相应的对话框。单击“点按可编辑渐变”按钮，弹出“渐变编辑器”对话框，将渐变颜色设为从红色（其 R、G、B 的值分别为 230、0、18）到黄色（其 R、G、B 的值分别为 255、241、0），如图 6-44 所示。单击“确定”按钮，返回到“渐变叠加”对话框，设置如图 6-45 所示。

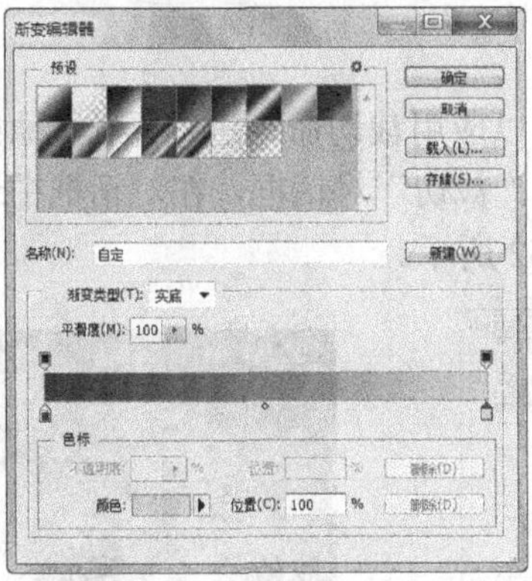

图 6-44

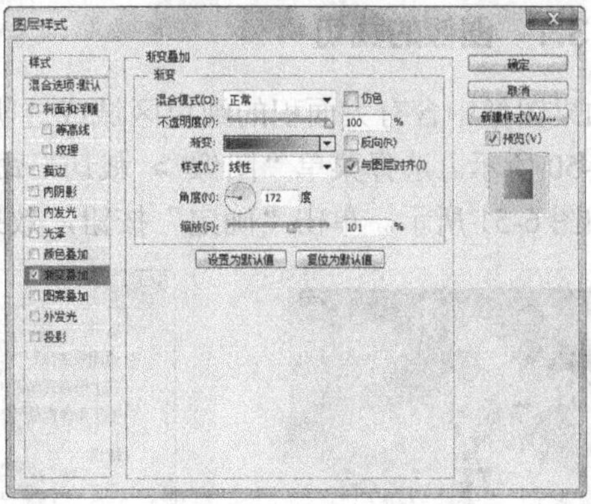

图 6-45

（10）选择“外发光”选项，切换到相应的对话框，设置如图 6-46 所示。选择“投影”选项，切换到相应的对话框，设置如图 6-47 所示。单击“确定”按钮，效果如图 6-48 所示。

（11）将前景色设为白色。选择“横排文字”工具 T，分别输入需要的文字，在属性栏中选择合适的字体并设置文字大小，在控制面板中生成新的文字图层，效果如图 6-49 所示。至此，音量调节器制作完成。

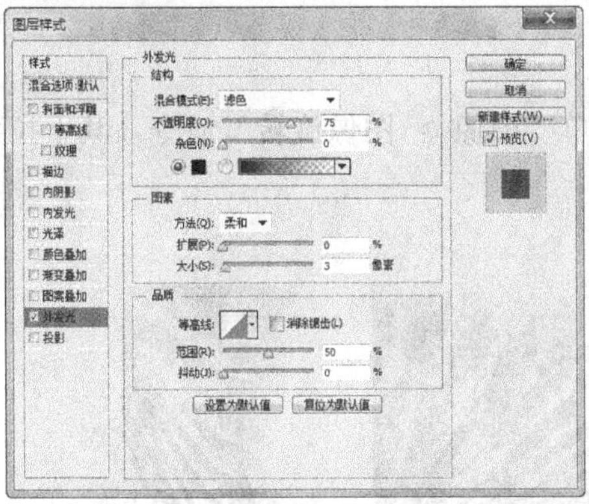

图 6-46

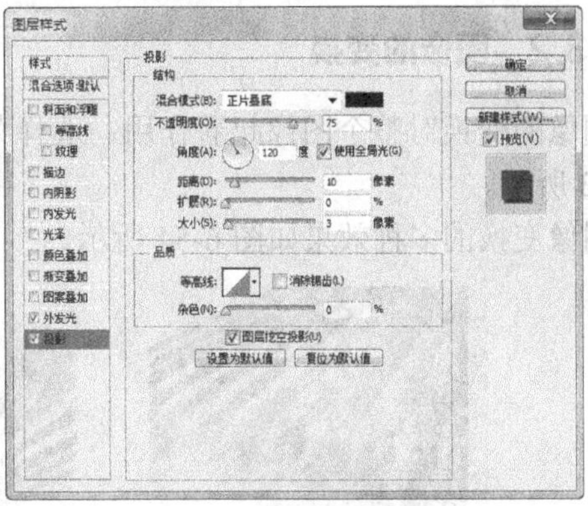

图 6-47

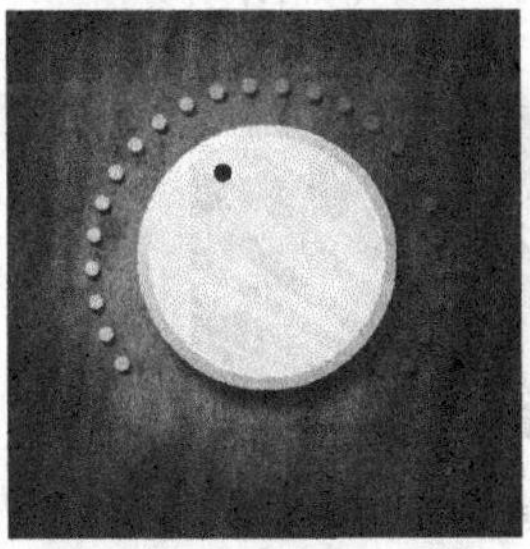

图 6-48

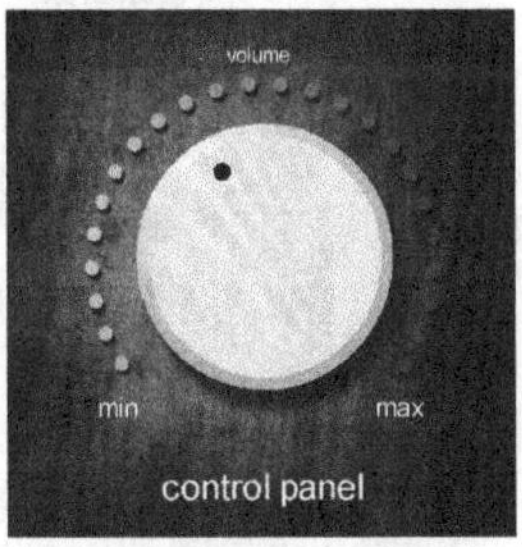

图 6-49

6.3 图像的裁切和变换

通过图像的裁切和变换，可以设计制作出丰富多变的图像效果。

6.3.1 图像的裁切

如果图像中含有大面积的纯色区域或透明区域，可以应用裁切命令进行操作。原始图像如图 6-50 所示。选择菜单“图像 > 裁切”命令，弹出“裁切”对话框，在对话框中进行设置，如图 6-51 所示。单击“确定”按钮，效果如图 6-52 所示。

图 6-50

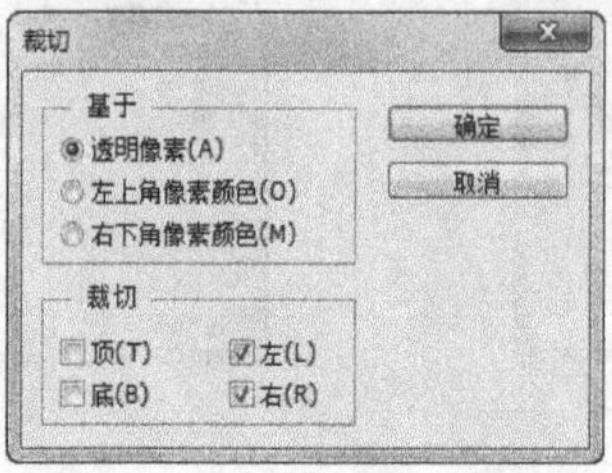

图 6-51

图 6-52

透明像素：如果当前图像的多余区域是透明的，则选择此选项。左上角像素颜色：根据图像左上角的像素颜色，来确定裁切的颜色范围。右下角像素颜色：根据图像右下角的像素颜色，来确定裁切的颜色范围。裁切：用于设置裁切的区域范围。

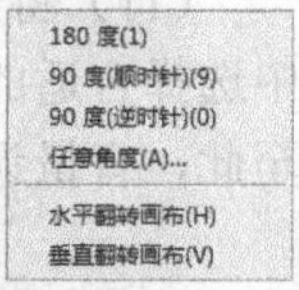

图 6-53

6.3.2 图像的变换

图像的变换对整个图像起着作用。选择菜单“图像 > 图像旋转”命令，其下拉菜单如图 6-53 所示。

图像变换的多种效果如图 6-54 所示。

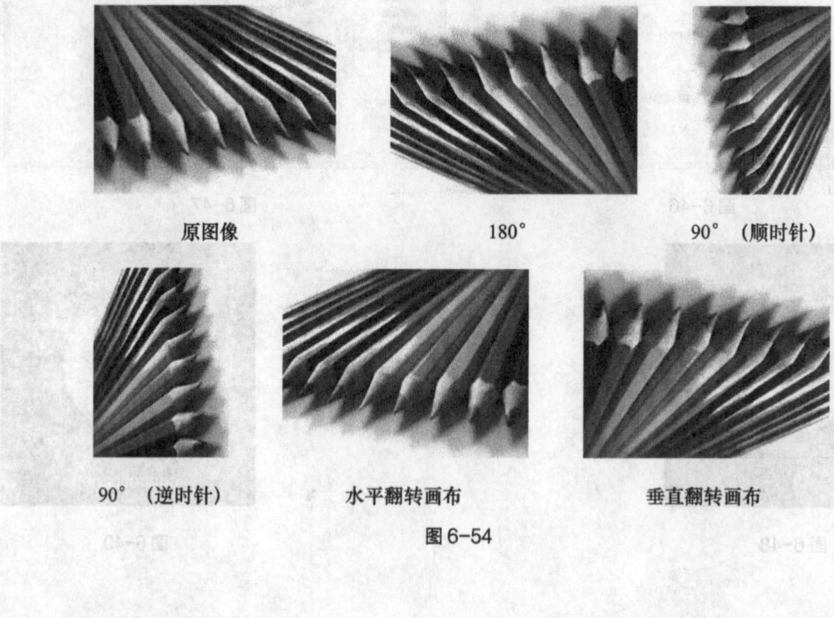

图 6-54

选择“任意角度”命令，弹出“旋转画布”对话框，进行设置后效果如图 6-55 所示。单击“确定”按钮，图像被旋转，效果如图 6-56 所示。

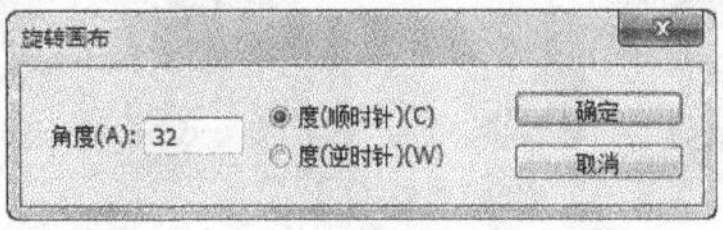

图 6-55

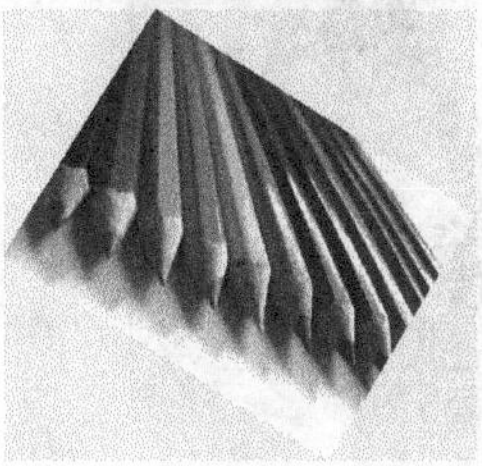

图 6-56

6.3.3　图像选区的变换

使用菜单命令变换图像的选区：在操作过程中可以根据设计和制作需要变换已经绘制好的选区。在图像中绘制选区后，选择菜单“编辑 > 自由变换”或“变换”命令，可以对图像的选区进行各种变换。“变换”命令的下拉菜单如图 6-57 所示。

图 6-57

在图像中绘制选区，如图 6-58 所示。选择“缩放”命令，拖曳控制手柄，可以对图像选区进行自由缩放，如图 6-59 所示。选择“旋转”命令，旋转控制手柄，可以对图像选区进行自由旋转，如图 6-60 所示。

图 6-58

图 6-59

图 6-60

选择“斜切”命令，拖曳控制手柄，可以对图像选区进行斜切调整，如图 6-61 所示。选择“扭曲”命令，拖曳控制手柄，可以对图像选区进行扭曲调整，如图 6-62 所示。选择“透视”命令，拖曳控制手柄，可以对图像选区进行透视调整，如图 6-63 所示。

图 6-61

图 6-62

图 6-63

选择“旋转 180 度”命令，可以将图像选区旋转 180°，如图 6-64 所示。选择“旋转 90 度（顺时针）”命令，可以将图像选区顺时针旋转 90°，如图 6-65 所示。选择“旋转 90

度（逆时针）”命令，可以将图像选区逆时针旋转 90°，如图 6-66 所示。

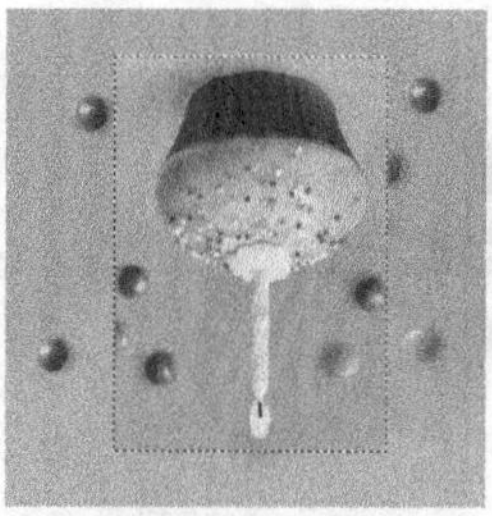
图 6-64

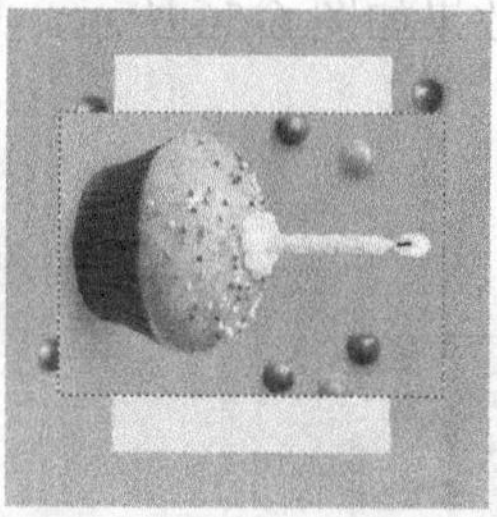
图 6-65

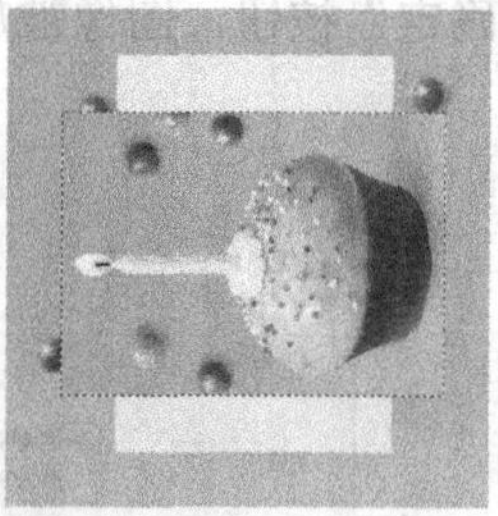
图 6-66

选择“水平翻转”命令，可以将图像水平翻转，如图 6-67 所示。选择“垂直翻转”命令，可以将图像垂直翻转，如图 6-68 所示。

图 6-67

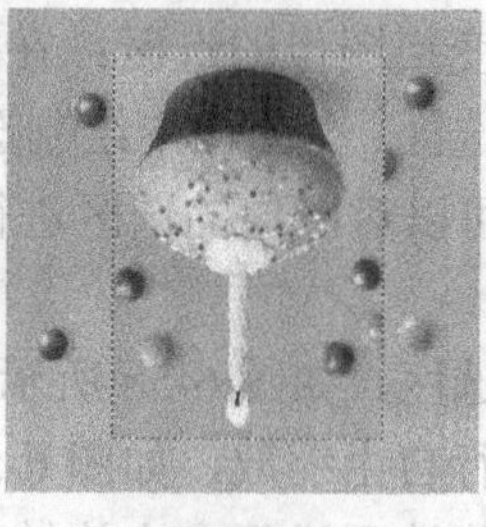
图 6-68

使用快捷键变换图像的选区：在图像中绘制选区，按 Ctrl+T 组合键，选区周围出现控制手柄，拖曳控制手柄，可以对图像选区进行自由缩放。按住 Shift 键并拖曳控制手柄，可以等比例缩放图像选区。

如果在变换后仍要保留原图像的内容，按 Ctrl+Alt+T 组合键，选区周围出现控制手柄，向选区外拖曳选区中的图像，会复制出新的图像。原图像的内容将被保留，效果如图 6-69 所示。

按 Ctrl+T 组合键，选区周围出现控制手柄，将光标放在控制手柄外边，光标变为，旋转控制手柄可以旋转图像，效果如图 6-70 所示。如果旋转之前改变旋转中心的位置，旋转图像的效果将随之改变，如图 6-71 所示。

图 6-69

图 6-70

图 6-71

按住 Ctrl 键的同时，任意拖曳变换框的 4 个控制手柄，可以使图像任意变形，效果如图 6-72 所示。按住 Alt 键的同时，任意拖曳变换框的 4 个控制手柄，可以使图像对称变形，效果如图 6-73 所示。

按住 Ctrl+Shift 组合键，拖曳变换框中间的控制手柄，可以使图像斜切变形，效果如图 6-74 所示。按住 Ctrl+Shift+Alt 组合键，任意拖曳变换框的 4 个控制手柄，可以使图像透视变形，效果如图 6-75 所示。按住 Shift+Ctrl+T 组合键，可以再次应用上一次使用过的变换命令。

图 6-72

图 6-73

图 6-74

图 6-75

6.4 课堂练习——制作证件照

【练习知识要点】使用裁剪工具裁切照片，使用钢笔工具绘制人物轮廓，使用曲线命令调整背景的色调，使用定义图案命令定义图案，效果如图 6-76 所示。

【效果所在位置】光盘/Ch06/效果/制作证件照.psd。

图 6-76

6.5 课后习题——制作趣味音乐

【习题知识要点】使用混合模式命令制作装饰图形，使用椭圆选框工具、羽化命令绘制投影效果，使用横排文字工具添加文字，效果如图 6-77 所示。

【效果所在位置】光盘/Ch06/效果/制作趣味音乐.psd。

图 6-77

Photoshop CS6

7 Chapter

第 7 章
绘制图形及路径

本章将主要介绍路径的绘制、编辑方法以及图形的绘制与应用技巧。通过本章的学习，可快速地绘制所需路径并对路径进行修改和编辑，还可应用绘图工具绘制出系统自带的图形，进而提高图像制作的效率。

课堂学习目标

- 绘制图形
- 绘制和选取路径
- 创建 3D 图形
- 使用 3D 工具

7.1 绘制图形

路径工具极大地加强了 Photoshop CS6 处理图像的功能，可用来绘制路径、剪切路径和填充区域。

7.1.1　矩形工具

选择“矩形”工具，或反复按 Shift+U 组合键，其属性栏状态如图 7-1 所示。

图 7-1

：用于选择创建路径形状、创建工作路径或填充区域。：用于设置矩形的填充色、描边色、描边宽度和描边类型。：用于设置矩形的宽度和高度。：用于设置路径的组合方式、对齐方式和排列方式。：用于设定所绘制矩形的形状。对齐边缘：用于设定边缘的对齐。

原始图像如图 7-2 所示。在图像中绘制矩形，效果如图 7-3 所示。“图层”控制面板中的效果如图 7-4 所示。

图 7-2

图 7-3

图 7-4

7.1.2　圆角矩形工具

选择“圆角矩形”工具，或反复按 Shift+U 组合键，其属性栏状态如图 7-5 所示。内容与“矩形”工具属性栏的选项内容类似，只是增加了“半径”选项，用于设定圆角矩形的平滑程度，数值越大越平滑。

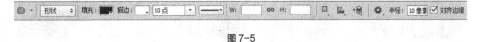

图 7-5

可以应用此工具制作胶片的效果。打开一幅图片，如图 7-6 所示。选择“圆角矩形”工具，在属性栏中的“选择工具模式”选项中选择“像素”选项，并将“半径”设为 100 像素，在图片中绘制圆角矩形，效果如图 7-7 所示。

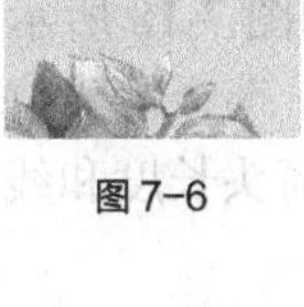

图 7-6

图 7-7

7.1.3 椭圆工具

选择“椭圆”工具，或反复按 Shift+U 组合键，其属性栏状态如图 7-8 所示。

图 7-8

原始图像如图 7-9 所示。在图像上方绘制椭圆形，效果如图 7-10 所示。“图层”控制面板中的效果如图 7-11 所示。

图 7-9

图 7-10

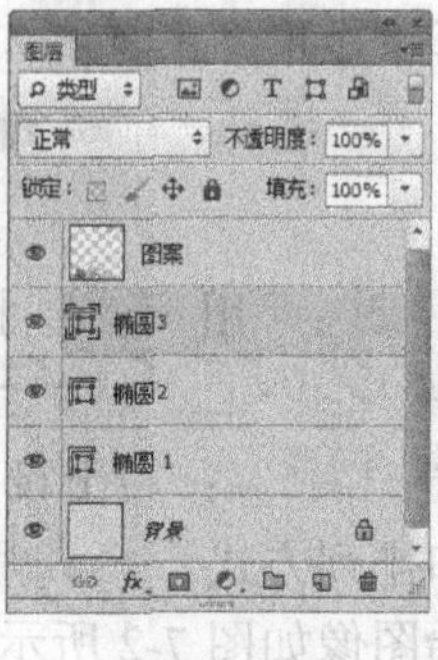

图 7-11

7.1.4 多边形工具

选择“多边形”工具，或反复按 Shift+U 组合键，其属性栏状态如图 7-12 所示。内容与矩形工具属性栏的选项内容类似，只是增加了“边”选项，用于设定多边形的边数。

原始图像如图 7-13 所示。单击属性栏中的按钮，在弹出的面板中进行设置，如图 7-14 所示。在图像中绘制多边形，效果如图 7-15 所示。“图层”控制面板中的效果如图 7-16 所示。

图 7-12

图 7-13

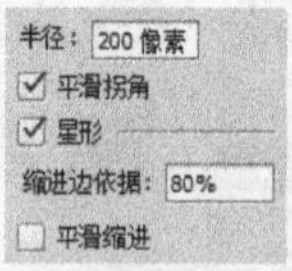

图 7-14

图 7-15

图 7-16

7.1.5 直线工具

选择“直线”工具，或反复按 Shift+U 组合键，其属性栏状态如图 7-17 所示。内容与矩形工具属性栏的选项内容类似，只是增加了“粗细”选项，用于设定直线的宽度。

单击属性栏中的按钮，弹出“箭头”面板，如图 7-18 所示。

起点：用于选择箭头位于线段的始端。终点：用于选择箭头位于线段的末端。宽度：用于设定箭头宽度和线段宽度的比值。长度：用于设定箭头长度和线段长度的比值。凹度：用于设定箭头凹凸的形状。

图 7-17

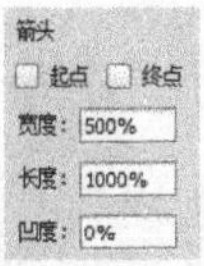

图 7-18

原始图如图 7-19 所示。在图像中绘制不同效果的直线，如图 7-20 所示。“图层”控制面板中的效果如图 7-21 所示。

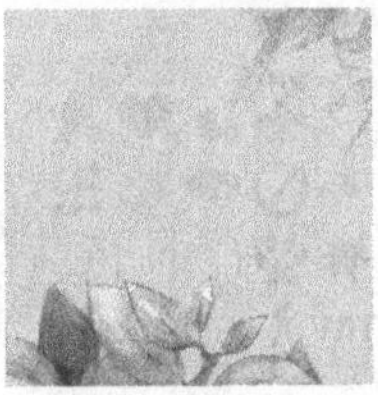

图 7-19

图 7-20

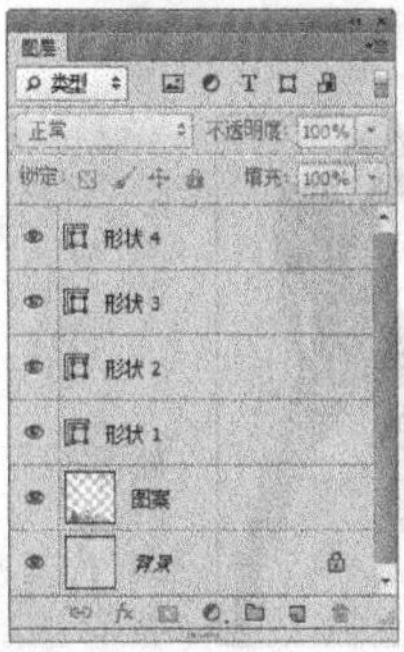

图 7-21

技巧

应用直线工具绘制图形时，按住 Shift 键可以绘制水平或垂直的直线。

7.1.6　自定形状工具

选择“自定形状”工具，或反复按 Shift+U 组合键，其属性栏状态如图 7-22 所示。内容与矩形工具属性栏的选项内容类似，只是增加了“形状”选项，用于选择所需的形状。

单击“形状”选项右侧的按钮，弹出如图 7-23 所示的形状面板，面板中存储了可供选择的各种不规则形状。

图 7-22

图 7-23

原始图像如图 7-24 所示。在图像中绘制不同的形状图形，效果如图 7-25 所示。“图层”控制面板中的效果如图 7-26 所示。

可以应用定义自定形状命令来制作并定义形状。使用“钢笔”工具在图像窗口中绘制路径并填充路径，如图 7-27 所示。

选择“编辑 > 定义自定形状”命令，弹出“形状名称”对话框，在“名称”选项的文本框中输入自定形状的名称，如图 7-28 所示。单击“确定”按钮，在“形状”选项的面板中将会显示之前定义的形状，如图 7-29 所示。

图 7-24

图 7-25

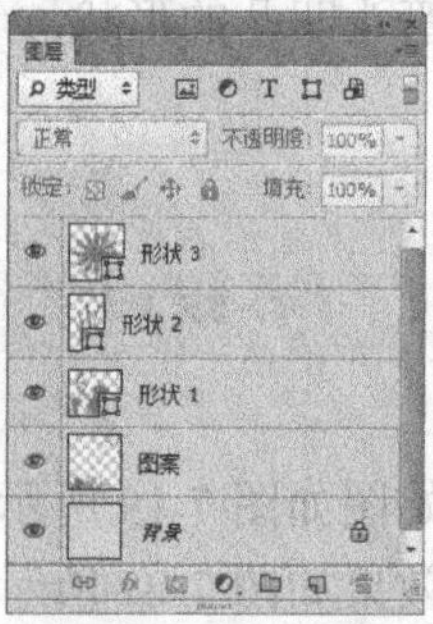

图 7-26

图 7-27

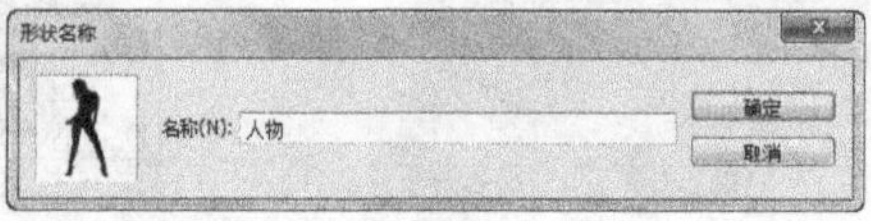

图 7-28

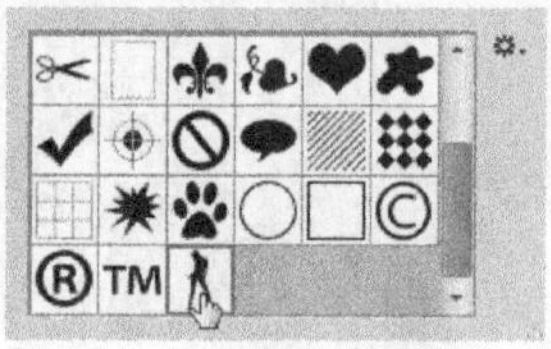

图 7-29

7.1.7 课堂案例——制作炫彩效果

【案例学习目标】学习使用不同的绘图工具绘制各种图形。

【案例知识要点】使用绘图工具绘制插画背景效果，使用椭圆工具和多边形工具绘制标志图形，使用添加图层样式命令制作标志图形效果，如图 7-30 所示。

图 7-30

【效果所在位置】光盘/Ch07/效果/制作炫彩效果.psd。

1. 绘制背景图形

（1）按 Ctrl+O 组合键，打开光盘中的“Ch07 > 素材 >制作炫彩效果 > 01”文件，如图 7-31 所示。

（2）新建图层并将其命名为“图形 1”。将前景色设为黄色（其 R、G、B 的值分别为 255、255、51）。选择“椭圆”工具，在属性栏中的“选择工具模式”选项中选择“像素”选项，按住 Shift 键并在图像窗口中拖曳绘制圆形，效果如图 7-32 所示。用相同的方法再绘制两个圆形，效果如图 7-33 所示。

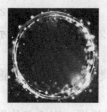

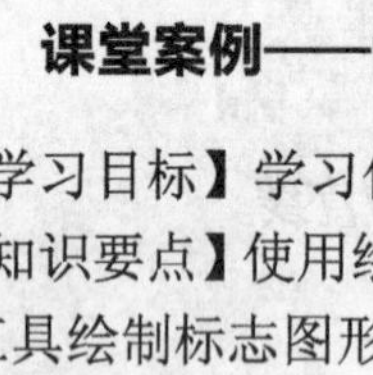

图 7-31

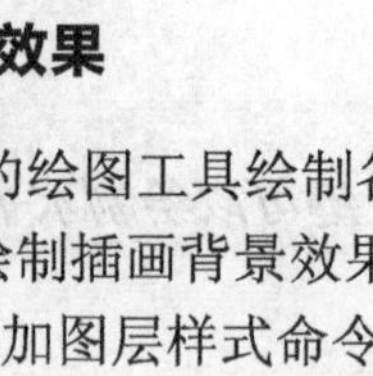

图 7-32

图 7-33

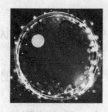

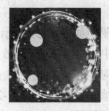

（3）在“图层”控制面板上方，将“图形 1”的“填充”选项设为 80%，如图 7-34 所示。按 Enter 键，效果如图 7-35 所示。

（4）新建图层并将其命名为“图形 2”。将前景色设为黄绿色（其 R、G、B 的值分别为 204、255、51）。选择“椭圆”工具，在属性栏中的“选择工具模式”选项中选择“像素”选项，按住 Shift 键并在图像窗口中拖曳绘制三个圆形，效果如图 7-36 所示。在“图层”控制面板上方，将“图形 2”的“填充”选项设为 60%，按 Enter 键，效果如图 7-37 所示。

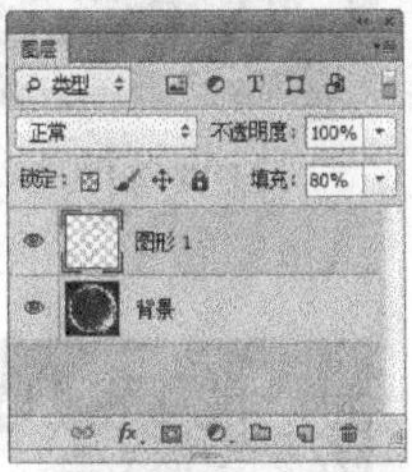

图 7-34

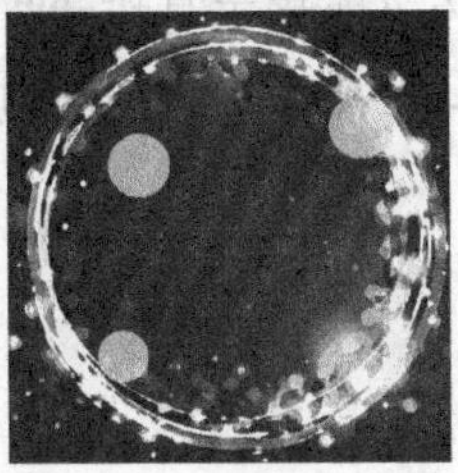
图 7-35

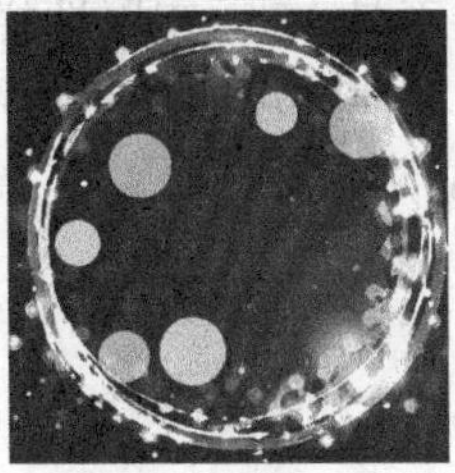
图 7-36

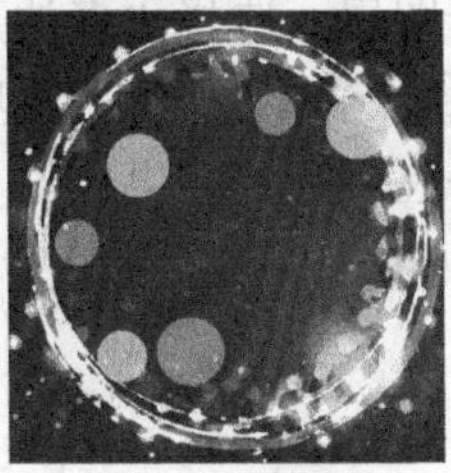
图 7-37

（5）新建图层并将其命名为“图形 3”。将前景色设为玫红色（其 R、G、B 的值分别为 204、102、255）。选择“椭圆”工具，在属性栏中的“选择工具模式”选项中选择“像素”选项，按住 Shift 键并在图像窗口中拖曳绘制三个圆形，效果如图 7-38 所示。在“图层”控制面板上方，将“图形 3”的“填充”选项设为 70%，按 Enter 键，效果如图 7-39 所示。

（6）新建图层并将其命名为“图形 4”。将前景色设为蓝色（其 R、G、B 的值分别为 32、130、193）。选择“自定形状”工具，单击属性栏中“形状”选项右侧的按钮，弹出“形状”面板，单击面板右上方的按钮，在弹出的菜单中选择“污渍矢量包”选项，弹出提示对话框，单击“追加”按钮。在“形状”面板中选择需要的图形，如图 7-40 所示。按住 Shift 键并拖曳绘制图形，效果如图 7-41 所示。

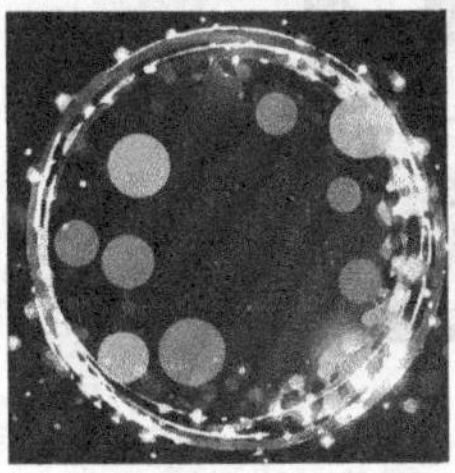
图 7-38

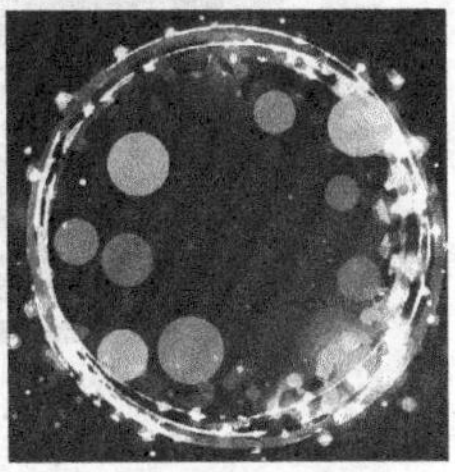
图 7-39

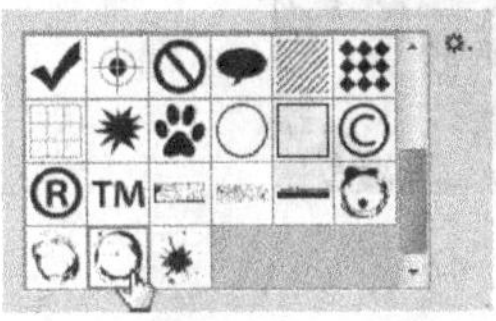
图 7-40

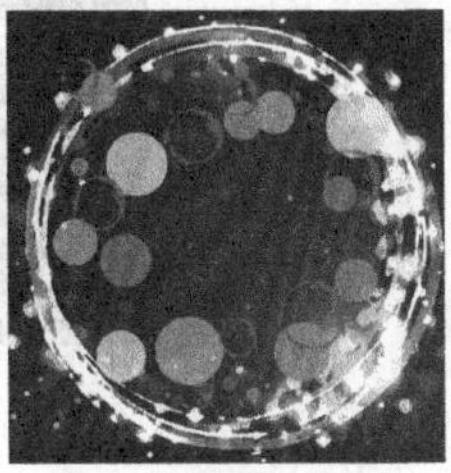
图 7-41

（7）新建图层并将其命名为“图形 5”。将前景色设为橘红色（其 R、G、B 的值分别为 208、88、15）。选择“自定形状”工具，单击属性栏中“形状”选项右侧的按钮，弹出“形状”面板，选择需要的图形，如图 7-42 所示。按住 Shift 键并拖曳绘制图形，效果如图 7-43 所示。

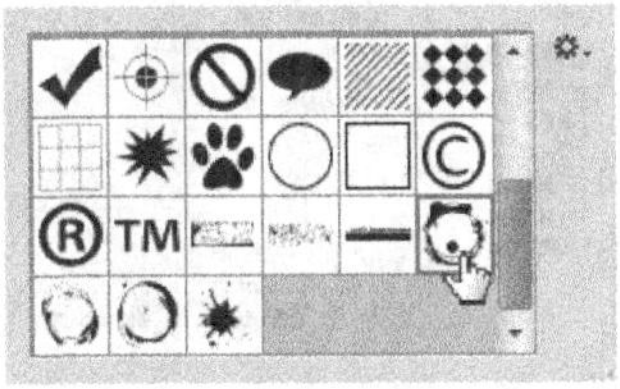
图 7-42

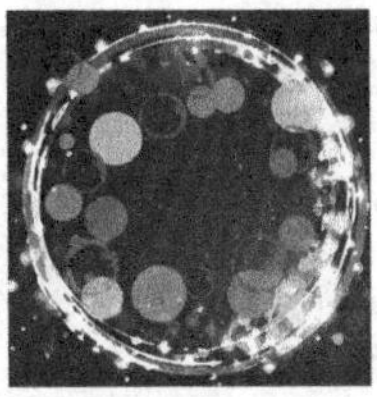
图 7-43

2. 绘制标志图形

（1）单击“图层”控制面板下方的“创建新图层”按钮，创建新图层。将前景色设为蓝色（其 R、G、B 的值分别为 31、133、199）。选择“椭圆”工具 ，在属性栏中的“选择工具模式”选项中选择“像素”选项，按住 Shift 键并在图像窗口中拖曳绘制一个圆形，效果如图 7-44 所示。

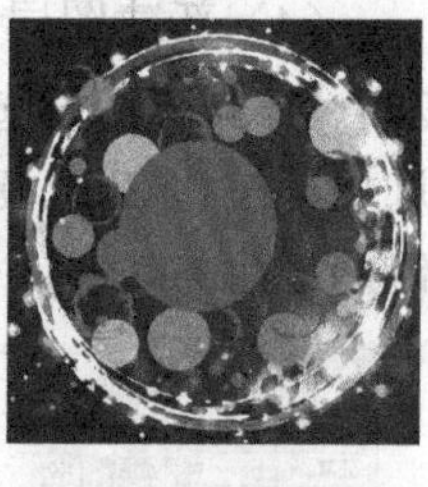

图 7-44

（2）单击“图层”控制面板下方的“创建新图层”按钮 ，创建新图层。选择“多边形”工具 ，在属性栏中的“选择工具模式”选项中选择“像素”选项，其他选项的设置如图 7-45 所示。拖曳绘制一个三角形，效果如图 7-46 所示。

图 7-45

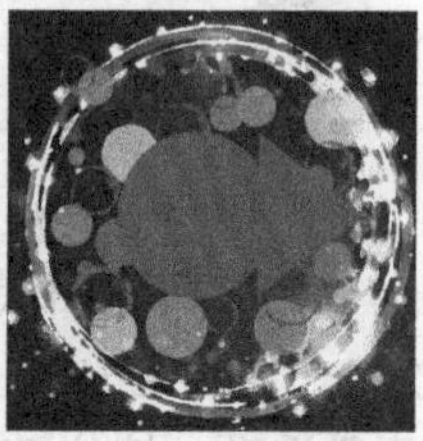

图 7-46

（3）按 Ctrl+T 组合键，图形周围出现变换框，如图 7-47 所示。向左侧拖曳变换框右侧中间的控制手柄到适当的位置，按 Enter 键确定操作，效果如图 7-48 所示。选中“图层 1”，按住 Shift 键并单击“图层 2”，将两个图层同时选取，按 Ctrl+E 组合键，合并图层并将其命名为“形状”。

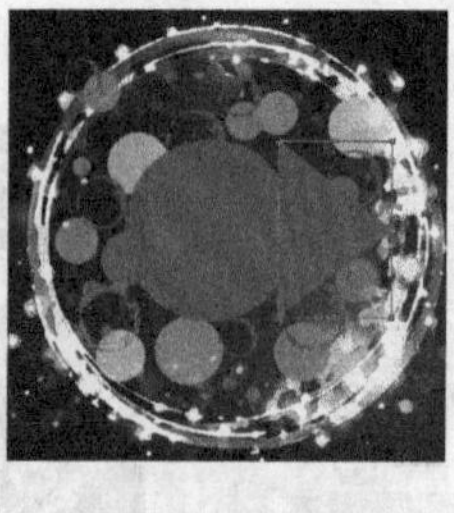

图 7-47

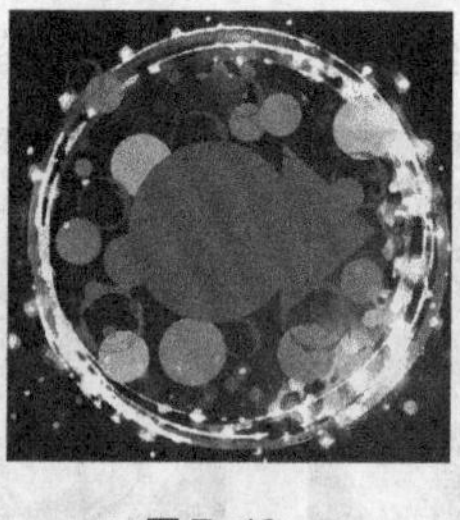

图 7-48

（4）单击“图层”控制面板下方的“添加图层样式”按钮 fx，在弹出的菜单中选择“斜面和浮雕”命令，在弹出的对话框中进行设置，如图 7-49 所示。选择“描边”选项，切换到相应的对话框，设置描边颜色为“白色”，其他选项的设置如图 7-50 所示。

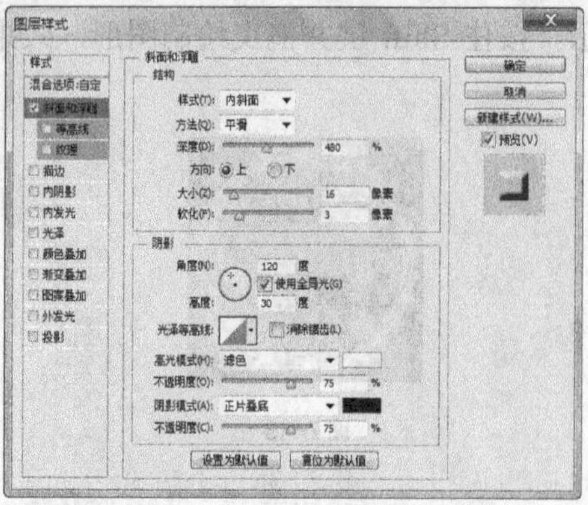

图 7-49

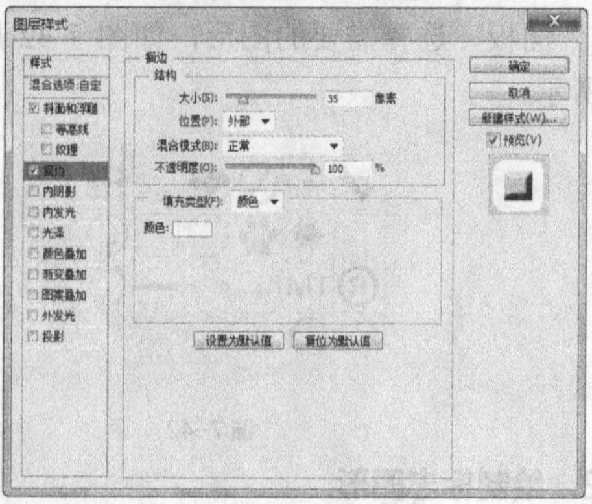

图 7-50

（5）选择“投影”选项，切换到相应的对话框，选项的设置如图 7-51 所示。单击“确定”按钮，效果如图 7-52 所示。

（6）新建图层并将其命名为“鸟”，将前景色设为白色。选择“自定形状”工具，单击属性栏中“形状”选项右侧的按钮，弹出“形状”面板，单击面板右上方的按钮，在弹出的菜单中选择“动物”选项，弹出提示对话框，单击“追加”按钮。在“形状”面板中选择需要的图形，如图 7-53 所示。拖曳绘制图形，效果如图 7-54 所示。

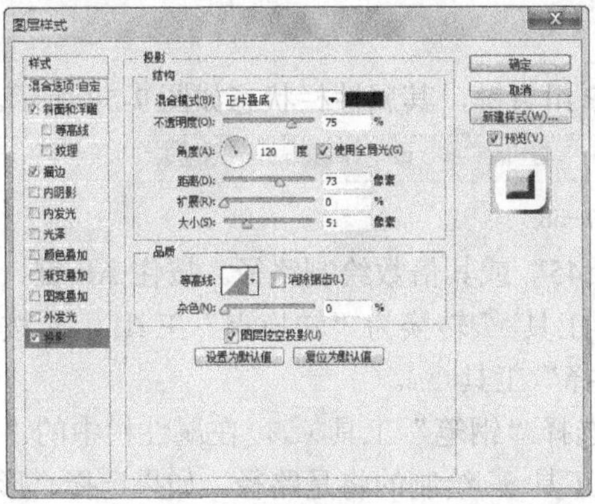

图 7-51

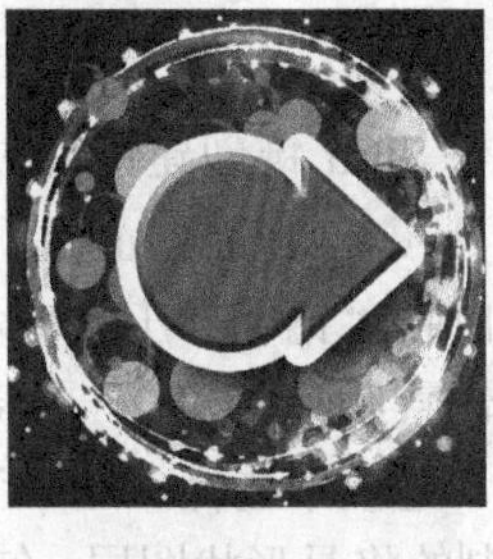

图 7-52

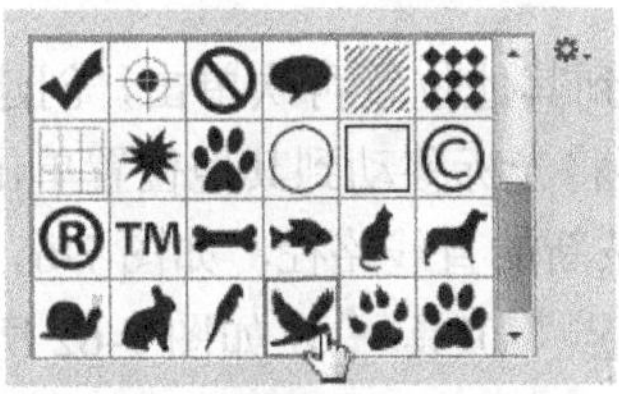

图 7-53

图 7-54

（7）单击“图层”控制面板下方的“添加图层样式”按钮，在弹出的菜单中选择“斜面和浮雕”命令，在弹出的对话框中进行设置，如图 7-55 所示。选择“外发光”选项，切换到相应的对话框，选项的设置如图 7-56 所示。单击“确定”按钮，效果如图 7-57 所示。至此，炫彩效果制作完成。

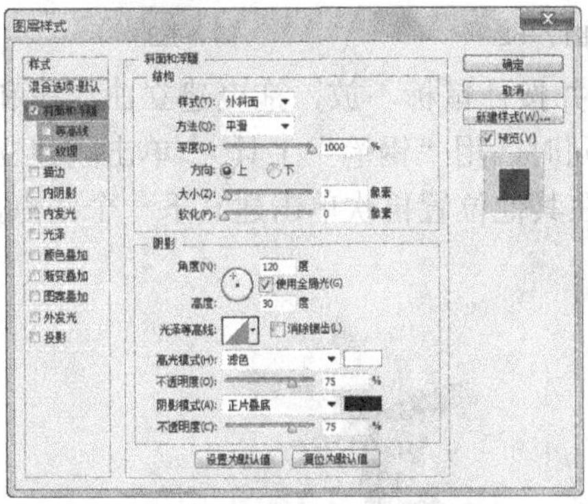

图 7-55

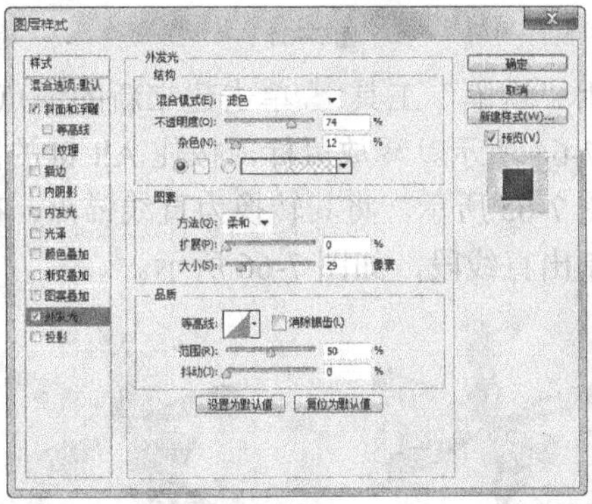

图 7-56

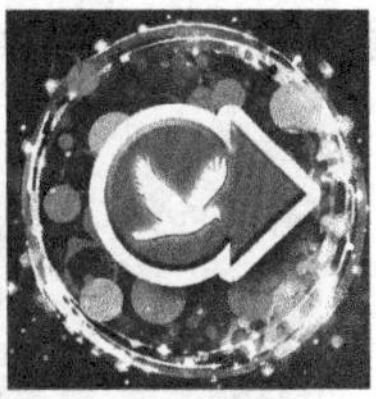

图 7-57

7.2 绘制和选取路径

路径在 Photoshop CS6 操作中确实是一个非常得力的助手。使用路径可以进行复杂图像的选取，还可以存储选取区域以备再次使用，更可以绘制线条平滑的优美图形。

7.2.1 钢笔工具

选择“钢笔”工具，或反复按 Shift+P 组合键，其属性栏状态如图 7-58 所示。

图 7-58

按住 Shift 键创建锚点时，将强迫系统以 45° 或其倍数绘制路径。按住 Alt 键，当“钢笔”工具移到锚点上时，暂时将“钢笔”工具转换为“转换点”工具。按住 Ctrl 键，暂时将“钢笔”工具转换成“直接选择”工具。

绘制直线条：建立一个新的图像文件，选择“钢笔”工具，在属性栏中的“选择工具模式”选项中选择“路径”选项，“钢笔”工具绘制的将是路径。如果选择“形状”选项，绘制的将是形状图层。勾选“自动添加/删除”复选框，钢笔工具的属性栏如图 7-59 所示。

图 7-59

在图像中任意位置单击，创建一个锚点，将光标移动到其他位置再次单击，创建第二个锚点，两个锚点之间自动以直线连接，如图 7-60 所示。再将光标移动到其他位置单击，创建第三个锚点，而系统将在第二个和第三个锚点之间生成一条新的直线路径，如图 7-61 所示。

将光标移至第二个锚点上，光标暂时转换成“删除锚点”工具，如图 7-62 所示。在锚点上单击，即可将第二个锚点删除，如图 7-63 所示。

图 7-60

图 7-61

图 7-62

图 7-63

绘制曲线：用“钢笔”工具单击建立新的锚点并按住鼠标不放，拖曳建立曲线段和曲线锚点，如图 7-64 所示。释放鼠标，按住 Alt 键的同时，用“钢笔”工具单击刚建立的曲线锚点，如图 7-65 所示。将其转换为直线锚点，在其他位置再次单击建立下一个锚点，可在曲线段后绘制出直线段，如图 7-66 所示。

图 7-64

图 7-65

图 7-66

7.2.2　自由钢笔工具

选择“自由钢笔”工具，对其属性栏进行设置，如图 7-67 所示。

图 7-67

在蓝色气球的上方单击确定最初的锚点，然后沿图像小心地拖曳并单击，确定其他的锚点，如图 7-68 所示。如果在选择中存在误差，只需要使用其他的路径工具对路径进行修改和调整即可补救，如图 7-69 所示。

图 7-68

图 7-69

7.2.3　添加锚点工具

将“钢笔”工具移动到建立的路径上，若当前此处没有锚点，则“钢笔”工具转换成“添加锚点”工具，如图 7-70 所示。在路径上单击可以添加一个锚点，效果如图 7-71 所示。将“钢笔”工具移动到建立的路径上，若当前此处没有锚点，则“钢笔”工具转换成“添加锚点”工具，如图 7-72 所示。单击添加锚点后按住鼠标不放，向上拖曳，建立曲线段和曲线锚点，效果如图 7-73 所示。

图 7-70

图 7-71

图 7-72

图 7-73

7.2.4　删除锚点工具

删除锚点工具用于删除路径上已经存在的锚点。将“钢笔”工具放到路径的锚点上，则“钢笔”工具转换成“删除锚点”工具，如图 7-74 所示。单击锚点将其删除，效果如图 7-75 所示。

将“钢笔”工具放到曲线路径的锚点上，则“钢笔”工具转换成“删除锚点”工具，如图 7-76 所示。单击锚点将其删除，效果如图 7-77 所示。

图 7-74

图 7-75

图 7-76

图 7-77

7.2.5　转换点工具

按住 Shift 键拖曳其中的一个锚点，将强迫手柄以 45° 或其倍数进行改变。按住 Alt 键拖曳手柄，可以任意改变两个调节手柄中的一个手柄，而不影响另一个手柄的位置。按住 Alt 键拖曳路径中的线段，可以复制路径。

使用“钢笔”工具在图像中绘制三角形路径，如图 7-78 所示。当要闭合路径时光标变为图标，单击即可闭合路径，从而完成三角形路径的绘制，如图 7-79 所示。

图 7-78

图 7-79

选择“转换点”工具，将光标放置在三角形左上角的锚点上，如图 7-80 所示。单击锚点并将其向右上方拖曳形成曲线锚点，如图 7-81 所示。使用相同的方法将三角形右上角的锚点转换为曲线锚点，如图 7-82 所示。绘制完成后，圆形路径的效果如图 7-83 所示。

图 7-80

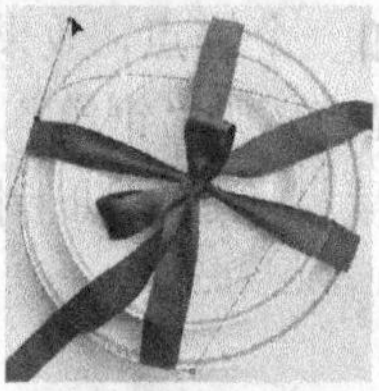
图 7-81

图 7-82

图 7-83

7.2.6 选区和路径的转换

1. 将选区转换为路径

使用菜单命令：在图像上绘制选区，如图 7-84 所示。单击“路径”控制面板右上方的图标，在弹出式菜单中选择“建立工作路径”命令，弹出“建立工作路径”对话框，在对话框中应用“容差”选项设置转换时的误差允许范围，数值越小越精确，路径上的关键点也越多。要编辑生成的路径，在此处设定的数值最好为 2，如图 7-85 所示。单击“确定”按钮，将选区转换成路径，效果如图 7-86 所示。

图 7-84

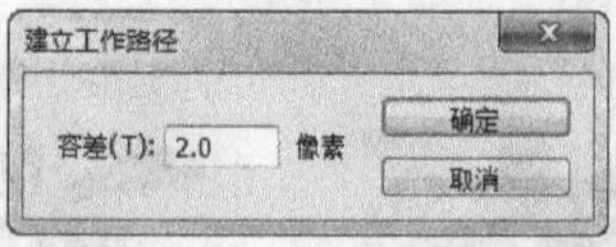

图 7-85

图 7-86

使用按钮命令：单击“路径”控制面板下方的“从选区生成工作路径”按钮，将选区转换成路径。

2. 将路径转换为选区

使用菜单命令：在图像中创建路径，如图 7-87 所示。单击“路径”控制面板右上方的图标，在弹出式菜单中选择“建立选区”命令，弹出“建立选区”对话框，如图 7-88 所示。设置完成后，单击“确定”按钮，将路径转换成选区，效果如图 7-89 所示。

图 7-87

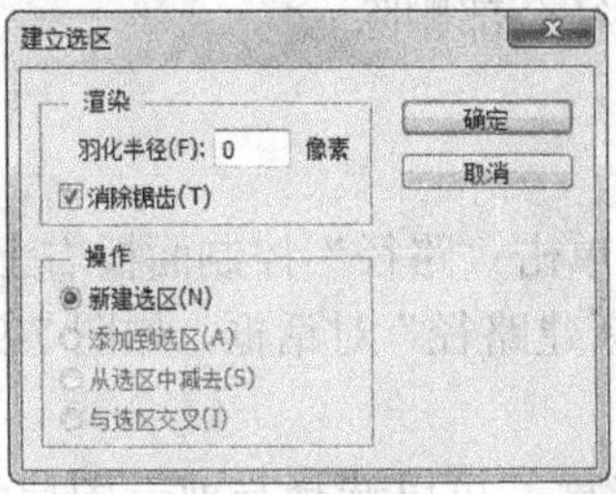

图 7-88

图 7-89

使用按钮命令：单击“路径”控制面板下方的“将路径作为选区载入”按钮，将路径转换成选区。

7.2.7　路径控制面板

绘制一条路径，再选择菜单“窗口 > 路径”命令，调出“路径”控制面板，如图 7-90 所示。单击“路径”控制面板右上方的图标，弹出其下拉命令菜单，如图 7-91 所示。在“路径”控制面板的底部有 7 个工具按钮，如图 7-92 所示。

图 7-90

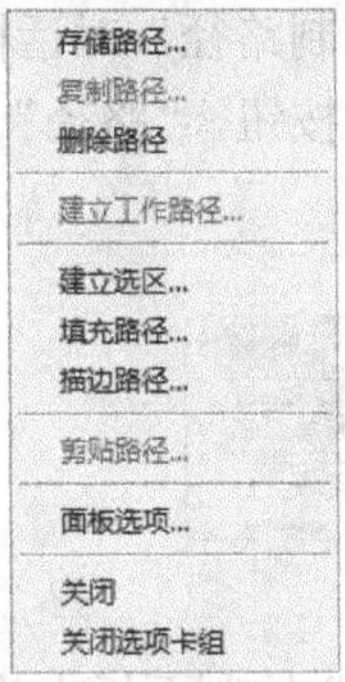

图 7-91

图 7-92

“用前景色填充路径”按钮：单击此按钮，将对当前选中路径进行填充，填充的对象包括当前路径的所有子路径以及不连续的路径线段。如果选定了路径中的一部分，“路径”控制面板的弹出菜单中的“填充路径”命令将变为“填充子路径”命令。如果被填充的路径为开放路径，Photoshop CS6 将自动把路径的两个端点以直线段连接然后进行填充。如果只有一条开放的路径，则不能进行填充。按住 Alt 键并单击此按钮，将弹出“填充路径”对话框。

“用画笔描边路径”按钮：单击此按钮，系统将使用当前的颜色和当前在“描边路径”对话框中设定的工具对路径进行描边。按住 Alt 键并单击此按钮，将弹出“描边路径”对话框。

“将路径作为选区载入”按钮：单击此按钮，将把当前路径所圈选的范围转换成选择区域。按住 Alt 键并单击此按钮，将弹出“建立选区”对话框。

“从选区生成工作路径”按钮：单击此按钮，将把当前的选择区域转换成路径。按住 Alt 键并单击此按钮，将弹出“建立工作路径”对话框。

“添加蒙版”按钮：用于为当前图层添加蒙版。

“创建新路径”按钮：用于创建一个新的路径。单击此按钮，可以创建一个新的路径。按住 Alt 键并单击此按钮，将弹出“新路径”对话框。

“删除当前路径”按钮：用于删除当前路径。可以直接拖曳“路径”控制面板中的一个路径到此按钮上，可将整个路径全部删除。

7.2.8 新建路径

使用控制面板弹出式菜单：单击“路径”控制面板右上方的图标，弹出其命令菜单，选择“新建路径”命令，弹出“新建路径”对话框，如图 7-93 所示。

图 7-93

名称：用于设定新图层的名称，可以选择与前一图层创建剪贴蒙版。

使用控制面板按钮或快捷键：单击“路径”控制面板下方的“创建新路径”按钮，可以创建一个新路径。按住 Alt 键并单击“创建新路径”按钮，将弹出“新建路径”对话框，设置完成后单击“确定”按钮创建路径。

7.2.9 复制、删除、重命名路径

1. 复制路径

使用菜单命令复制路径：单击“路径”控制面板右上方的图标，弹出其下拉命令菜单，选择“复制路径”命令，弹出“复制路径”对话框，如图 7-94 所示。在“名称”选项中设置复制路径的名称，单击“确定”按钮，“路径”控制面板如图 7-95 所示。

图 7-94

图 7-95

使用按钮命令复制路径：在“路径”控制面板中将需要复制的路径拖曳到下方的“创建新路径”按钮上，即可将所选的路径复制为一个新路径。

2. 删除路径

使用菜单命令删除路径：单击“路径”控制面板右上方的图标，弹出其下拉命令菜单，选择“删除路径”命令，将路径删除。

使用按钮命令删除路径：在“路径”控制面板中选择需要删除的路径，单击面板下方的“删除当前路径”按钮，将选择的路径删除。

3. 重命名路径

双击“路径”控制面板中的路径名，出现重命名路径文本框，如图 7-96 所示。更改名称后按 Enter 键确认即可，如图 7-97 所示。

图 7-96

图 7-97

7.2.10　路径选择工具

路径选择工具可以选择单个或多个路径，还可以用来组合、对齐和分布路径。选择“路径选择”工具，或反复按 Shift+A 组合键，其属性栏状态如图 7-98 所示。

图 7-98

7.2.11　直接选择工具

直接选择工具用于移动路径中的锚点或线段，及调整手柄和控制点。路径的原始效果如图 7-99 所示。选择“直接选择”工具，拖曳路径中的锚点来改变路径的弧度，如图 7-100 所示。

图 7-99

图 7-100

7.2.12　填充路径

在图像中创建路径，如图 7-101 所示。单击“路径”控制面板右上方的图标，在弹出式菜单中选择“填充路径”命令，弹出“填充路径”对话框，如图 7-102 所示。设置完成后，单击“确定”按钮，用前景色填充路径的效果如图 7-103 所示。

图 7-101

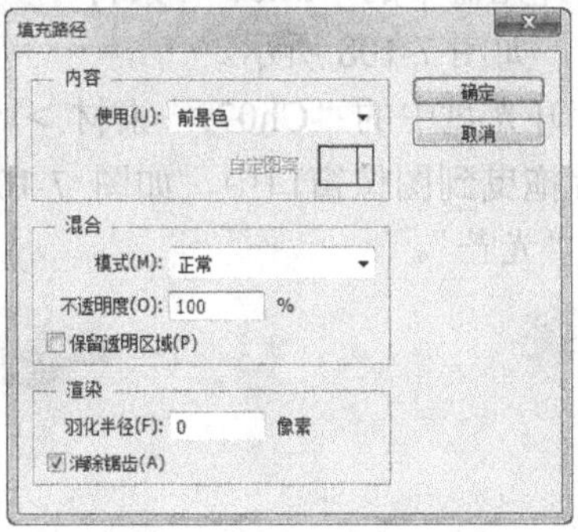

图 7-102

图 7-103

单击“路径”控制面板下方的“用前景色填充路径”按钮，即可填充路径。按 Alt 键并单击“用前景色填充路径”按钮，将弹出“填充路径”对话框。

7.2.13　描边路径

在图像中创建路径，如图 7-104 所示。单击“路径”控制面板右上方的图标，在弹出式菜单中选择“描边路径”命令，弹出“描边路径”对话框，选择“工具”选项下拉列表中的“画笔”工具，如图 7-105 所示。此下拉列表中共有 19 种工具可供选择，如果当前在工具箱中已经选择了“画笔”工具，该工具将自动地设置在此处。另外，在画笔属性栏中设定的画笔类型也将直接影响此处的描边效果。设置好后，单击“确定”按钮，描边路径的效果如图 7-106 所示。

图 7-104

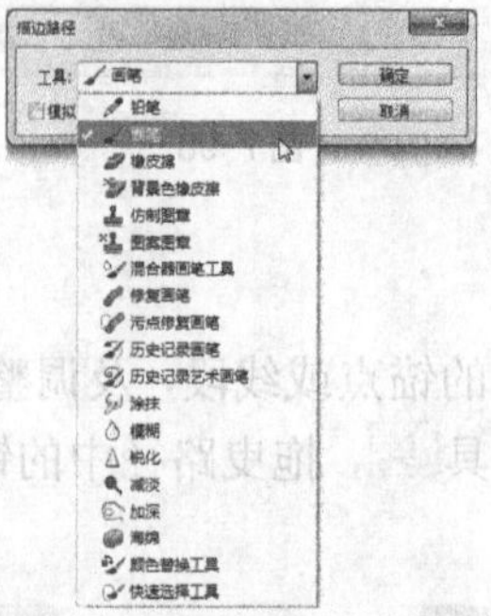

图 7-105

图 7-106

单击“路径”控制面板下方的“用画笔描边路径”按钮，即可描边路径。按 Alt 键并单击“用画笔描边路径”按钮，将弹出“描边路径”对话框。

7.2.14 课堂案例——制作网页 banner

【案例学习目标】学习使用不同的绘制工具绘制路径。

【案例知识要点】使用钢笔工具绘制人物路径，使用扩展命令和羽化命令制作人物投影和白边效果，如图 7-107 所示。

【效果所在位置】光盘/Ch07/效果/制作网页 banner.psd。

图 7-107

（1）按 Ctrl+O 组合键，打开光盘中的“Ch07 > 素材 > 制作网页 banner > 01”文件，如图 7-108 所示。

（2）按 Ctrl+O 组合键，打开光盘中的“Ch07 > 素材 > 制作网页 banner > 02”文件。选择“移动”工具，将图片拖曳到图像窗口中，如图 7-109 所示。在“图层”控制面板中生成新的图层并将其命名为“光芒”。

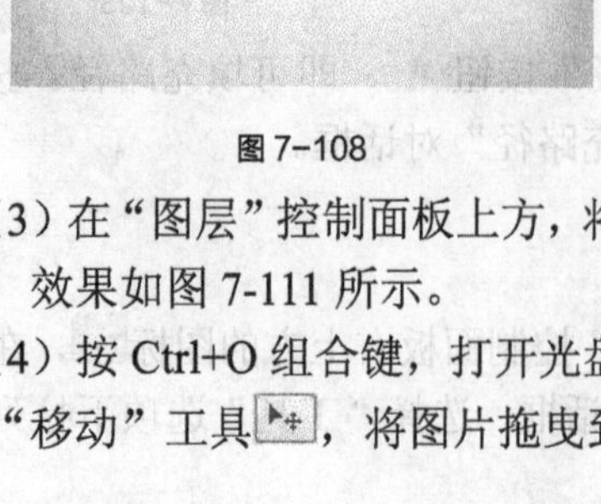
图 7-108

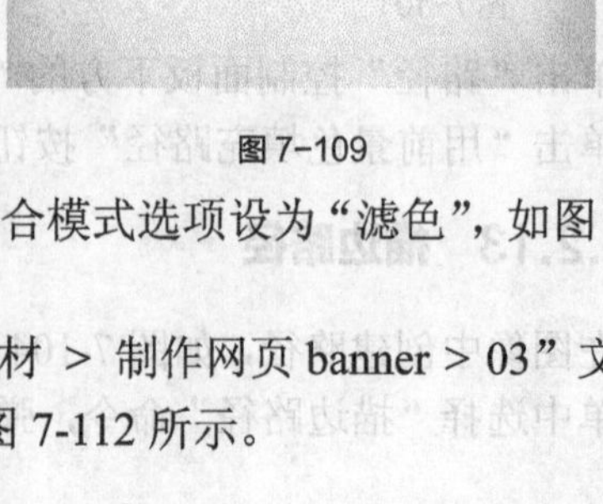
图 7-109

（3）在“图层”控制面板上方，将“光芒”图层的混合模式选项设为“滤色”，如图 7-110 所示，效果如图 7-111 所示。

（4）按 Ctrl+O 组合键，打开光盘中的“Ch07 > 素材 > 制作网页 banner > 03”文件。选择“移动”工具，将图片拖曳到图像窗口中，如图 7-112 所示。

图 7-110

图 7-111

图 7-112

（5）按 Ctrl+O 组合键，打开光盘中的“Ch07 > 素材 > 制作网页 banner > 04”文件，如图 7-113 所示。选择“钢笔”工具，在属性栏中的“选择工具模式”选项中选择“路径”选项，在图像窗口中沿着人物轮廓单击绘制路径，如图 7-114 所示。

（6）按 Ctrl+Enter 组合键，将路径转换为选区，如图 7-115 所示。选择“移动”工具，将人物图片拖曳到 01 图像窗口中的适当位置，如图 7-116 所示。在“图层”控制面板中生成新的图层并将其命名为“人物”。

图 7-113

图 7-114

图 7-115

图 7-116

（7）选择“移动”工具，按住 Ctrl 键并单击“人物”图层的缩览图，使其处于编辑状态。

（8）新建图层并将其命名为“投影”。按 Shift+F6 组合键，弹出“羽化选区”对话框，选项的设置如图 7-117 所示。单击“确定”按钮，填充为黑色，取消选区后，效果如图 7-118 所示。选择“投影”图层，将其拖曳到“人物”图层的下方，效果如图 7-119 所示。

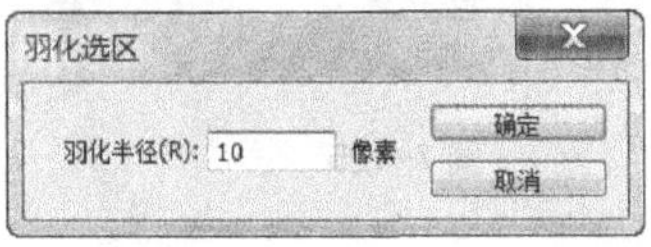

图 7-117

图 7-118

图 7-119

（9）选择“移动”工具，按住 Ctrl 键并单击“人物”图层的缩览图，使其处于编辑状态。

（10）新建图层并将其命名为“白边”。选择“选择 > 修改 > 扩展”命令，在弹出的对话框中进行设置，如图 7-120 所示。单击“确定”按钮，填充为白色，取消选区后，效果如图 7-121 所示。选择“白边”图层，将其拖曳到“人物”图层的下方，效果如图 7-122 所示。

（11）按 Ctrl+O 组合键，打开光盘中的“Ch07 > 素材 > 制作网页 banner > 05”文件。选择“移动”工具，将图片拖曳到图像窗口中，效果如图 7-123 所示。在“图层”控制面板中生成新的图层并将其命名为“文字”。至此，网页 banner 制作完成。

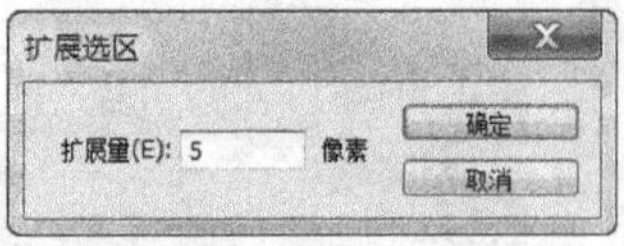

图 7-120

图 7-121

图 7-122

图 7-123

7.3 创建 3D 图形

在 Photoshop CS6 中可以将平面图层围绕各种形状预设，如立方体、球面、圆柱、锥形或金字塔等创建 3D 模型。只有将图层变为 3D 图层，才能使用 3D 工具和命令。

打开一个文件，如图 7-124 所示。选择“3D > 从图层新建网格 > 网格预设”命令，弹出如图 7-125 所示的子菜单，选择需要的命令即可创建不同的 3D 模型。

图 7-124

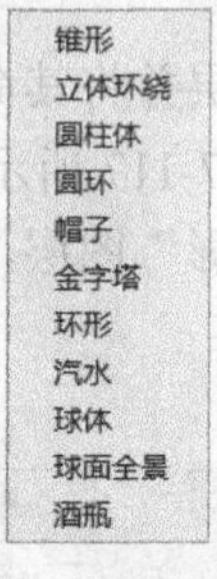

图 7-125

选择各命令创建出的 3D 模型，如图 7-126 所示。

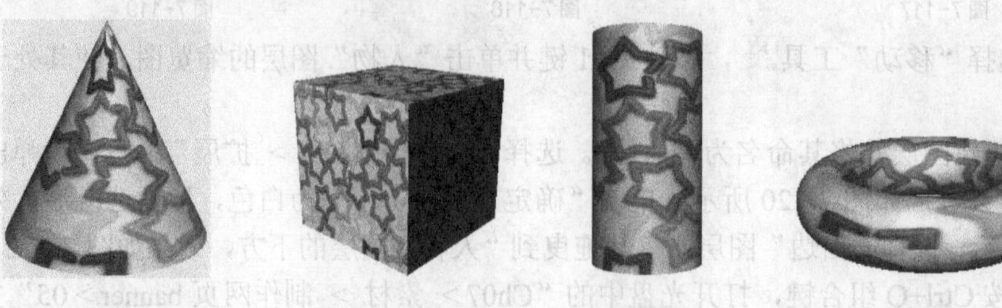

锥形　立体　圆柱体　圆环

图 7-126

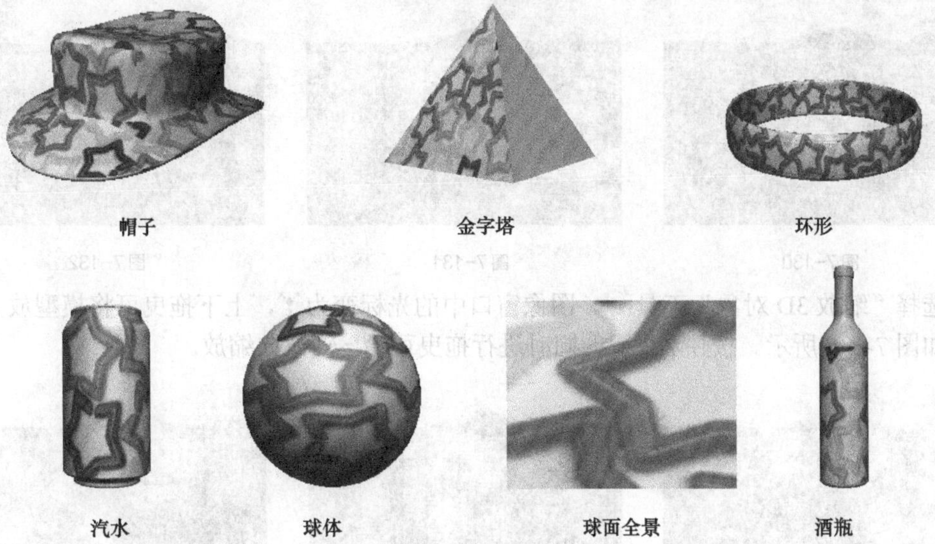

图 7-126（续）

7.4 使用 3D 工具

在 Photoshop CS6 中使用 3D 对象工具可以旋转、缩放或调整模型位置。当操作 3D 模型时，相机视图要保持固定。

打开一幅包含 3D 模型的图片，如图 7-127 所示。选中 3D 图层，选择“旋转 3D 对象”工具，图像窗口中的光标变为，上下拖曳可将模型围绕其 x 轴旋转，效果如图 7-128 所示；两侧拖曳可将模型围绕其 y 轴旋转，效果如图 7-129 所示。按住 Alt 键的同时进行拖曳可滚动模型。

图 7-127

图 7-128

图 7-129

选择“滚动 3D 对象”工具，图像窗口中的光标变为，两侧拖曳可使模型绕 z 轴旋转，效果如图 7-130 所示。

选择“拖动 3D 对象”工具，图像窗口中的光标变为，两侧拖曳可沿水平方向移动模型，如图 7-131 所示；上下拖曳可沿垂直方向移动模型，如图 7-132 所示。按住 Alt 键的同时进行拖曳可沿 x/z 轴方向移动。

选择“滑动 3D 对象”工具，图像窗口中的光标变为，两侧拖曳可沿水平方向移动模型，如图 7-133 所示；上下拖曳可将模型移近或移远，如图 7-134 所示。按住 Alt 键的同时进行拖曳可沿 x/y 轴方向移动。

图 7-130

图 7-131

图 7-132

选择“缩放 3D 对象”工具，图像窗口中的光标变为，上下拖曳可将模型放大或缩小，如图 7-135 所示。按住 Alt 键的同时进行拖曳可沿 z 轴方向缩放。

图 7-133

图 7-134

图 7-135

7.5 课堂练习——制作优美橱窗

【练习知识要点】使用钢笔工具绘制图形，使用渐变工具为图形添加渐变色，使用添加图层样式命令为图形添加投影、渐变叠加效果，使用“横排文字”工具输入文字，效果如图 7-136 所示。

【效果所在位置】光盘/Ch07/效果/制作优美橱窗.psd。

7.6 课后习题——制作夏日插画

【习题知识要点】使用钢笔工具绘制为水果抠图,使用多边形工具、使用添加图层样式按钮制作星星，使用横排文字工具添加文字，效果如图 7-137 所示。

【效果所在位置】光盘/Ch07/效果/制作夏日插画.psd。

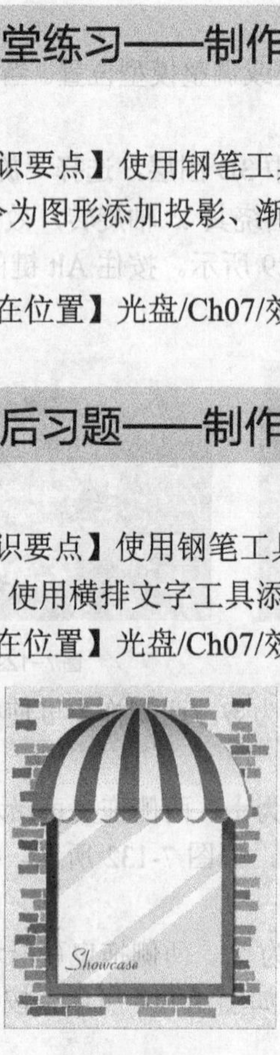

图 7-136

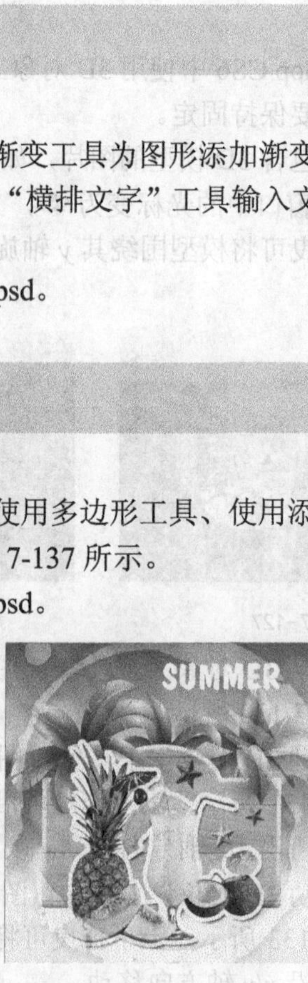

图 7-137

Photoshop CS6

8 Chapter

第 8 章 调整图像的色彩和色调

本章将主要介绍调整图像的色彩与色调的多种命令。通过本章的学习，可以根据不同的需要应用多种调整命令对图像的色彩或色调进行细微的调整，还可以对图像进行特殊颜色的处理。

课堂学习目标

- 调整图像色彩与色调
- 特殊颜色的处理

8.1 调整图像色彩与色调

调整图像色彩是 Photoshop CS6 的强项，也是必须要掌握的一项功能。在实际的设计制作中，经常会使用到这项功能。

8.1.1 色阶

打开一幅图像，如图 8-1 所示。选择“色阶”命令，或按 Ctrl+L 组合键，弹出“色阶”对话框，如图 8-2 所示。

图 8-1

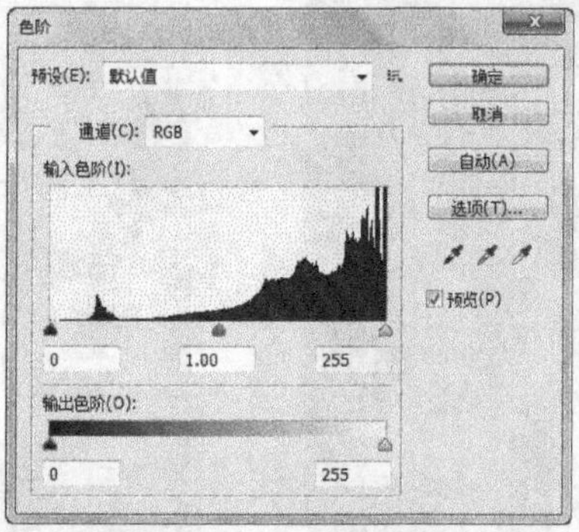

图 8-2

对话框中间是一个直方图，其横坐标为 0~255 表示亮度值，纵坐标为图像的像素数值。

通道：可以从其下拉列表中选择不同的颜色通道来调整图像。如果想选择两个以上的色彩通道，要先在“通道”控制面板中选择所需要的通道，再调出“色阶”对话框。

输入色阶：控制图像选定区域的最暗和最亮色彩，通过输入数值或拖曳三角滑块来调整图像。左侧的数值框和黑色滑块用于调整黑色，图像中低于该亮度值的所有像素将变为黑色。中间的数值框和灰色滑块用于调整灰度，其数值范围为 0.01~9.99。1.00 为中性灰度，数值大于 1.00 时，将降低图像中间灰度；小于 1.00 时，将提高图像中间灰度。右侧的数值框和白色滑块用于调整白色，图像中高于该亮度值的所有像素将变为白色。

调整“输入色阶”选项的 3 个滑块后，图像产生的不同色彩效果如图 8-3 所示。

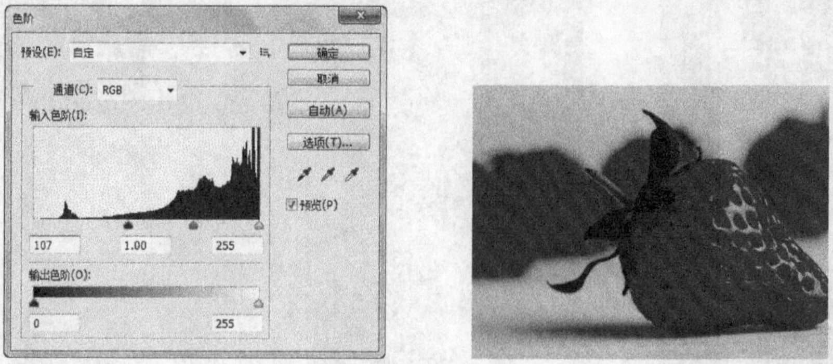

图 8-3

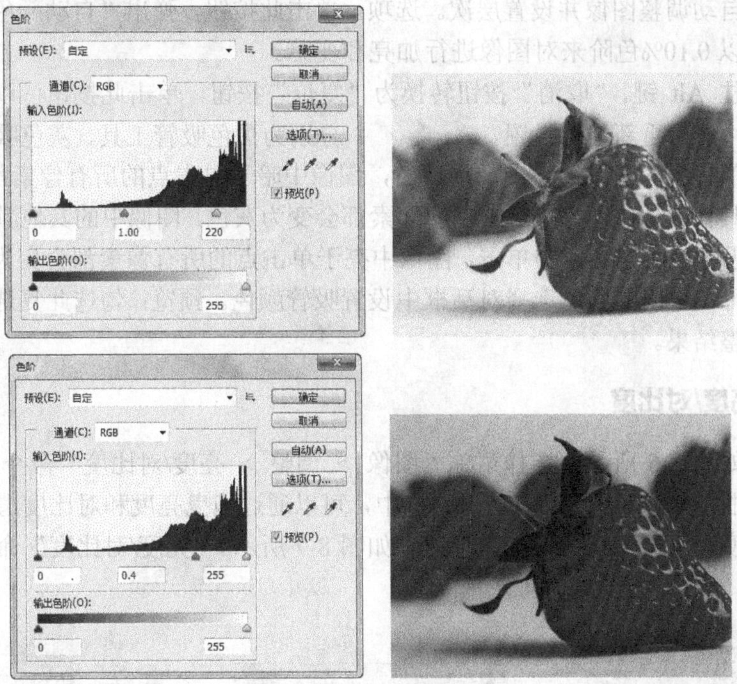

图 8-3（续）

输出色阶：可以通过输入数值或拖曳三角滑块来控制图像的亮度范围。左侧数值框和黑色滑块用于调整图像最暗像素的亮度。右侧数值框和白色滑块用于调整图像最亮像素的亮度。输出色阶的调整将增加图像的灰度，降低图像的对比度。

调整“输出色阶”选项的 2 个滑块后，图像产生的不同色彩效果如图 8-4 所示。

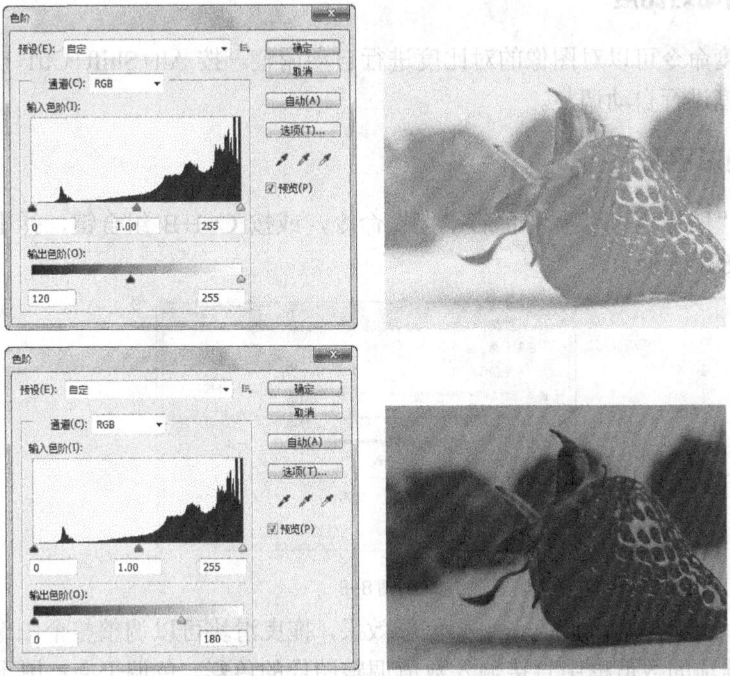

图 8-4

自动：可自动调整图像并设置层次。选项：单击此按钮，弹出“自动颜色校正选项”对话框，系统将以 0.10%色阶来对图像进行加亮和变暗。

取消：按住 Alt 键，“取消”按钮转换为“复位”按钮，单击此按钮可以将刚调整过的色阶复位还原，然后重新进行设置。：分别为黑色吸管工具、灰色吸管工具和白色吸管工具。用黑色吸管工具，在图像中单击，图像中暗于单击点的所有像素都会变为黑色。用灰色吸管工具在图像中单击，单击点的像素都会变为灰色，图像中的其他颜色也会相应地调整。用白色吸管工具在图像中单击，图像中亮于单击点的所有像素都会变为白色。双击任意吸管工具，可在弹出的颜色选择对话框中设置吸管颜色。预览：勾选此复选框，可以即时显示图像的调整结果。

8.1.2 亮度/对比度

原始图像如图 8-5 所示。选择菜单“图像 > 调整 > 亮度/对比度”命令，弹出“亮度/对比度”对话框，如图 8-6 所示。在对话框中，可以通过拖曳亮度和对比度滑块来调整图像的亮度或对比度，单击“确定”按钮，效果如图 8-7 所示。“亮度/对比度”命令调整的是整个图像的色彩。

图 8-5

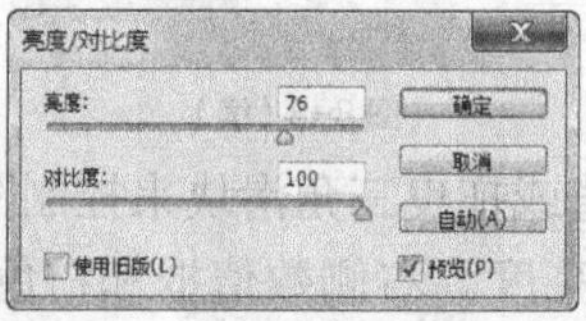

图 8-6

图 8-7

8.1.3 自动对比度

自动对比度命令可以对图像的对比度进行自动调整。按 Alt+Shift+Ctrl+L 组合键，可以对图像的对比度进行自动调整。

8.1.4 色彩平衡

选择菜单“图像 > 调整 > 色彩平衡”命令，或按 Ctrl+B 组合键，弹出“色彩平衡”对话框，如图 8-8 所示。

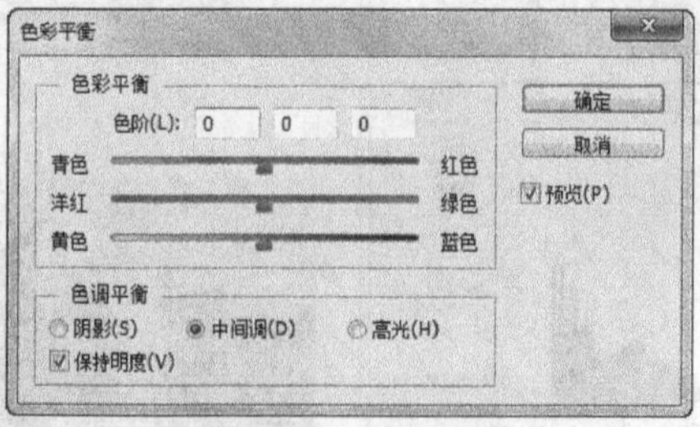

图 8-8

色彩平衡：用于添加过渡色来平衡色彩效果，拖曳滑块可以调整整个图像的色彩，也可以在“色阶”选项的数值框中直接输入数值调整图像的色彩。色调平衡：用于选取图像的阴影、中间调和高光。保持明度：用于保持原图像的明度。

设置不同的色彩平衡后，效果如图 8-9 所示。

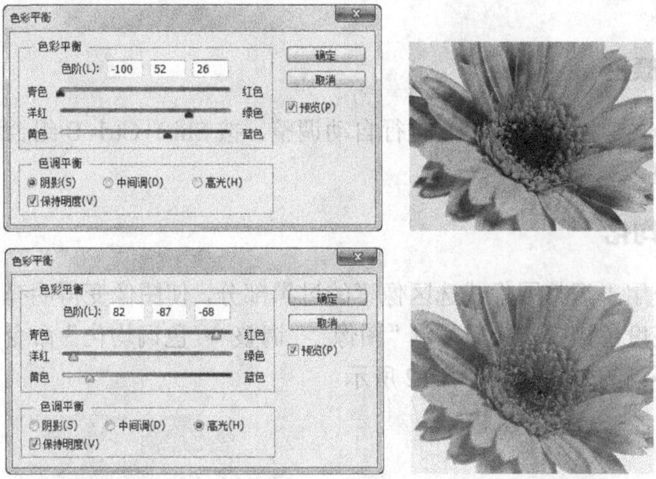

图 8-9

8.1.5　反相

选择菜单“图像 > 调整 > 反相”命令，或按 Ctrl+I 组合键，可以将图像或选区的像素反转为其补色，使其出现底片效果。不同色彩模式的图像反相后的效果如图 8-10 所示。

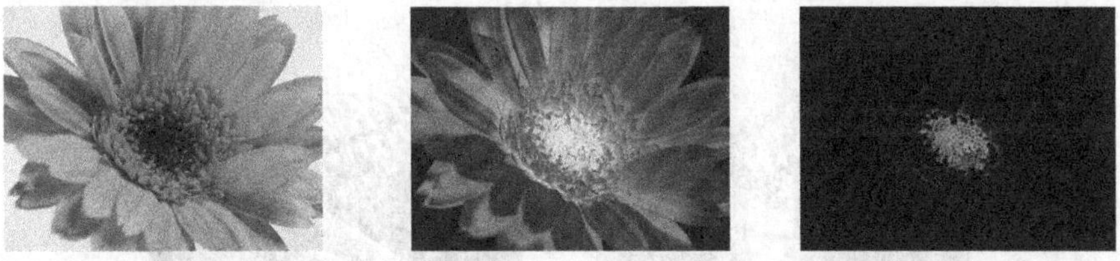

原始图像效果　　RGB 色彩模式反相后的效果　　CMYK 色彩模式反相后的效果

图 8-10

提示

反相效果是对图像的每一个色彩通道进行反相后的合成效果，不同色彩模式的图像反相后的效果是不同的。

8.1.6　变化

选择菜单“图像 > 调整 > 变化”命令，弹出“变化”对话框，如图 8-11 所示。

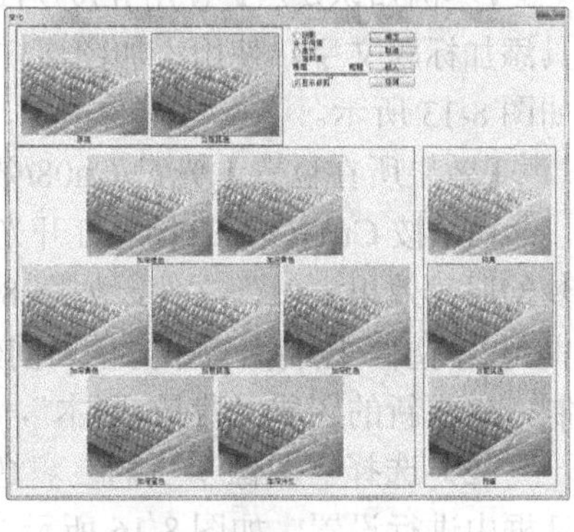

图 8-11

在对话框中，上方中间的 4 个选项可以控制图像色彩的改变范围；下方的滑块用于设置调整的等级；左上方的两幅图像显示的是图像的原始效果和调整后的效果；左下方区域是七幅小图像，可以选择增加不同的颜色效果，调整图像的亮度、饱和度等色彩值；右侧区域是三幅小图像，用于调整图像的亮度。勾选“显示修剪”复选框，在图像色彩调整超出色彩空间时显示超色域。

8.1.7 自动颜色

自动颜色命令可以对图像的色彩进行自动调整。按 Shift+Ctrl+B 组合键，可以对图像的色彩进行自动调整。

8.1.8 色调均化

色调均化命令用于调整图像或选区像素的过黑部分，使图像变得明亮，并将图像中其他像素平均分配在亮度色谱中。选择菜单“图像 > 调整 > 色调均化”命令，在不同的色彩模式下图像将产生不同的效果，如图 8-12 所示。

原始图像效果

RGB 色调均化的效果

CMYK 色调均化的效果

LAB 色调均化的效果

图 8-12

8.1.9 课堂案例——制作梦幻照片效果

【案例学习目标】学习使用色彩调整命令调节图像颜色。

【案例知识要点】使用亮度/对比度命令、色彩平衡命令调整图片颜色，使用横排文字工具添加标题文字，使用添加图层样式命令为文字添加图层样式，如图 8-13 所示。

图 8-13

【效果所在位置】光盘/Ch08/效果/制作梦幻照片效果.psd。

（1）按 Ctrl+O 组合键，打开光盘中的“Ch08 > 素材 >制作梦幻照片效果> 01”文件，如图 8-14 所示。将“背景”图层拖曳到“图层”控制面板下方的“创建新图层”按钮 上进行复制，生成新的图层“背景 副本”，如图 8-15 所示。

（2）选择“图像 > 调整 > 色彩平衡”命令，在弹出的对话框中进行设置，如图 8-16 所示。单击“确定”按钮，效果如图 8-17 所示。

图 8-14

图 8-15

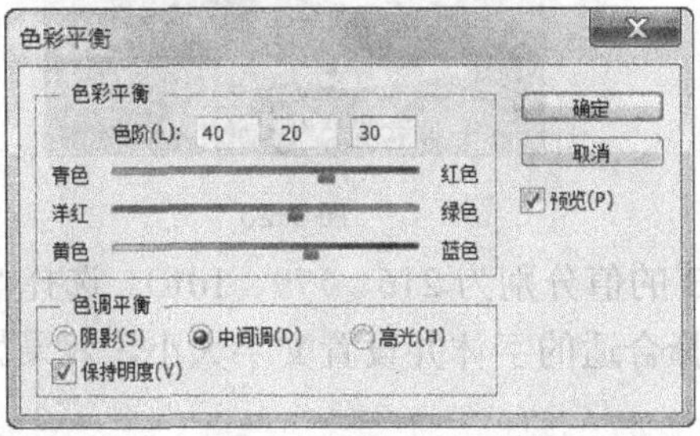

图 8-16

图 8-17

（3）选择“图像 > 调整 > 亮度/对比度”命令，在弹出的对话框中进行设置，如图 8-18 所示。单击“确定”按钮，效果如图 8-19 所示。

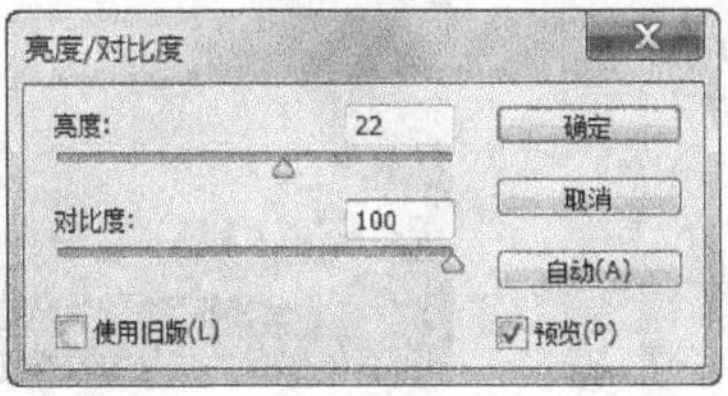

图 8-18

图 8-19

（4）选择“图像 > 调整 > 色阶”命令，在弹出的对话框中进行设置，如图 8-20 所示。单击“确定”按钮，效果如图 8-21 所示。

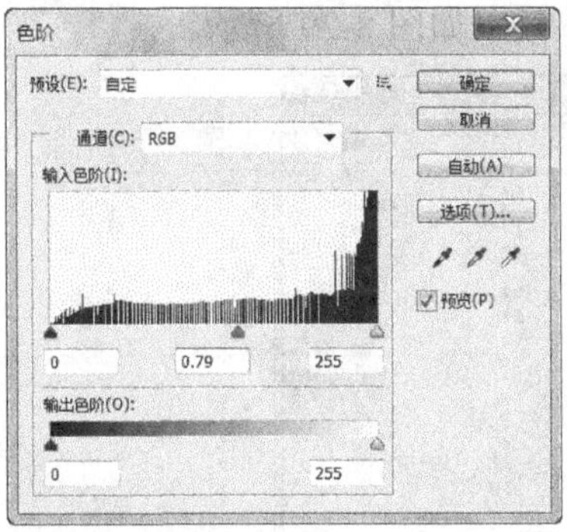

图 8-20

图 8-21

（5）按 Ctrl+O 组合键，打开光盘中的“Ch08 > 素材 >制作梦幻照片效果> 02”文件。选择“移动”工具，将图片拖曳到图像窗口中的适当位置，效果如图 8-22 所示。在“图层”控制面板中生成新的图层并将其命名为“气泡”。

（6）在“图层”控制面板中，将“气泡”图层拖曳到“创建新图层”按钮上进行复制，生成新的副本图层。选择“移动”工具，将复制出的图形拖曳到适当位置，效果如图 8-23 所示。

图 8-22

图 8-23

（7）将前景色设为金黄色（其 R、G、B 的值分别为 216、179、101）。选择“横排文字”工具，输入需要的文字，在属性栏中选择合适的字体并设置文字大小，效果如图 8-24 所示，在控制面板中生成新的文字图层。

（8）选择“文字 > 面板 > 字符面板”命令，弹出“字符”面板，选项的设置如图 8-25 所示。按 Enter 键确定操作，文字效果如图 8-26 所示。

图 8-24

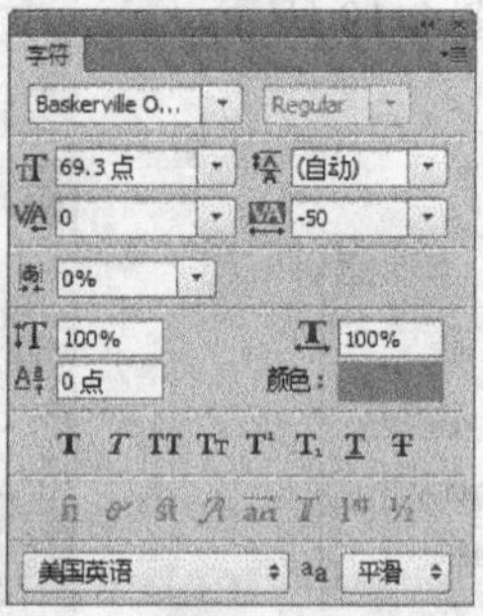

图 8-25

图 8-26

（9）单击“图层”控制面板下方的“添加图层样式”按钮，在弹出的菜单中选择“斜面和浮雕”命令，选项的设置如图 8-27 所示。选择“投影”选项，切换到相应的对话框，选项的设置如图 8-28 所示。单击“确定”按钮，效果如图 8-29 所示。

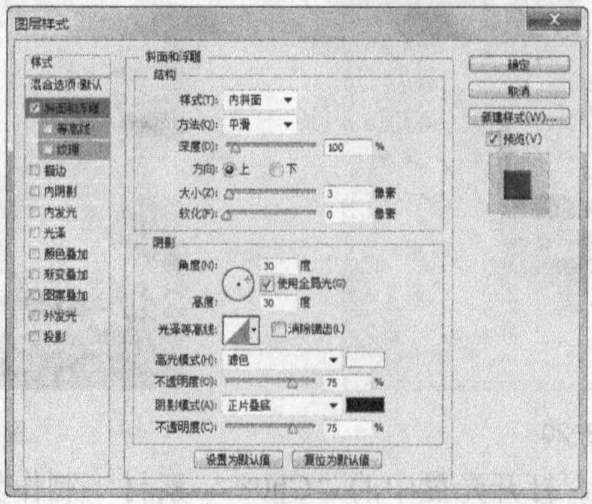

图 8-27

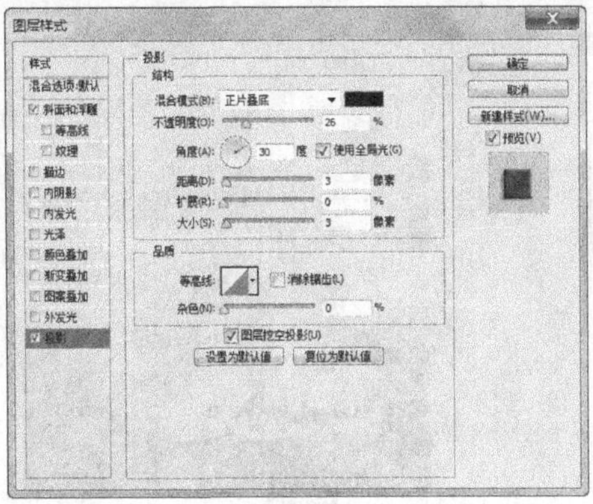

图 8-28

图 8-29

（10）选择“横排文字”工具T，输入需要的文字，在属性栏中选择合适的字体并设置文字大小，效果如图 8-30 所示。在控制面板中生成新的文字图层。

（11）选择菜单“文字 > 面板 > 字符面板”命令，弹出“字符”面板，选项的设置如图 8-31 所示。按 Enter 键确定操作，文字效果如图 8-32 所示。

图 8-30

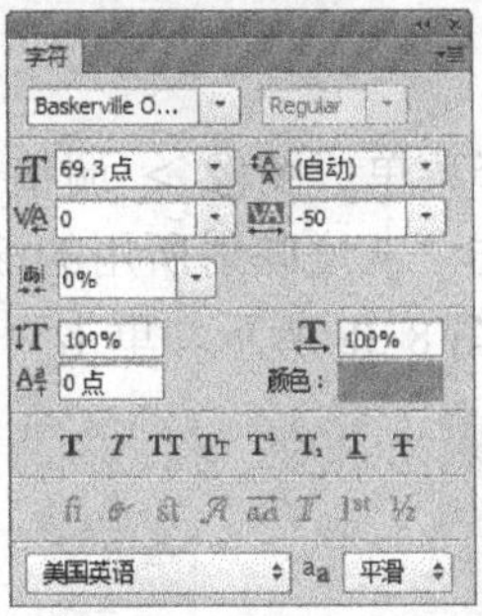

图 8-31

图 8-32

（12）单击“图层”控制面板下方的“添加图层样式”按钮 fx，在弹出的菜单中选择“斜面和浮雕”命令，选项的设置如图 8-33 所示。选择“投影”选项，切换到相应的对话框，选项的设置如图 8-34 所示。单击“确定”按钮，效果如图 8-35 所示。

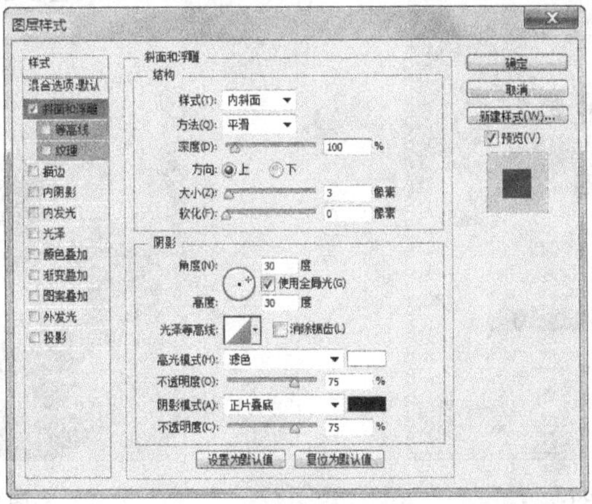

图 8-33

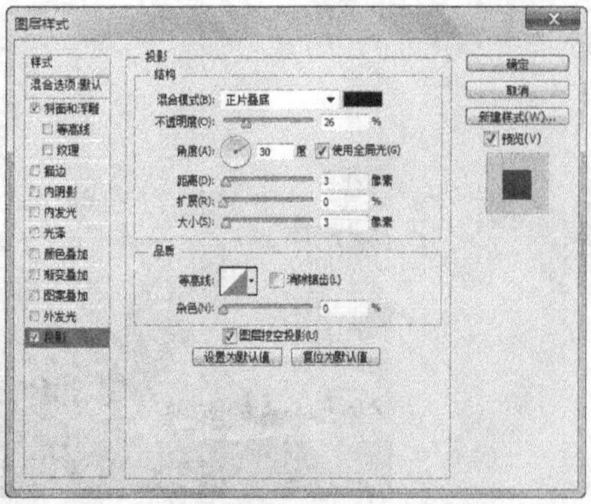

图 8-34

图 8-35

8.1.10 自动色阶

自动色阶命令可以对图像的色阶进行自动调整。系统将以 0.10%色阶来对图像进行加亮和变暗。按 Shift+Ctrl+L 组合键，可以对图像的色阶进行自动调整。

8.1.11 渐变映射

原始图像如图 8-36 所示，选择菜单“图像 > 调整 > 渐变映射”命令，弹出“渐变映射”对话框，如图 8-37 所示。单击“灰度映射所用的渐变”选项的色带，在弹出的“渐变编辑器”对话框中设置渐变色，如图 8-38 所示。单击“确定”按钮，效果如图 8-39 所示。

图 8-36

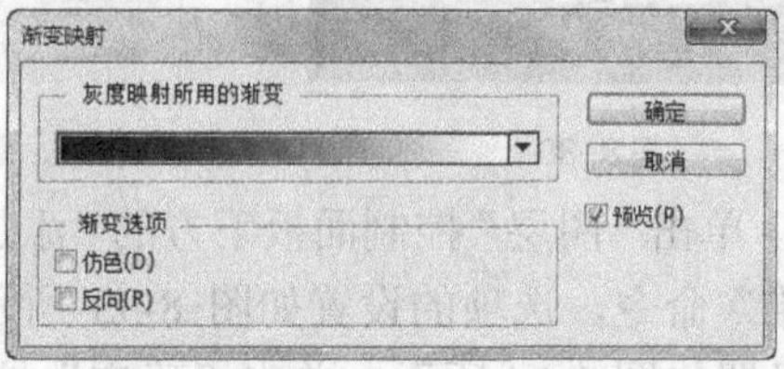

图 8-37

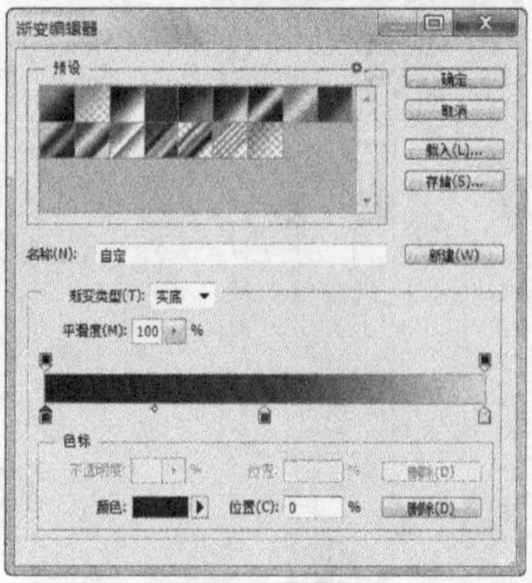

图 8-38

图 8-39

灰度映射所用的渐变：用于选择不同的渐变形式。仿色：用于为转变色阶后的图像增加仿色。反向：用于将转变色阶后的图像进行颜色反转。

8.1.12　阴影/高光

原始图像如图 8-40 所示。选择菜单“图像 > 调整 > 阴影/高光”命令，弹出“阴影/高光”对话框，在对话框中进行设置，如图 8-41 所示。单击“确定”按钮，效果如图 8-42 所示。

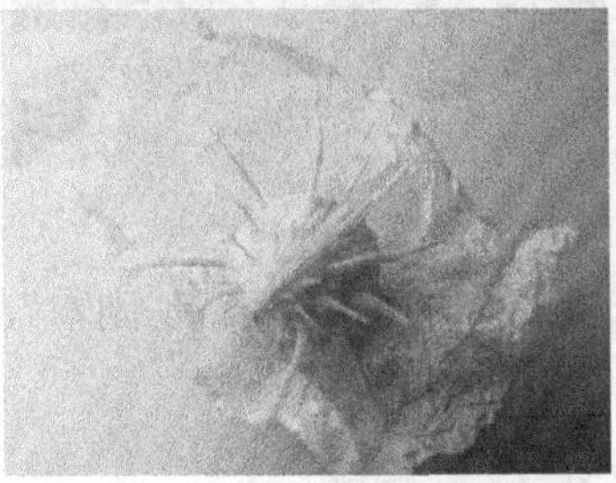

图 8-40

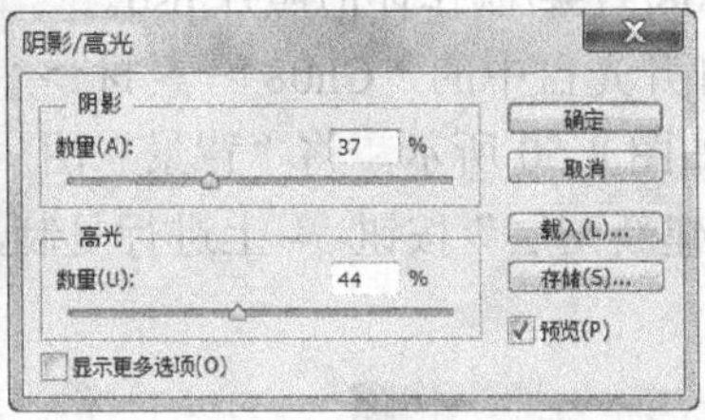

图 8-41

图 8-42

8.1.13　色相/饱和度

原始图像如图 8-43 所示。选择菜单“图像 > 调整 > 色相/饱和度”命令，或按 Ctrl+U 组合键，弹出“色相/饱和度”对话框，在对话框中进行设置，如图 8-44 所示。单击“确定”按钮，效果如图 8-45 所示。

图 8-43

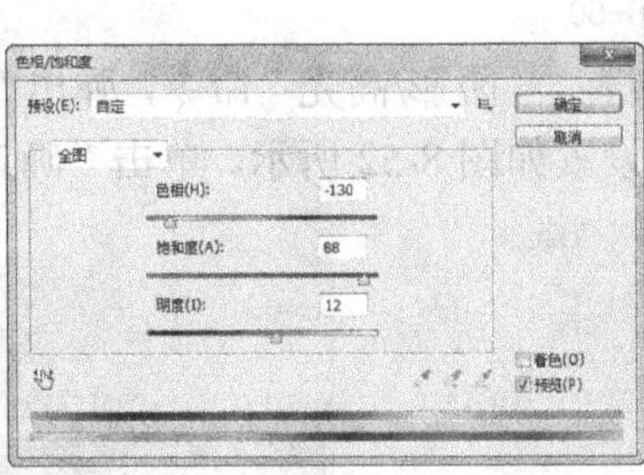

图 8-44

图 8-45

预设：用于选择要调整的色彩范围，可以通过拖曳各选项中的滑块来调整图像的色相、饱和度和明度。着色：用于在由灰度模式转化而来的色彩模式图像中添加需要的颜色。

原始图像如图 8-46 所示。在“色相/饱和度”对话框中进行设置，勾选“着色”复选框，如图 8-47 所示。单击“确定”按钮，效果如图 8-48 所示。

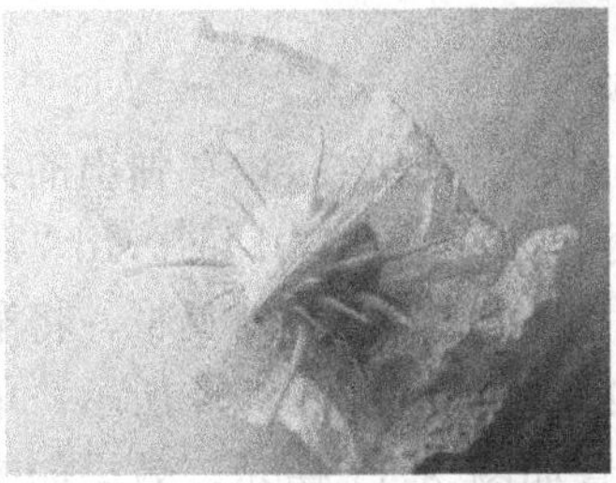

图 8-46

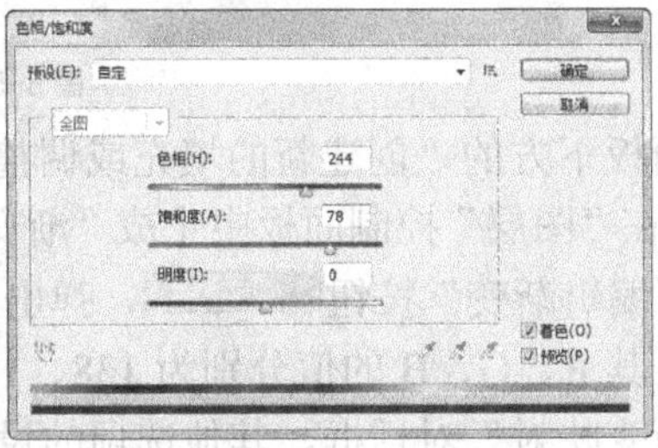

图 8-47

图 8-48

8.1.14 课堂案例——制作怀旧照片

【案例学习目标】学习使用不同的调色命令调整照片颜色。

【案例知识要点】使用阴影/高光命令调整图片颜色、使用渐变映射命令为图片添加渐变效果，使用色阶、色相/饱和度命令调整图像颜色，如图 8-49 所示。

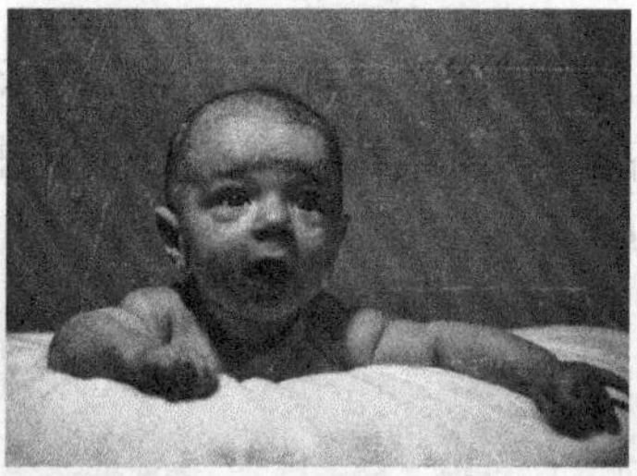

图 8-49

【效果所在位置】光盘/Ch08/效果/制作怀旧照片.psd。

（1）按 Ctrl+O 组合键，打开光盘中的“Ch08 > 素材 > 制作怀旧照片 > 01”文件，如图 8-50 所示。将“背景”图层拖曳到控制面板下方的“创建新图层”按钮 上进行复制，生成新的图层“背景 副本”，如图 8-51 所示。

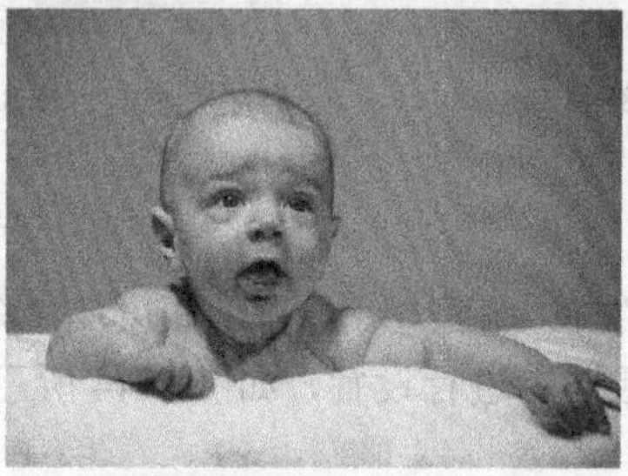

图 8-50

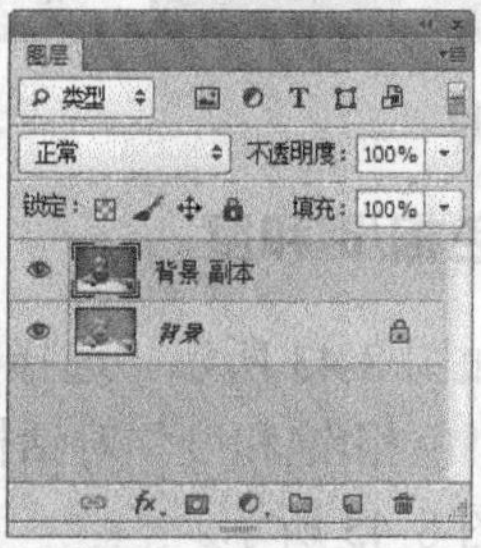

图 8-51

（2）选择菜单“图像 > 调整 > 阴影/高光”命令，弹出“阴影/高光”对话框，勾选“显示更多选项”复选框，选项的设置如图 8-52 所示。单击“确定”按钮，效果如图 8-53 所示。

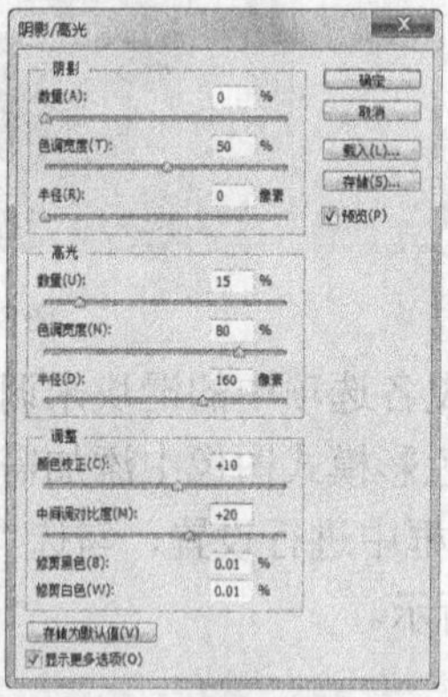

图 8-52

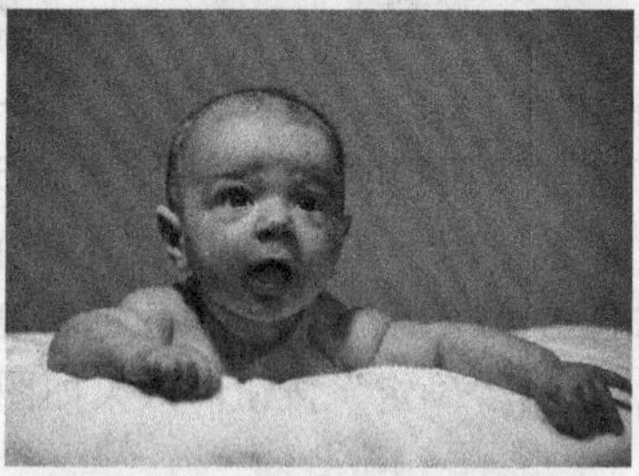

图 8-53

（3）单击“图层”控制面板下方的“创建新的填充或调整图层”按钮 ，在弹出的菜单中选择“渐变映射”命令，在“图层”控制面板中生成“渐变映射 1”图层，同时弹出“渐变映射”面板，单击“点按可编辑渐变”按钮 ，弹出“渐变编辑器”对话框，将渐变颜色设为从黑色到灰汁色（其 R、G、B 的值分别为 138、123、92），如图 8-54 所示。单击“确定”按钮，返回到“渐变映射”对话框，其他选项的设置如图 8-55 所示，效果如图 8-56 所示。

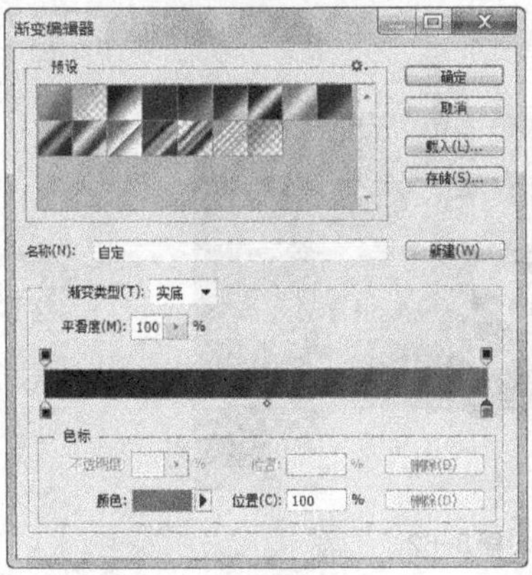

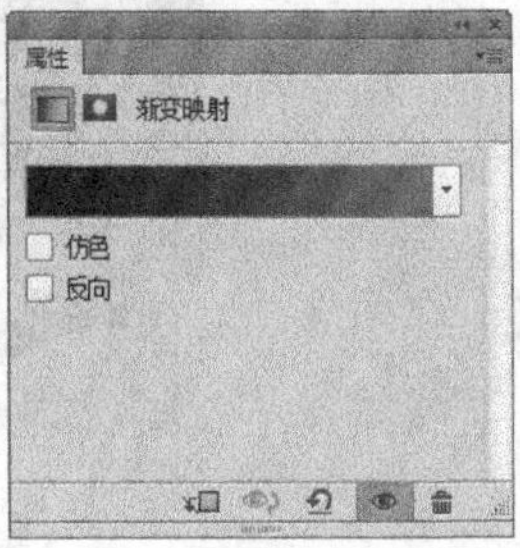

图 8-54　　图 8-55　　图 8-56

（4）在“图层”控制面板上方，将“渐变”图层的混合模式选项设为“颜色”，图像窗口中的效果如图 8-57 所示。图像窗口中的效果如图 8-58 所示。

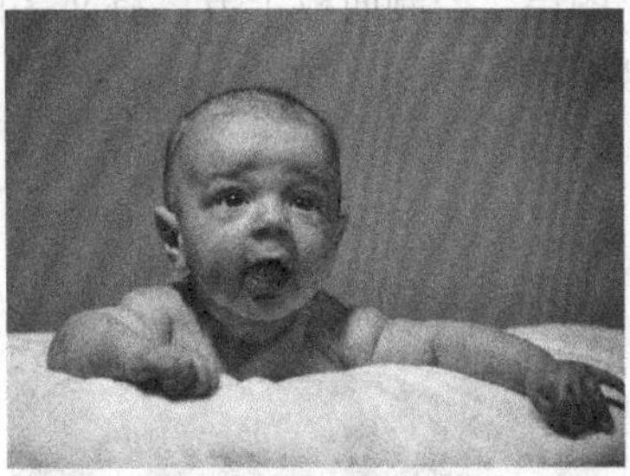

图 8-57　　图 8-58

（5）单击“图层”控制面板下方的“创建新的填充或调整图层”按钮 ，在弹出的菜单中选择“色阶”命令，在“图层”控制面板中生成“色阶 1”，同时弹出“色阶”面板，选项的设置如图 8-59 所示，效果如图 8-60 所示。

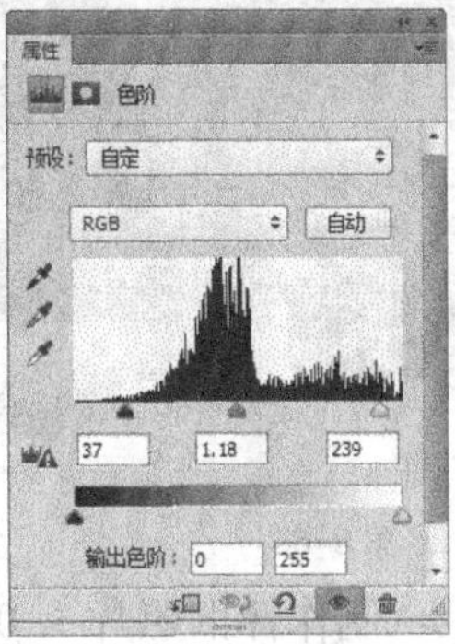

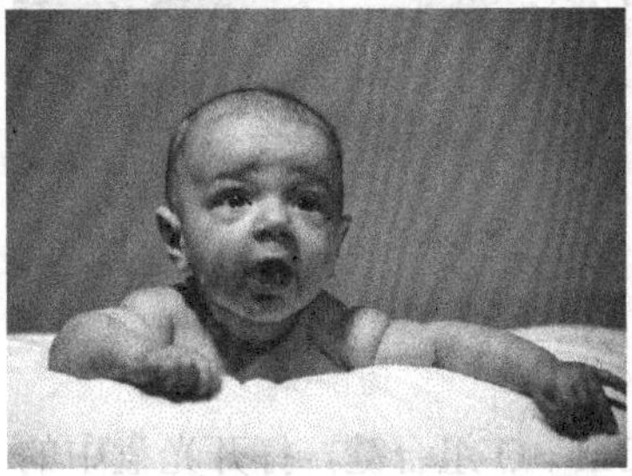

图 8-59　　图 8-60

（6）单击“图层”控制面板下方的“创建新的填充或调整图层”按钮 ，在弹出的菜单中选择“色相/饱和度”命令，在“图层”控制面板中生成“色相/饱和度 1”，同时弹出“色相/饱和度”面板，选项的设置如图 8-61 所示，效果如图 8-62 所示。

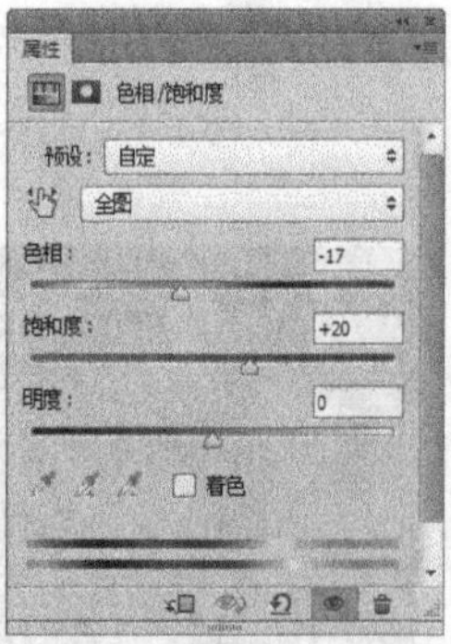

图 8-61

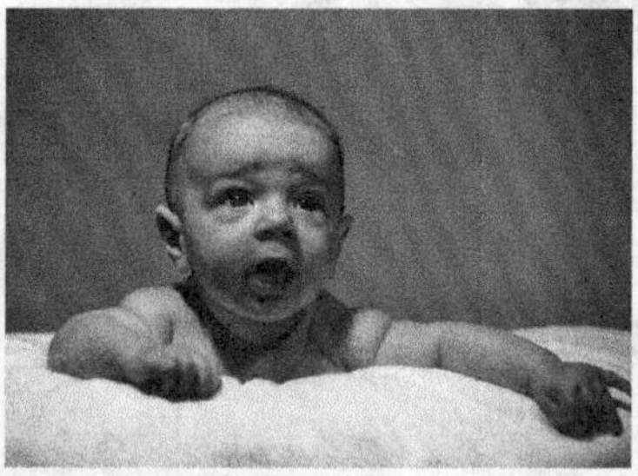

图 8-62

（7）将前景色设为咖啡色（其 R、G、B 的值分别为 71、62、55）。选择“横排文字”工具 T，输入需要的文字，在属性栏中选择合适的字体并设置文字的大小，效果如图 8-63 所示。在“图层”控制面板中生成新的文字图层。按 Ctrl+T 组合键，弹出“字符”面板，选项的设置如图 8-64 所示，效果如图 8-65 所示。

（8）在“图层”控制面板上方，将文字图层的“不透明度”选项设为 80%，图像窗口中的效果如图 8-66 所示。

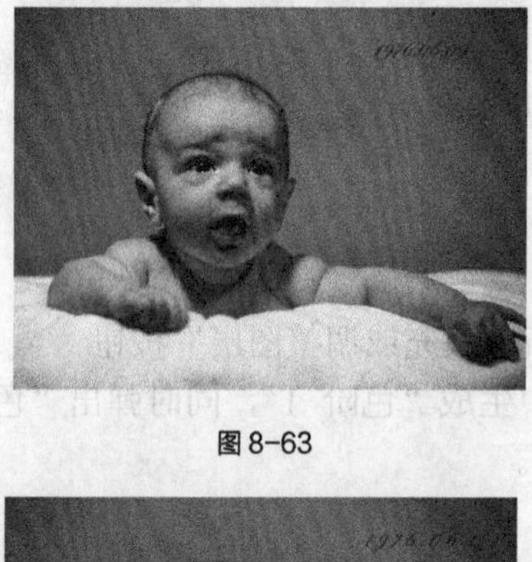

图 8-63

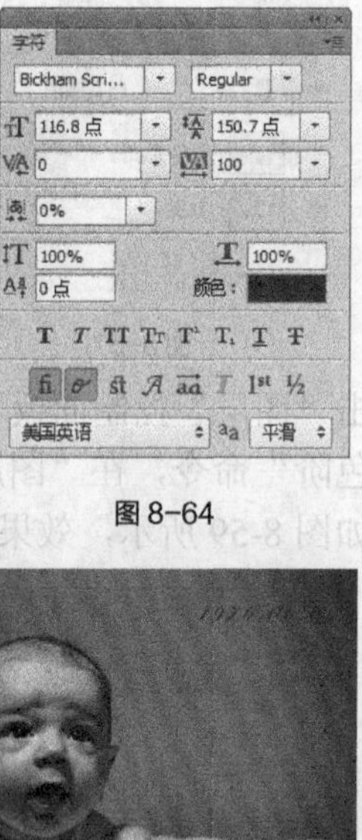

图 8-64

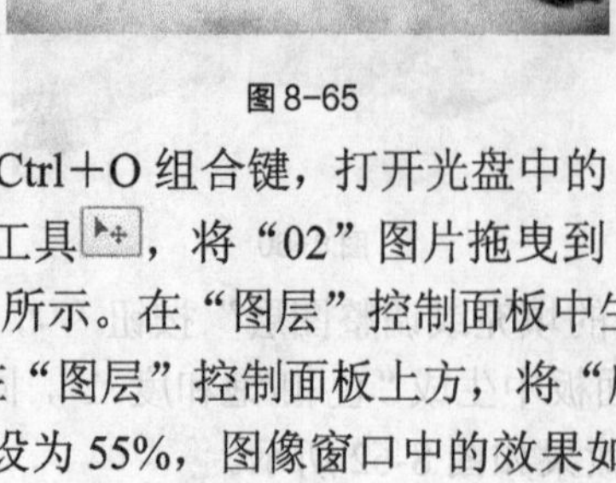

图 8-65

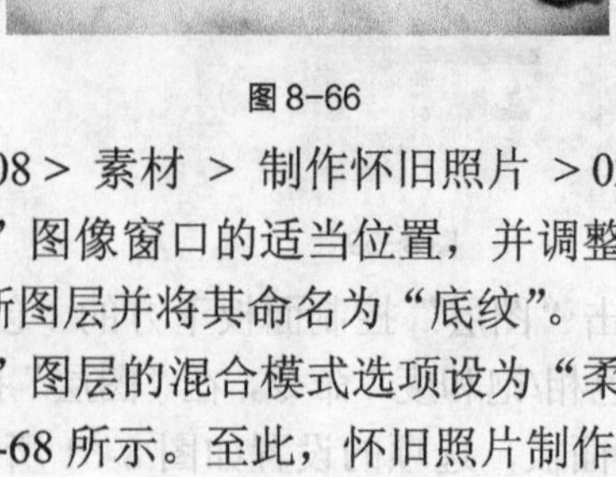

图 8-66

（9）按 Ctrl+O 组合键，打开光盘中的“Ch08 > 素材 > 制作怀旧照片 > 02”文件。选择“移动”工具，将“02”图片拖曳到“01”图像窗口的适当位置，并调整其大小，效果如图 8-67 所示。在“图层”控制面板中生成新图层并将其命名为“底纹”。

（10）在“图层”控制面板上方，将“底纹”图层的混合模式选项设为“柔光”，“不透明度”选项设为 55%，图像窗口中的效果如图 8-68 所示。至此，怀旧照片制作完成。

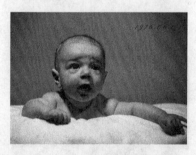

图 8-67

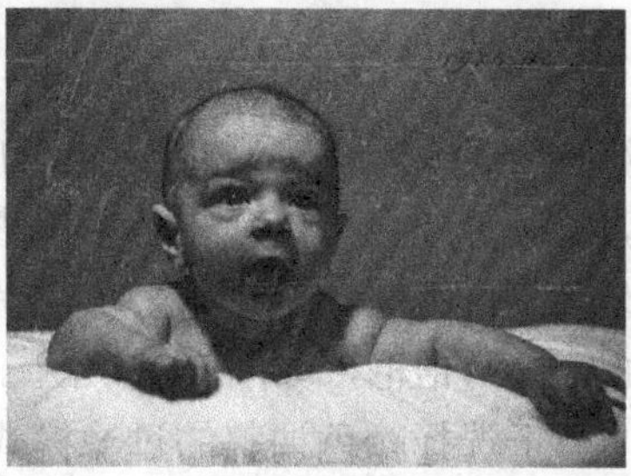

图 8-68

8.1.15 可选颜色

原始图像如图 8-69 所示，选择菜单“图像 > 调整 > 可选颜色”命令，弹出“可选颜色”对话框，设置如图 8-70 所示。单击“确定”按钮，效果如图 8-71 所示。

图 8-69

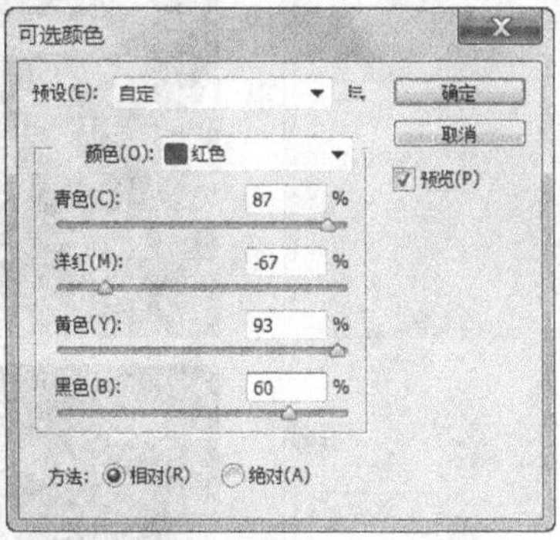

图 8-70

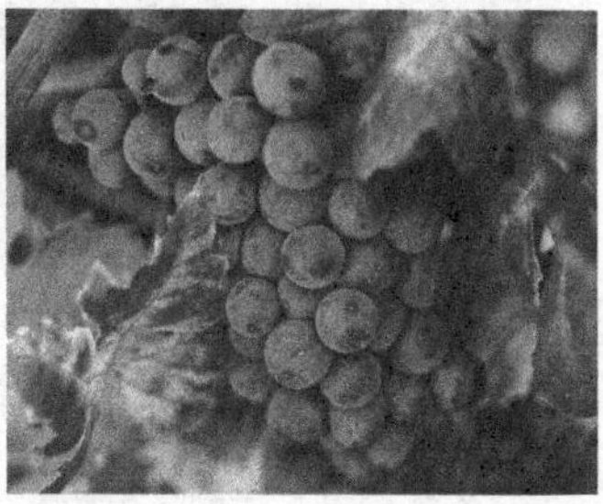

图 8-71

颜色：在其下拉列表中可以选择图像中含有的不同色彩，可以通过拖曳滑块调整青色、洋红、黄色、黑色的百分比。方法：确定调整方法是“相对”或“绝对”。

8.1.16 曝光度

原始图像如图 8-72 所示。选择菜单“图像 > 调整 > 曝光度”命令，弹出“曝光度”对话框，设置如图 8-73 所示。单击“确定”按钮，即可调整图像的曝光度，效果如图 8-74 所示。

图 8-72

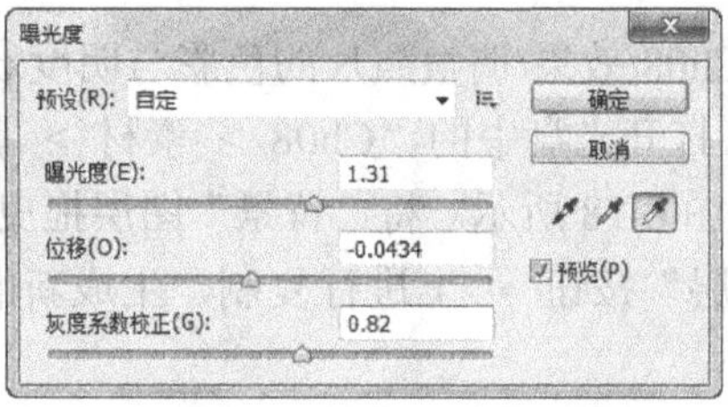

图 8-73

图 8-74

曝光度：调整色彩范围的高光端，对极限阴影的影响很轻微。位移：使阴影和中间调变暗，对高光的影响很轻微。灰度系数校正：使用乘方函数调整图像灰度系数。

8.1.17 照片滤镜

照片滤镜命令用于模仿传统相机的滤镜效果处理图像，通过调整图片颜色可以获得各种丰富的效果。打开一幅图片，选择菜单“图像 > 调整 > 照片滤镜”命令，弹出“照片滤镜”对话框，如图 8-75 所示。

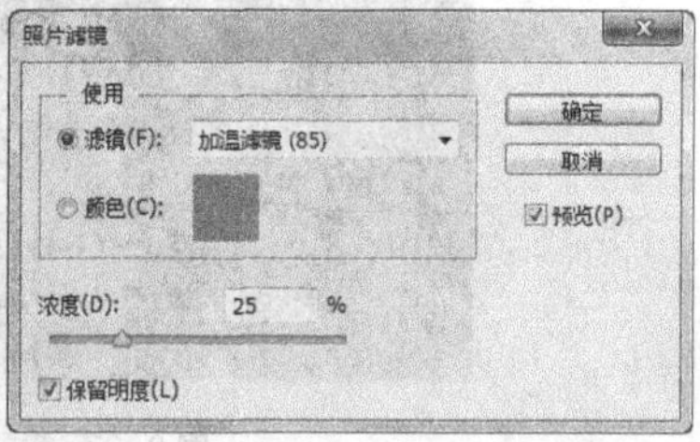

图 8-75

滤镜：用于选择颜色调整的过滤模式。颜色：单击此选项的图标，弹出“选择滤镜颜色”对话框，可以在其中设置精确颜色对图像进行过滤。浓度：拖曳此选项的滑块，设置过滤颜色的百分比。保留明度：勾选此复选框进行调整时，图片的白色部分颜色保持不变；取消勾选此复选框，则图片的全部颜色都随之改变，效果如图 8-76 所示。

图 8-76

8.1.18 课堂案例——调整照片的色彩与明度

【案例学习目标】学习使用不同的调色命令调整图片的颜色。

【案例知识要点】使用可选颜色命令和曝光度命令调整图片的颜色，使用文本工具添加文字，如图 8-77 所示。

【效果所在位置】光盘/Ch08/效果/调整照片的色彩与明度.psd。

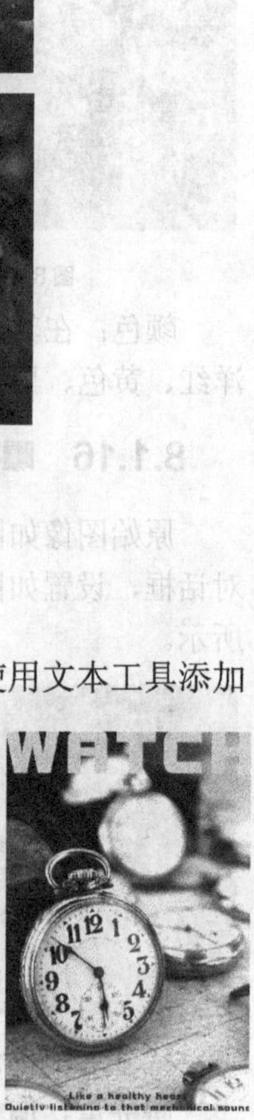

图 8-77

（1）按 Ctrl+O 组合键，打开光盘中的“Ch08 > 素材 > 调整照片的色彩与明度 > 01”文件，如图 8-78 所示。将“背景”图层拖曳到“图层”控制面板下方的“创建新图层”按钮上进行复制，生成新的图层“背景 副本”，如图 8-79 所示。

（2）选择“图像 > 调整 > 可选颜色”命令，在弹出的对话框中进行设置，如图 8-80 所示。单击“颜色”选项右侧的按钮，在弹出的菜单中选择“黄色”选项，弹出相应的对话框，设置如图 8-81 所示。单击“颜色”选项右侧的按钮，在弹出的菜单中选择“黑色”选项，弹出相应的对话框，设置如图 8-82 所示。单击“确定”按钮，效果如图 8-83 所示。

图 8-78

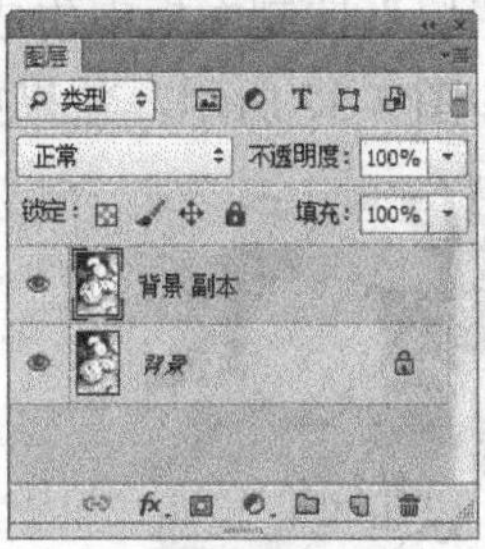

图 8-79

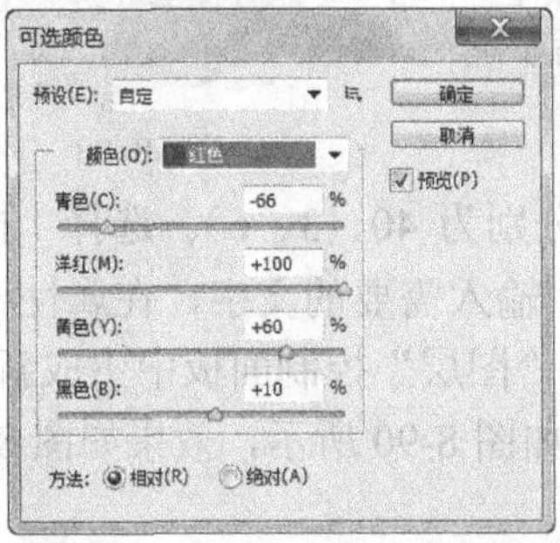

图 8-80

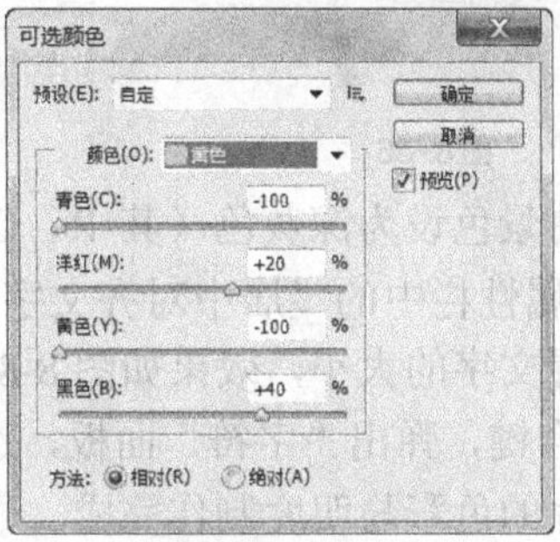

图 8-81

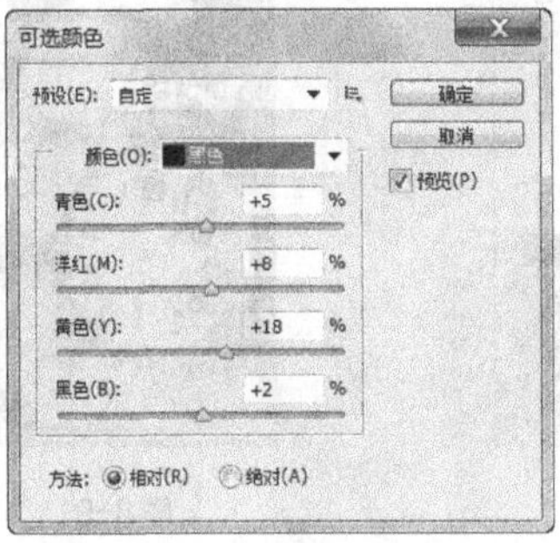

图 8-82

图 8-83

（3）选择菜单“图像 > 调整 > 曝光度”命令，在弹出的对话框中进行设置，如图 8-84 所示。单击“确定”按钮，效果如图 8-85 所示。

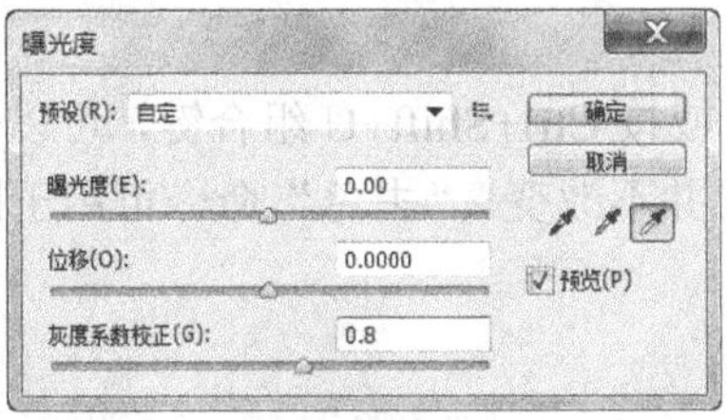

图 8-84

图 8-85

（4）将前景色设为肤色（其 R、G、B 的值分别为 255、214、183）。选择“横排文字”

工具T，输入需要的文字，在属性栏中选择合适的字体并设置文字的大小，效果如图 8-86 所示。在“图层”控制面板中生成新的文字图层。按 Ctrl+T 组合键，弹出“字符”面板，选项的设置如图 8-87 所示，效果如图 8-88 所示。

图 8-86

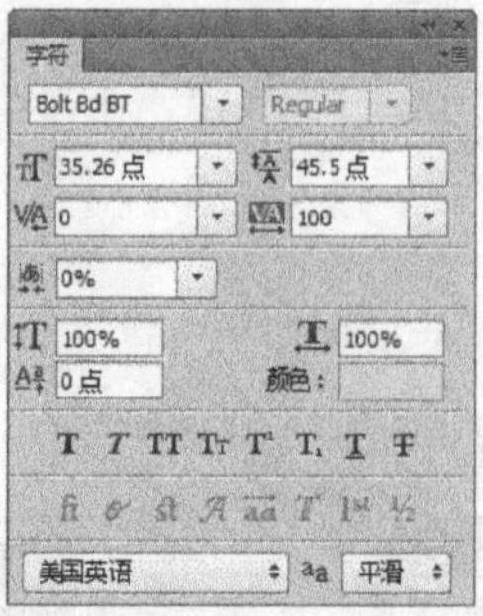

图 8-87

图 8-88

（5）将前景色设为深灰色（其 R、G、B 的值分别为 40、3、6）。选择“横排文字”工具T，单击属性栏中的“居中对齐文字”按钮，输入需要的文字，在属性栏中选择合适的字体并设置文字的大小，效果如图 8-89 所示。在“图层”控制面板中生成新的文字图层。按 Ctrl+T 组合键，弹出“字符”面板，选项的设置如图 8-90 所示，效果如图 8-91 所示。至此，调整照片的色彩与明度制作完成。

图 8-89

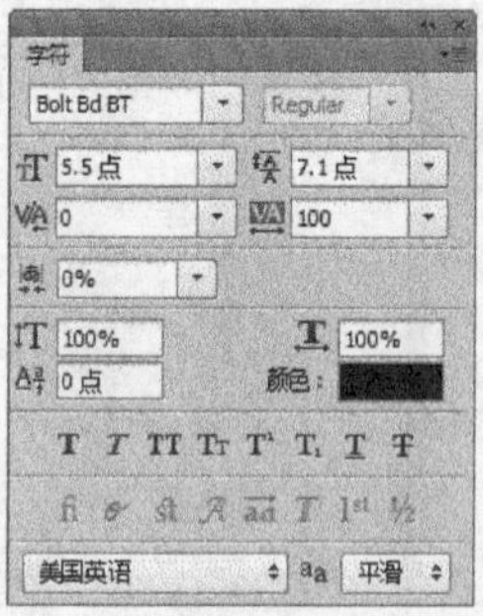

图 8-90

图 8-91

8.2 特殊颜色的处理

应用特殊颜色处理命令可以使图像产生丰富的变化。

8.2.1 去色

选择菜单“图像 > 调整 > 去色”命令，或按 Ctrl+Shift+U 组合键，可以去掉图像中的色彩，使图像变为灰度图，但图像的色彩模式并不改变。“去色”命令可用于图像的选区，将选区中的图像进行去掉图像色彩的处理。

8.2.2 阈值

原始图像如图 8-92 所示。选择菜单“图像 > 调整 > 阈值”命令，弹出“阈值”对话框，在对话框中拖曳滑块或在“阈值色阶”选项的数值框中输入数值，可以改变图像的阈值。

系统将使大于阈值的像素变为白色，小于阈值的像素变为黑色，使图像具有高度反差，如图 8-93 所示。单击“确定”按钮，效果如图 8-94 所示。

图 8-92

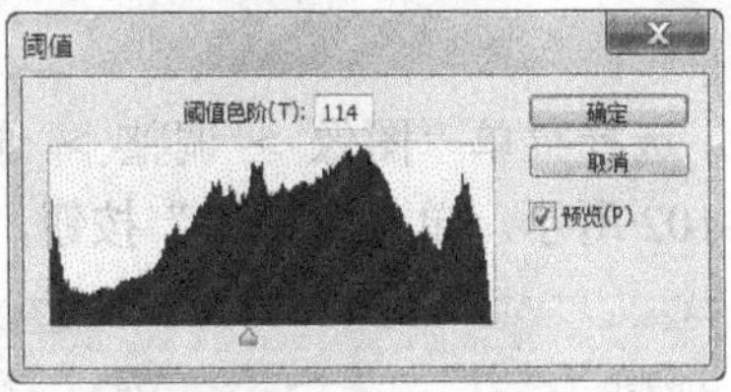

图 8-93

图 8-94

8.2.3　色调分离

原始图像如图 8-95 所示。选择菜单“图像 > 调整 > 色调分离”命令，弹出“色调分离”对话框，设置如图 8-96 所示。单击“确定”按钮，效果如图 8-97 所示。

图 8-95

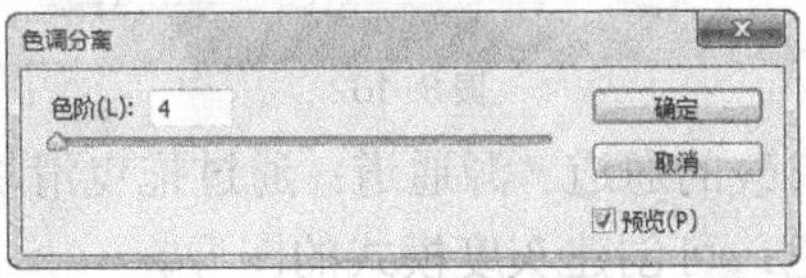

图 8-96

图 8-97

色阶：可以指定色阶数，系统将以 256 阶的亮度对图像中的像素亮度进行分配。色阶数值越高，图像产生的变化就越小。

8.2.4　替换颜色

替换颜色命令能够将图像中的颜色进行替换。原始图像如图 8-98 所示。选择菜单“图像 > 调整 > 替换颜色”命令，弹出“替换颜色”对话框。用吸管工具在花朵图像中吸取要替换的玫瑰红色，单击“替换”选项组中“结果”选项的颜色图标，弹出“选择目标颜色”对话框。将要替换的颜色设置为浅粉色，设置“替换”选项组中其他选项，调整图像的色相、饱和度和明度，如图 8-99 所示。单击“确定”按钮，玫瑰红色的花朵被替换为浅粉色，效果如图 8-100 所示。

图 8-98

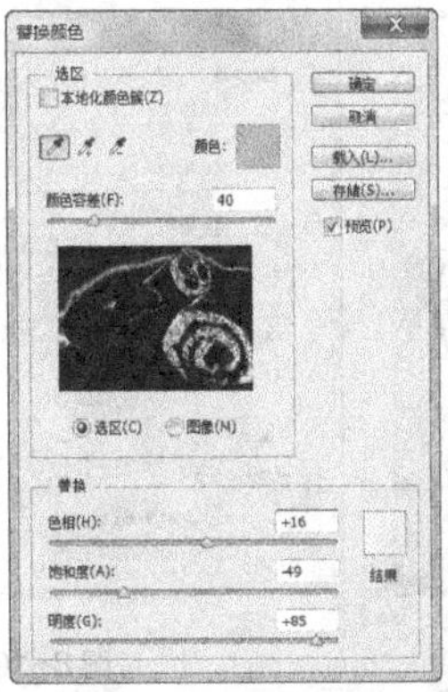

图 8-99

图 8-100

选区：用于设置“颜色容差”选项的数值，数值越大吸管工具取样的颜色范围越大，在“替换”选项组中调整图像颜色的效果也越明显。单击“选区”单选项，可以创建蒙版。

8.2.5 通道混合器

原始图像如图 8-101 所示。选择菜单“图像 > 调整 > 通道混合器”命令，弹出“通道混合器”对话框，设置如图 8-102 所示。单击“确定”按钮，效果如图 8-103 所示。

图 8-101

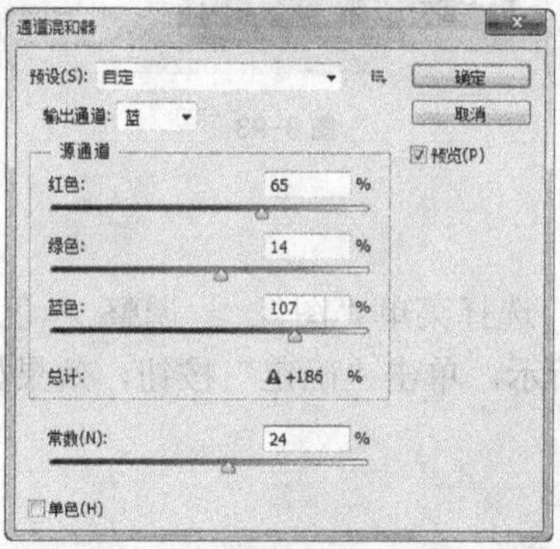

图 8-102

图 8-103

输出通道：可以选取要修改的通道。源通道：通过拖曳滑块来调整图像。常数：也可以通过拖曳滑块调整图像。单色：可创建灰度模式的图像。

提示

所选图像的色彩模式不同，则“通道混合器”对话框中的内容也不同。

8.2.6 匹配颜色

匹配颜色命令用于对色调不同的图片进行调整，统一成协调的色调。打开两张不同色调的图片，如图 8-104 和图 8-105 所示。选择需要调整的图片，选择菜单“图像 > 调整 > 匹配颜色”命令，弹出“匹配颜色”对话框，在“源”选项中选择匹配文件的名称，再设置其他各选项，如图 8-106 所示。单击“确定”按钮，效果如图 8-107 所示。

图 8-104

图 8-105

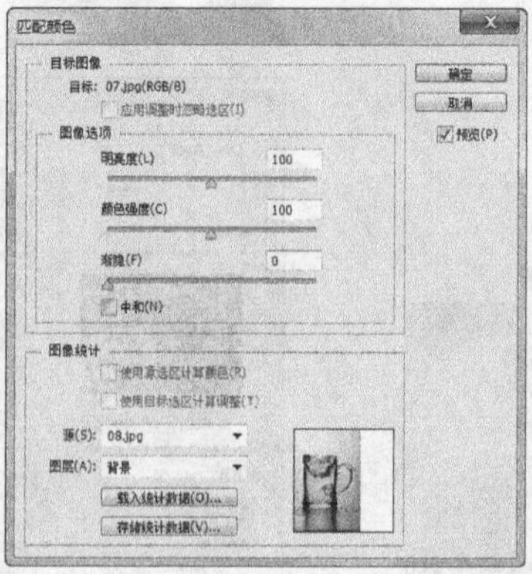

图 8-106

图 8-107

目标图像：在“目标”选项中显示了所选择匹配文件的名称。如果当前调整的图中有选区，勾选“应用调整时忽略选区”复选框，可以忽略图中的选区调整整张图像的颜色；不勾选“应用调整时忽略选区”复选框，可以调整图像中选区内的颜色，效果如图 8-108 和图 8-109 所示。图像选项：可以通过拖曳滑块来调整图像的明亮度、颜色强度、渐隐的数值，并设置“中和”选项，用来确定调整的方式。图像统计：用于设置图像的颜色来源。

图 8-108

图 8-109

8.2.7 课堂案例——制作特殊色彩的风景画

【案例学习目标】学习使用不同的调色命令调整风景画的颜色，使用特殊颜色处理命令制作特殊效果。

【案例知识要点】使用色调分离命令、曲线命令和混合模式命令调整图像颜色，使用阈值命令和通道混合器命令改变图像的颜色，效果如图 8-110 所示。

【效果所在位置】光盘/Ch08/效果/制作特殊色彩的风景画.psd。

图 8-110

1. 调整图片颜色

（1）按 Ctrl+O 组合键，打开光盘中的“Ch08 > 素材 > 制作特殊色彩的风景画 > 01”文件，如图 8-111 所示。将“背景”图层拖曳到“图层”控制面板下方的“创建新图层”按钮上进行复制，生成新的图层“背景 副本”，如图 8-112 所示。单击“背景 副本”图层左侧的眼睛图标，将该图层隐藏，如图 8-113 所示。

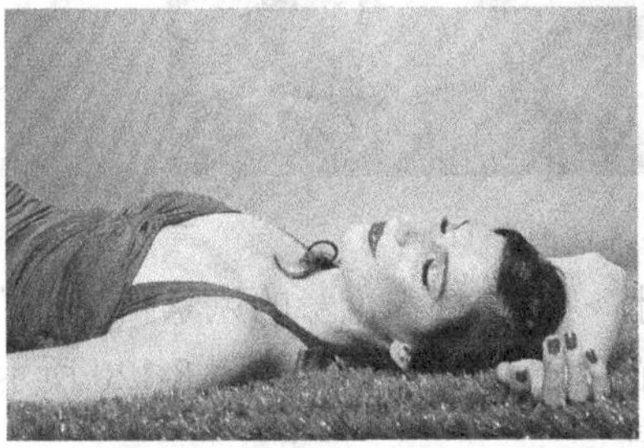

图 8-111

图 8-112

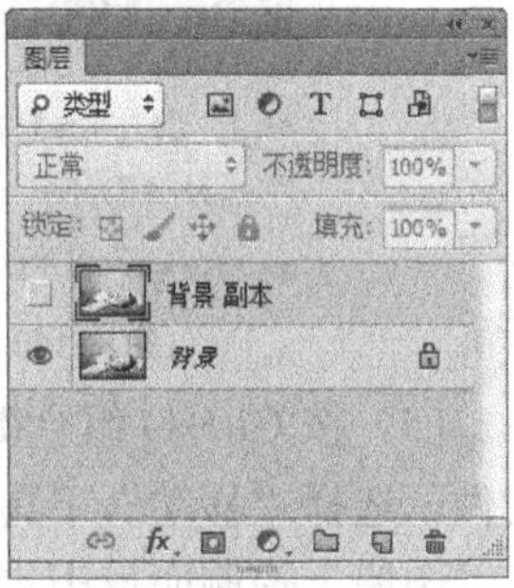

图 8-113

（2）选中“背景”图层。单击“图层”控制面板下方的“创建新的填充或调整图层”按钮，在弹出的菜单中选择“色调分离”命令，在“图层”控制面板中生成“色调分离 1”，同时弹出“色调分离”面板，选项的设置如图 8-114 所示。按 Enter 键，效果如图 8-115 所示。

图 8-114

图 8-115

（3）单击“图层”控制面板下方的“创建新的填充或调整图层”按钮 ，在弹出的菜单中选择“曲线”命令，在“图层”控制面板中生成“曲线 1”，同时在弹出的“曲线”面板中进行设置，如图 8-116 所示。按 Enter 键，效果如图 8-117 所示。

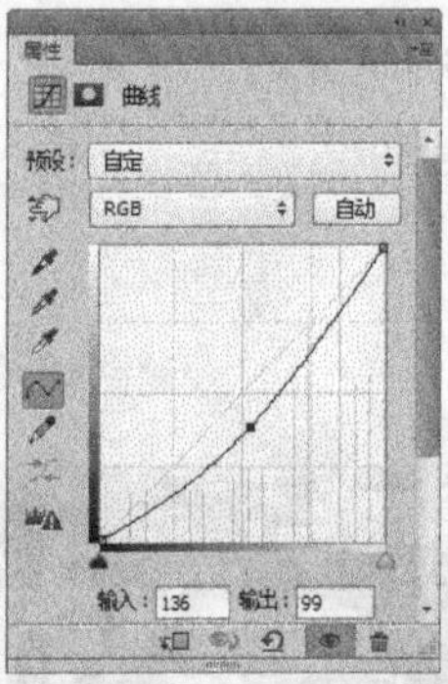

图 8-116

图 8-117

（4）选中并显示“背景 副本”图层。在“图层”控制面板上方将“背景 副本”图层的混合模式选项设为“正片叠底”，如图 8-118 所示，效果如图 8-119 所示。

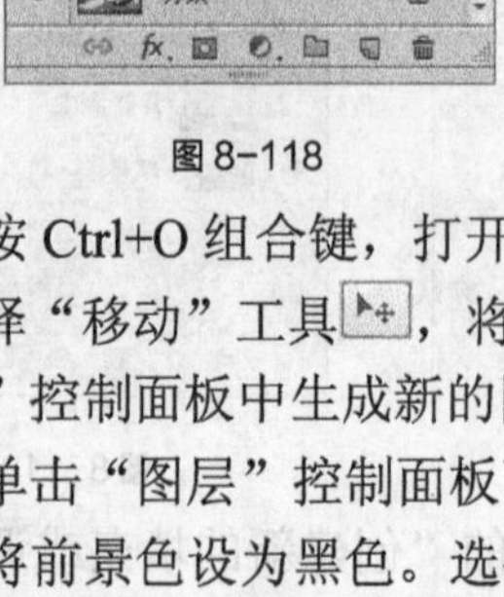

图 8-118

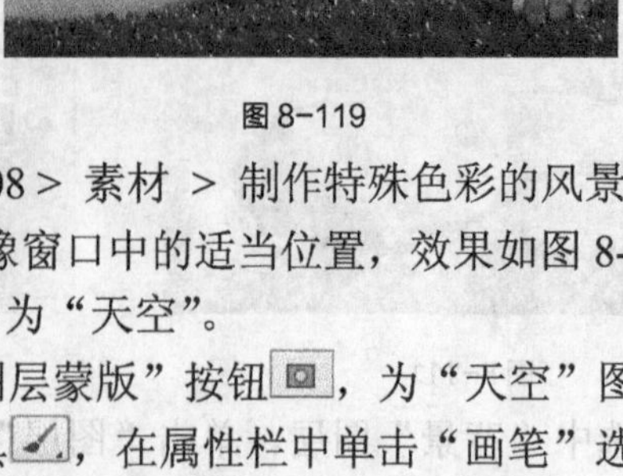

图 8-119

（5）按 Ctrl+O 组合键，打开光盘中的“Ch08 > 素材 > 制作特殊色彩的风景画 > 02”文件。选择“移动”工具 ，将图片拖曳到图像窗口中的适当位置，效果如图 8-120 所示。在“图层”控制面板中生成新的图层并将其命名为“天空”。

（6）单击“图层”控制面板下方的“添加图层蒙版”按钮 ，为“天空”图层添加图层蒙版，将前景色设为黑色。选择“画笔”工具 ，在属性栏中单击“画笔”选项右侧的按钮 ，在弹出的画笔选择面板中选择需要的画笔形状，其他选项的设置如图 8-121 所示。在天空图像上拖曳光标擦除不需要的图像，效果如图 8-122 所示。

图 8-120

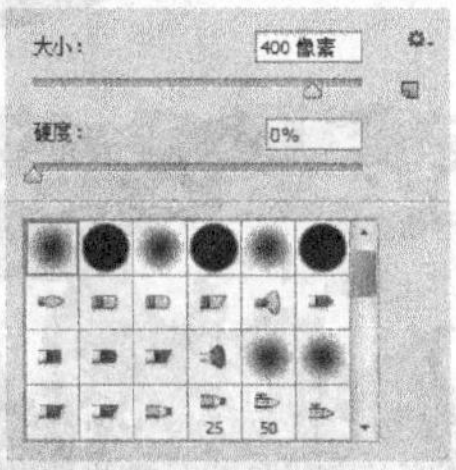

图 8-121

图 8-122

2. 调整图像整体颜色

（1）在“图层”控制面板中，按住 Shift 键并单击“背景”图层，选中“天空”图层和“背景”图层之间的所有图层，如图 8-123 所示。并将其拖曳到控制面板下方的“创建新图层”按钮上进行复制，生成新的副本图层。按 Ctrl+E 组合键，合并复制的图层并将其命名为“天空 副本”，如图 8-124 所示。选择菜单“图像 > 调整 > 去色”命令，将图片去色，效果如图 8-125 所示。

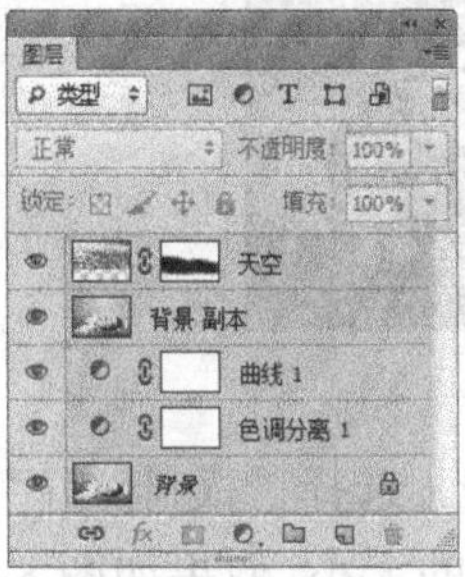

图 8-123

图 8-124

图 8-125

（2）在“图层”控制面板上方，将“天空 副本”图层的混合模式选项设为“柔光”，如图 8-126 所示，效果如图 8-127 所示。

图 8-126

图 8-127

（3）单击“图层”控制面板下方的“创建新的填充或调整图层”按钮，在弹出的菜单中选择“阈值”命令，在“图层”控制面板中生成“阀值 1”，同时在弹出的“阀值”面板中进行设置，如图 8-128 所示。按 Enter 键，效果如图 8-129 所示。并将“阀值 1”图层的混合模式选项设为“柔光”，效果如图 8-130 所示。

（4）单击“图层”控制面板下方的“创建新的填充或调整图层”按钮，在弹出的菜单中选择“通道混合器”命令，在“图层”控制面板中生成“通道混合器 1”，同时在弹出的“通道混合器”面板中进行设置，如图 8-131 所示。按 Enter 键，效果如图 8-132 所示。

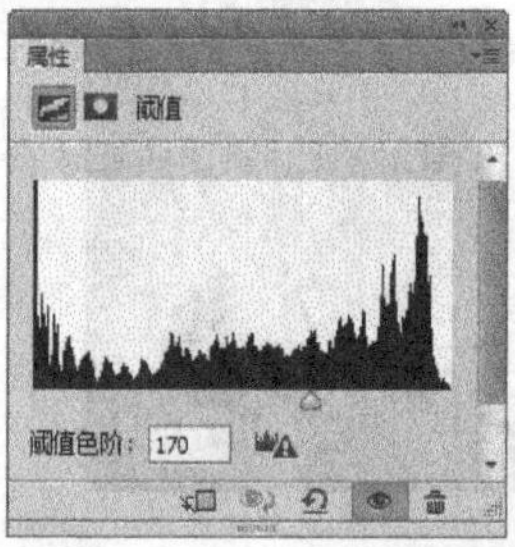

图 8-128

图 8-129

图 8-130

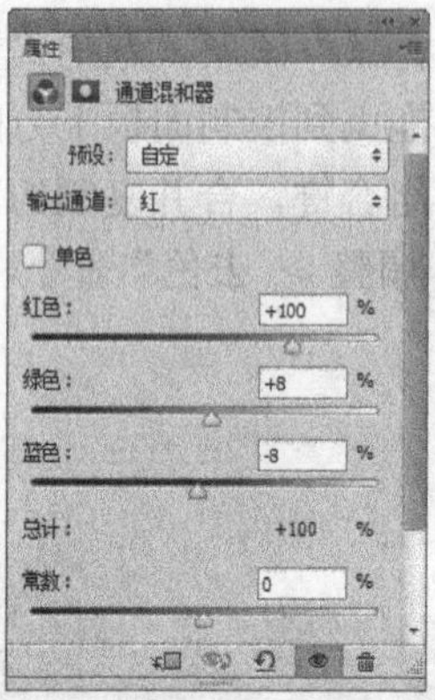

图 8-131

图 8-132

（5）将前景色设为深棕色（其 R、G、B 的值分别为 40、3、6）。选择“横排文字”工具T，分别输入需要的文字，在属性栏中选择合适的字体并设置文字的大小，效果如图 8-133 所示。在“图层”控制面板中生成新的文字图层。

（6）在“图层”控制面板上方，将“SKY”图层的混合模式选项设为“叠加”，图像效果如图 8-134 所示。用相同的方法调整其他文字图层的混合模式，效果如图 8-135 所示。至此，特殊色彩的风景画制作完成。

图 8-133

图 8-134

图 8-135

8.3 课堂练习——制作人物照片

【练习知识要点】使用色阶命令、自然饱和度、渐变映射命令、滤镜库命令改变图片的颜色，效果如图 8-136 所示。

【效果所在位置】光盘/Ch08/效果/制作人物照片.psd。

图 8-136

8.4 课后习题——制作吉他广告

【习题知识要点】使用去色命令将图像去色，图层混合模式命令、使用色阶命令、阈值命令调整图片的效果，使用自定义形状工具制作图案，效果如图 8-137 所示。

【效果所在位置】光盘/Ch08/效果/制作吉他广告.psd。

图 8-137

Photoshop CS6

9 Chapter

第 9 章 图层的应用

本章将主要介绍图层的基本应用知识及技巧，讲解图层的基本概念、基本调整方法，以及混合模式、样式、智能对象图层等高级应用知识。通过本章的学习，可以用图层知识制作出多变的图像效果，可以对图像快速添加样式效果，还可以单独对智能对象图层进行编辑。

课堂学习目标

- 图层的混合模式
- 图层样式
- 新建填充和调整图层
- 图层复合、盖印图层与智能对象图层

9.1 图层的混合模式

图层的混合模式命令用于为图层添加不同的模式，使图层产生不同的效果。在“图层”控制面板中，“设置图层的混合模式”选项 正常 用于设定图层的混合模式，包含了 27 种模式。

打开一幅图像如图 9-1 所示，“图层”控制面板中的效果如图 9-2 所示。

在对“植物”图层应用不同的图层模式后，效果如图 9-3 所示。

图 9-1

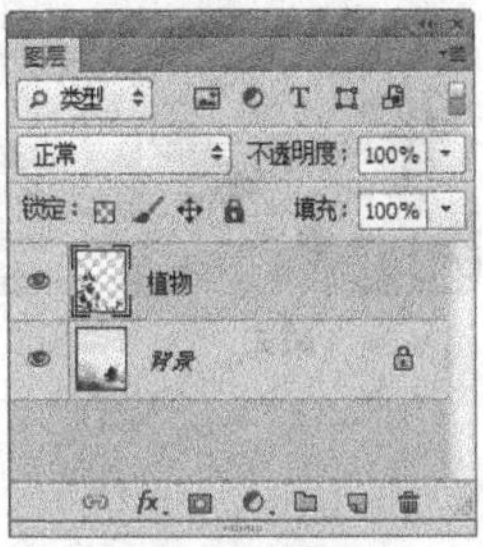

图 9-2

图 9-3

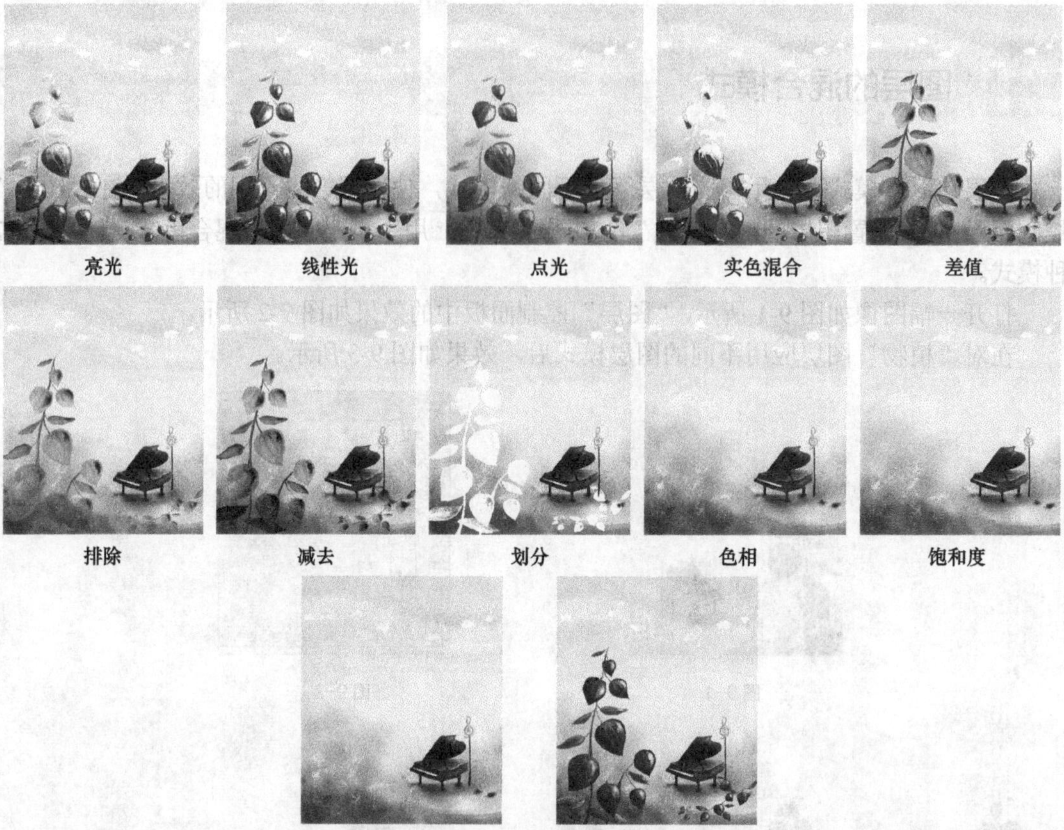

亮光　线性光　点光　实色混合　差值

排除　减去　划分　色相　饱和度

颜色　明度

图 9-3（续）

9.2 图层样式

图层特殊效果命令用于为图层添加不同的效果，使图层中的图像产生丰富的变化。

9.2.1 “样式”控制面板

“样式”控制面板用于存储各种图层特效，并将其快速地套用在要编辑的对象中，以节省操作步骤和操作时间。

选择要添加样式的文字，如图 9-4 所示。选择菜单“窗口 > 样式”命令，弹出“样式”控制面板，单击控制面板右上方的图标，在弹出的菜单中选择“Web 样式”命令，弹出提示对话框，如图 9-5 所示。单击“追加”按钮，样式被载入控制面板中，选择“黄色回环”样式，如图 9-6 所示。文字被添加上样式，效果如图 9-7 所示。

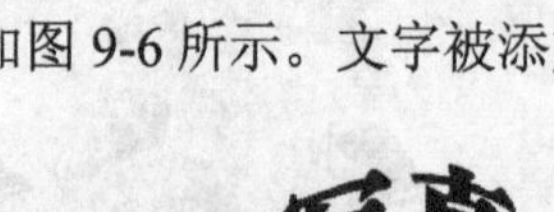

图 9-4

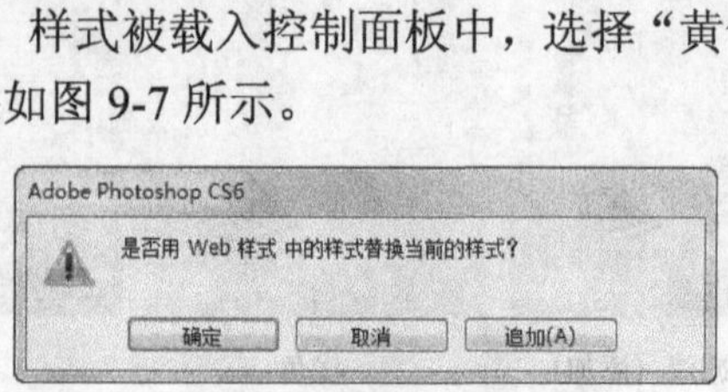

图 9-5

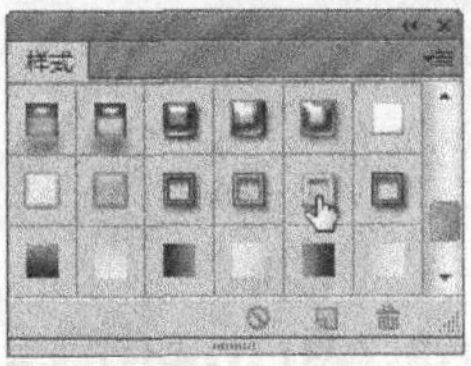

图 9-6

图 9-7

样式添加完成后，“图层”控制面板中的效果如图 9-8 所示。如果要删除其中某个样式，直接拖曳到控制面板下方的“删除图层”按钮上即可，如图 9-9 所示。删除后，效果如图 9-10 所示。

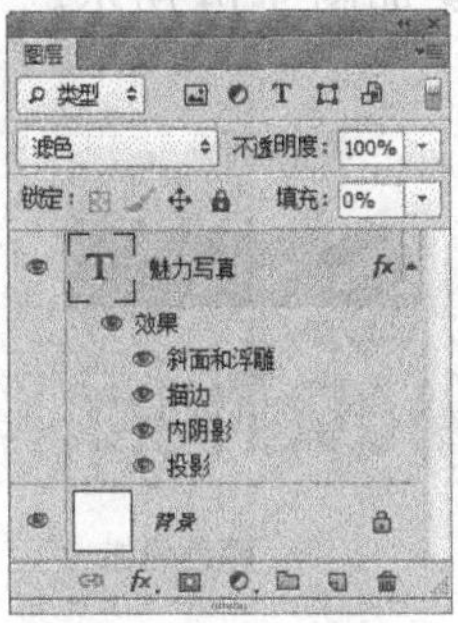

图 9-8

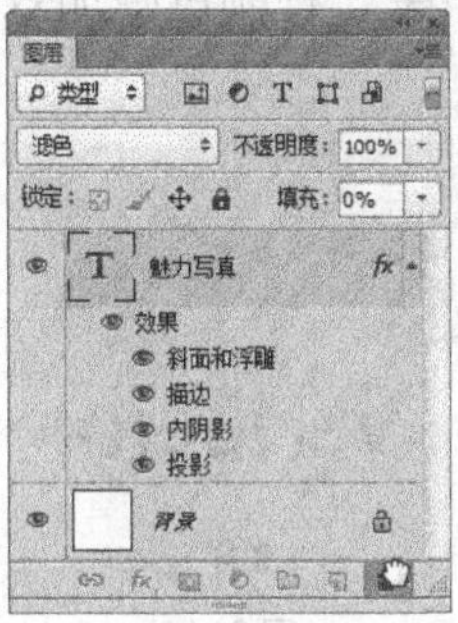

图 9-9

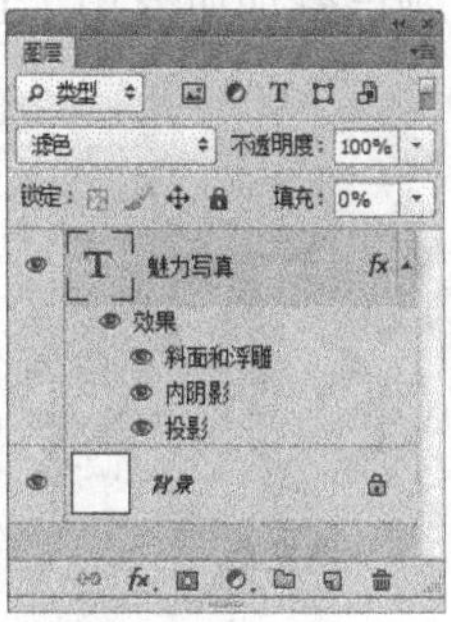

图 9-10

9.2.2 图层样式

Photoshop CS6 有多种图层样式可供选择，可单独为图像添加一种样式，还可同时为图像添加多种样式。

单击“图层”控制面板右上方的图标，将弹出命令菜单，选择“混合选项”命令，弹出“混合选项”对话框，如图 9-11 所示。此对话框用于对当前图层进行特殊效果的处理，单击对话框左侧的任意选项，将弹出相应的效果对话框。

单击“图层”控制面板下方的“添加图层样式”按钮，弹出其菜单命令，如图 9-12 所示。

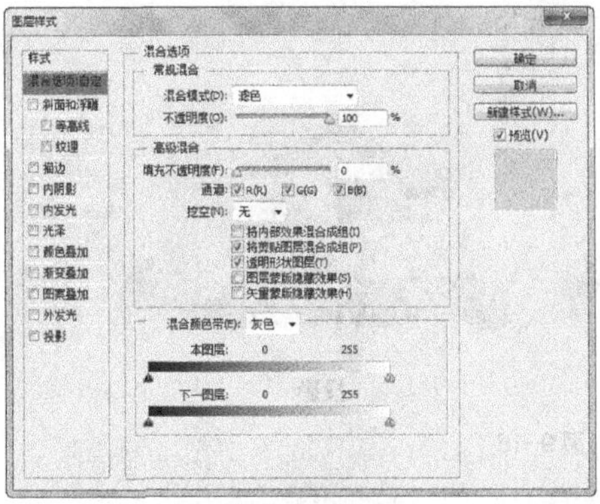

图 9-11

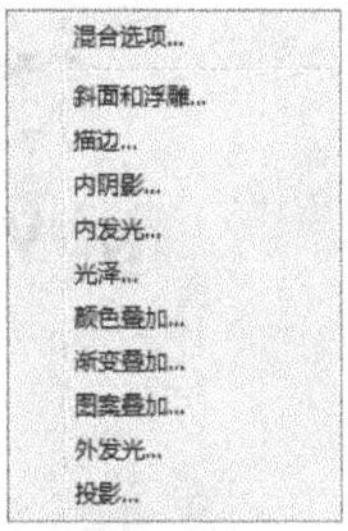

图 9-12

斜面和浮雕命令用于使图像产生一种倾斜与浮雕的效果，描边命令用于为图像描边，内阴影命令用于使图像内部产生阴影效果，效果如图 9-13 所示。

斜面和浮雕　　描边　　内阴影

图 9-13

内发光命令用于在图像的边缘内部产生一种辉光效果，光泽命令用于使图像产生一种光泽效果，颜色叠加命令用于使图像产生一种颜色叠加效果，效果如图 9-14 所示。

内发光　　光泽　　颜色叠加

图 9-14

渐变叠加命令用于使图像产生一种渐变叠加效果，图案叠加命令用于在图像上添加图案效果，效果如图 9-15 所示。外发光命令用于在图像的边缘外部产生一种辉光效果，投影命令用于使图像产生阴影效果，效果如图 9-16 所示。

渐变叠加　　图案叠加

图 9-15

外发光　　投影

图 9-16

9.2.3 课堂案例——制作金属效果

【案例学习目标】为文字添加不同的图层样式效果，制作文字的特殊效果。

【案例知识要点】使用横排文字工具添加文字，使用添加图层样式命令和剪贴蒙版命令制作文字效果，如图 9-17 所示。

图 9–17

【效果所在位置】光盘/Ch09/效果/制作金属效果.psd。

（1）按 Ctrl+O 组合键，打开光盘中的“Ch09 > 素材 > 制作金属效果 > 01”文件，如图 9-18 所示。将前景色设为深灰色（其 R、G、B 的值分别为 85、85、85）。选择“横排文字”工具 T ，输入需要的文字，在属性栏中选择合适的字体并设置文字大小，效果如图 9-19 所示。在控制面板中生成新的文字图层。

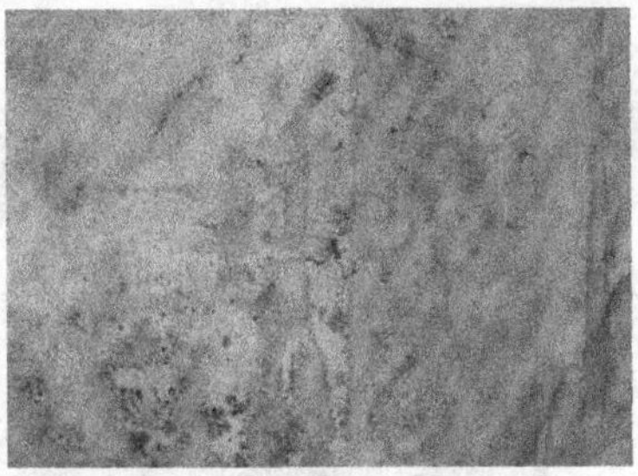

图 9–18

图 9–19

（2）单击“图层”控制面板下方的“添加图层样式”按钮 fx ，在弹出的菜单中选择“斜面和浮雕”命令，弹出对话框，选项的设置如图 9-20 所示。选择“内发光”选项，切换到相应的对话框，将内发光颜色设为黑色，选项的设置如图 9-21 所示。

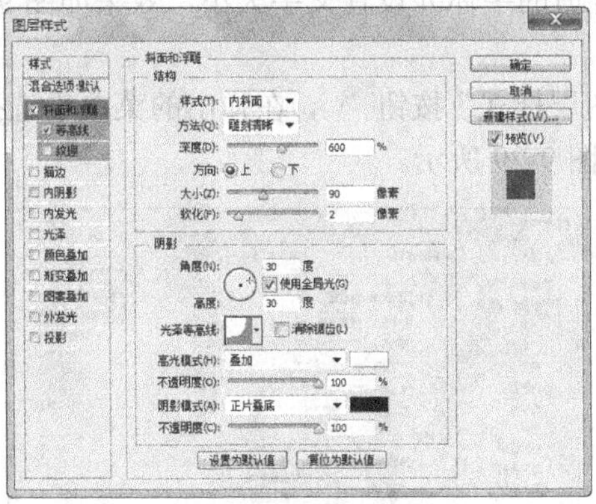

图 9–20

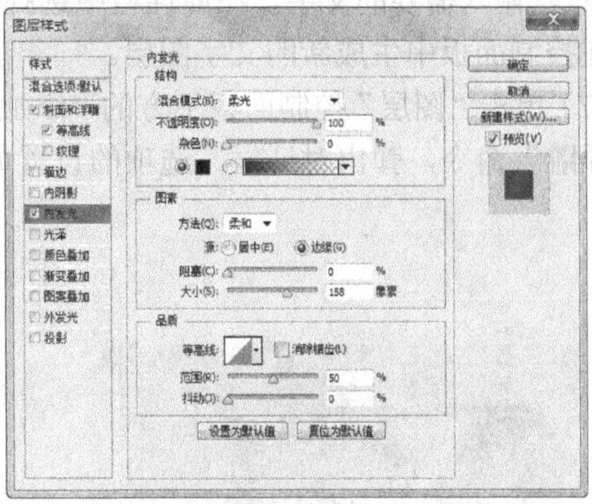

图 9–21

（3）选择“渐变叠加”选项，切换到相应的对话框，选项的设置如图 9-22 所示。选择“投影”选项，切换到相应的对话框，选项的设置如图 9-23 所示。单击“确定”按钮，效果如图 9-24 所示。

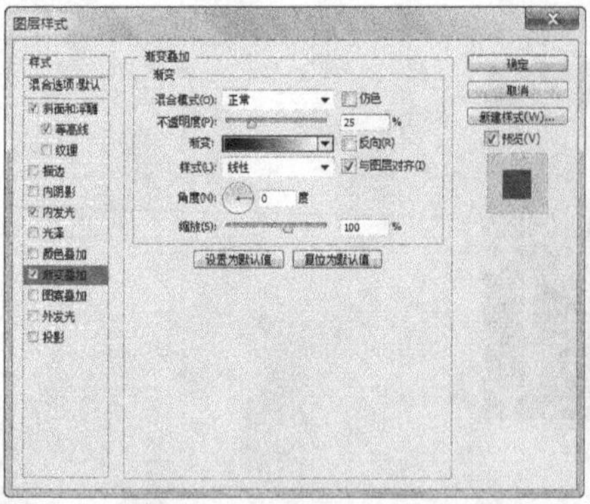

图 9-22

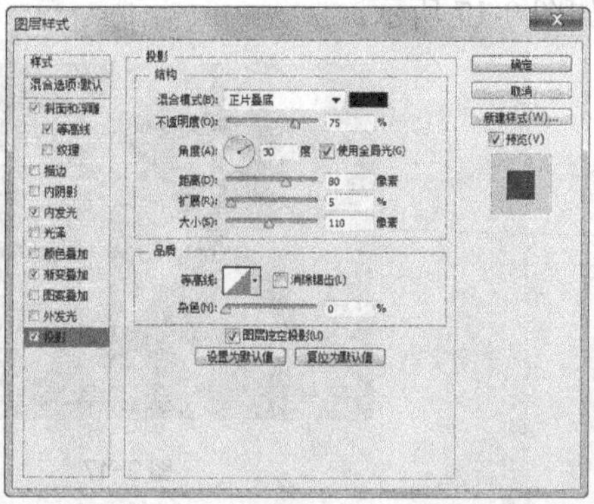

图 9-23

图 9-24

（4）按 Ctrl+O 组合键，打开光盘中的“Ch09＞ 素材 ＞ 制作金属效果 ＞02”文件。选择“移动”工具，将 02 图片拖曳到图像窗口中，如图 9-25 所示。在“图层”控制面板中生成新的图层并将其命名为“图片”。

（5）按住 Alt 键并将光标放在“X”图层和“图片”图层的中间，光标变为，如图 9-26 所示。单击创建剪贴蒙版，效果如图 9-27 所示。

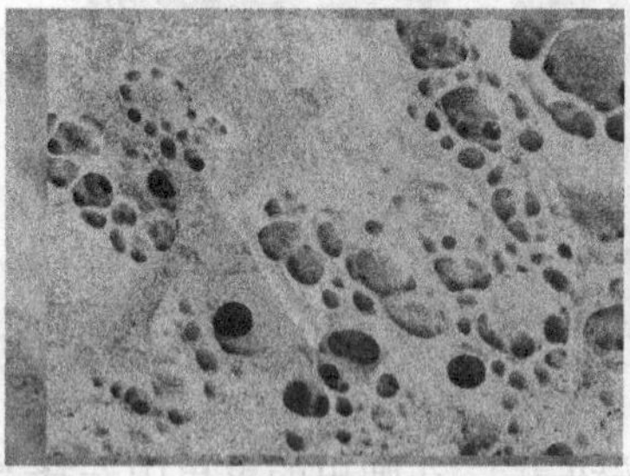

图 9-25

图 9-26

图 9-27

（6）将前景色设为深灰色（其 R、G、B 的值分别为 85、85、85）。选择“横排文字”工具，输入需要的文字，在属性栏中选择合适的字体并设置文字大小，效果如图 9-28 所示。在控制面板中生成新的文字图层。

（7）单击“图层”控制面板下方的“添加图层样式”按钮，在弹出的菜单中选择“斜面和浮雕”命令，弹出对话框，选项的设置如图 9-29 所示。

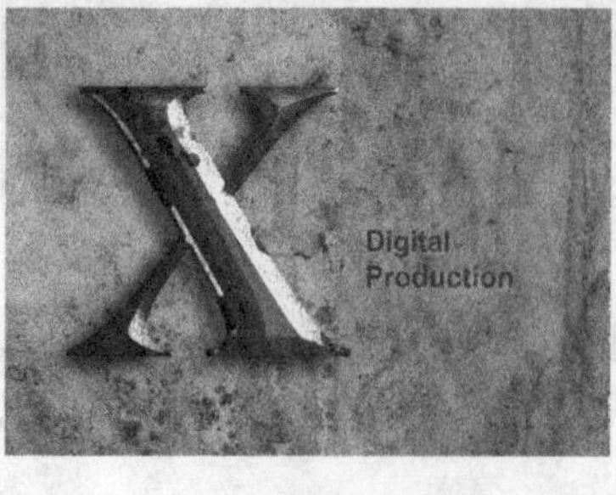

图 9-28

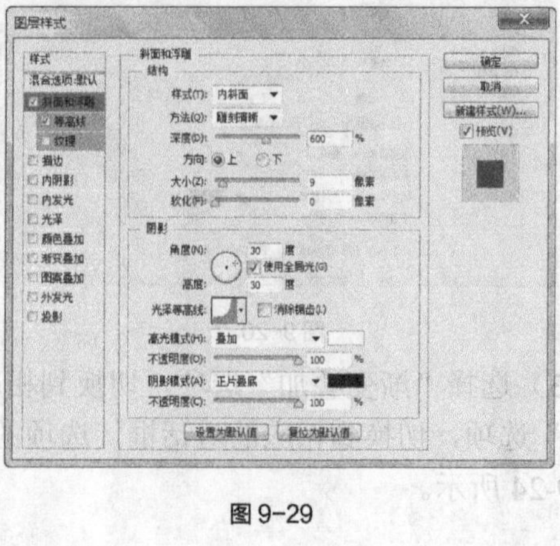

图 9-29

（8）选择“内发光”选项，切换到相应的对话框，将内发光颜色设为黑色，选项的设置如图 9-30 所示。选择“渐变叠加”选项，切换到相应的对话框，选项的设置如图 9-31 所示。

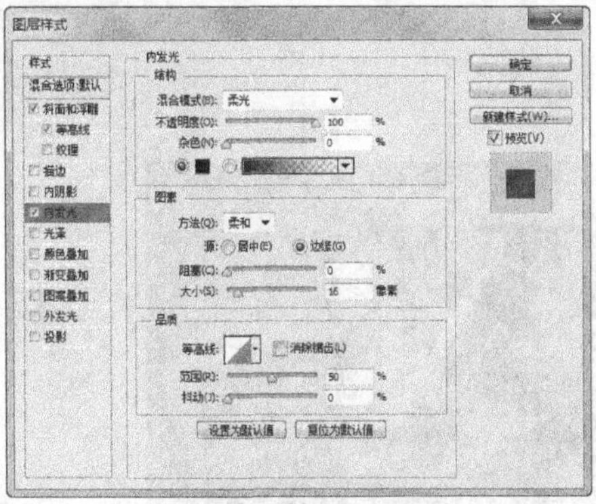

图 9-30

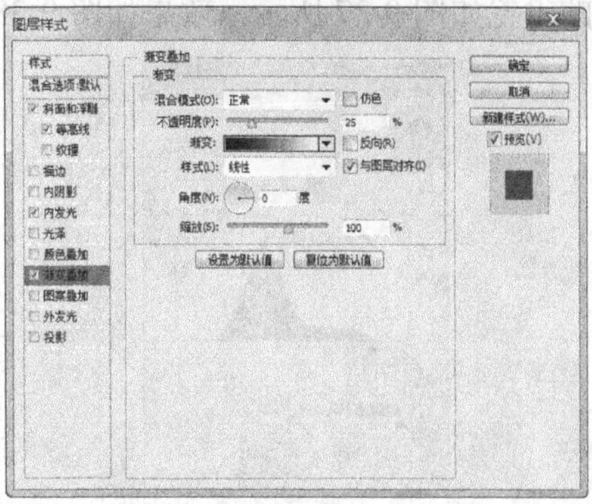

图 9-31

（9）选择“投影”选项，切换到相应的对话框，选项的设置如图 9-32 所示。单击“确定”按钮，效果如图 9-33 所示。

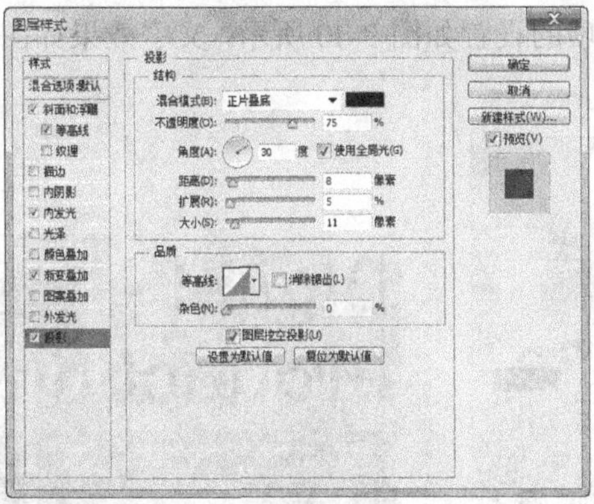

图 9-32

图 9-33

（10）按 Ctrl+O 组合键，打开光盘中的“Ch09 > 素材 > 制作金属效果 > 02”文件。选择“移动”工具，将 02 图片拖曳到图像窗口中，如图 9-34 所示。在“图层”控制面板中生成新的图层并将其命名为“图片 副本”。

（11）按住 Alt 键并将光标放在“Digital Production”图层和“图片 副本”图层的中间，光标变为，如图 9-35 所示。单击创建剪贴蒙版，效果如图 9-36 所示。

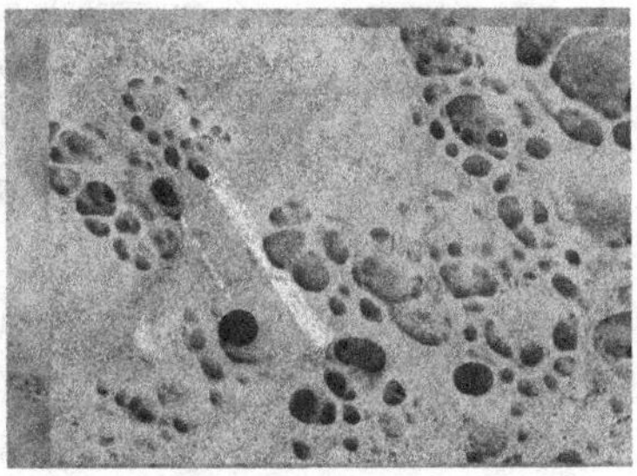

图 9-34

图 9-35

图 9-36

（12）单击“图层”控制面板下方的“创建新的填充或调整图层”按钮 ◉.，在弹出的菜单中选择“色阶”命令，在“图层”控制面板中生成“色阶 1”，同时弹出“色阶”面板，选项的设置如图 9-37 所示，效果如图 9-38 所示。

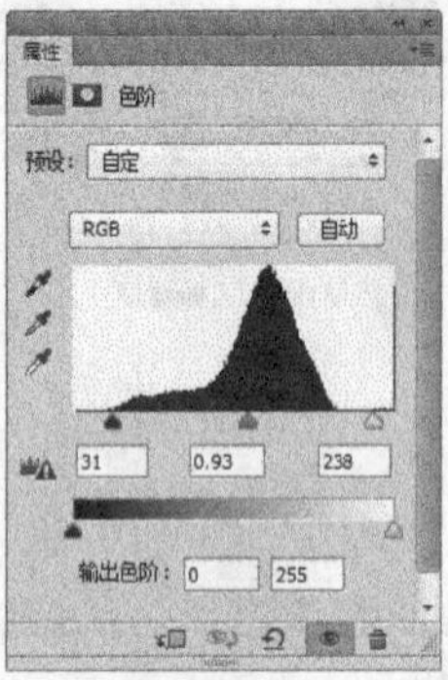

图 9-37

图 9-38

（13）将前景色设为黑色。选择“横排文字”工具 T，输入需要的文字，在属性栏中选择合适的字体并设置文字大小，效果如图 9-39 所示，在控制面板中生成新的文字图层。选择“窗口 > 字符”命令，弹出“字符”面板，选项的设置如图 9-40 所示，文字效果如图 9-41 所示。

图 9-39

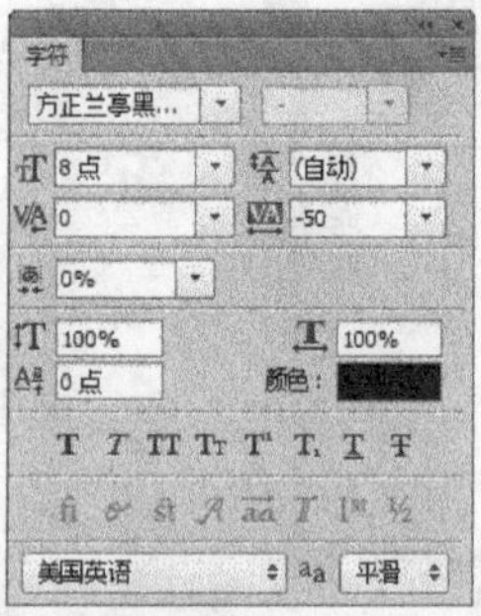

图 9-40

图 9-41

（14）将前景色设为黑色。选择“横排文字”工具 T，输入需要的文字，在属性栏中选择合适的字体并设置文字大小，效果如图 9-42 所示。在控制面板中生成新的文字图层。选择“窗口 > 字符”命令，弹出“字符”面板，选项的设置如图 9-43 所示，文字效果如图 9-44 所示。至此，金属效果制作完成。

图 9-42

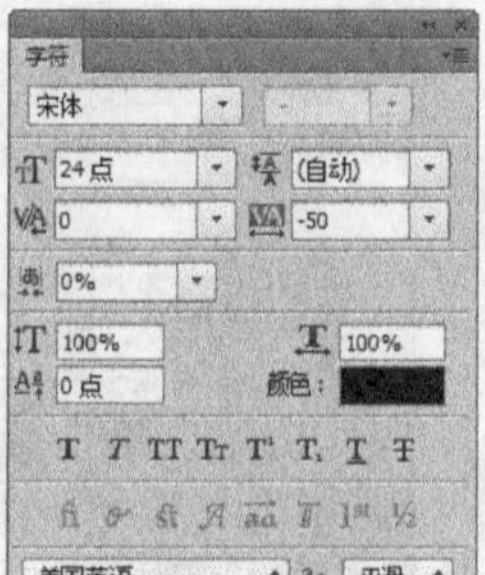

图 9-43

图 9-44

9.3 新建填充和调整图层

应用填充和调整图层命令可以通过多种方式对图像进行填充和调整，使图像产生不同的效果。

9.3.1 填充图层

图 9-45

当需要新建填充图层时，选择菜单“图层 > 新建填充图层”命令，或单击“图层”控制面板下方的“创建新的填充和调整图层”按钮，弹出填充图层的 3 种方式，如图 9-45 所示。选择其中的一种方式，将弹出“新建图层”对话框，如图 9-46 所示。单击“确定”按钮，将根据选择的填充方式弹出不同的填充对话框。以“渐变填充”为例，如图 9-47 所示单击“确定”按钮，“图层”控制面板和图像的效果如图 9-48 和图 9-49 所示。

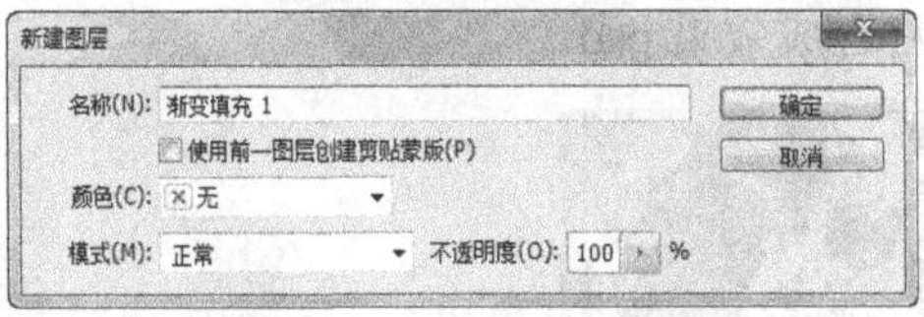

图 9-46

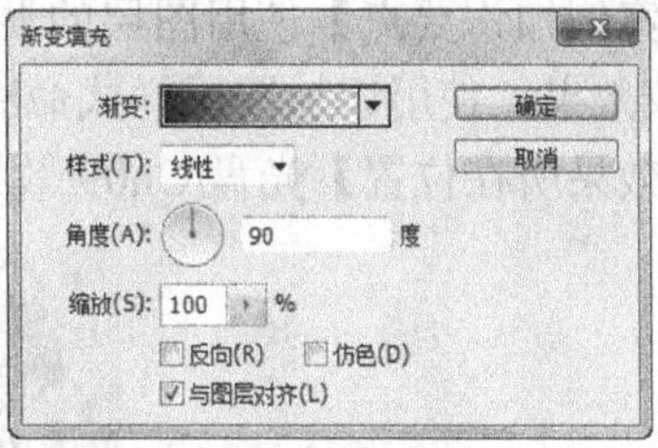

图 9-47

图 9-48

图 9-49

9.3.2 调整图层

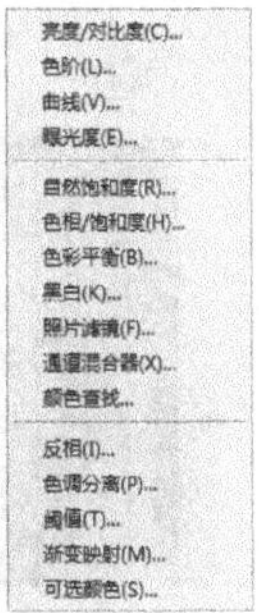

图 9-50

当需要对一个或多个图层进行色彩调整时，选择菜单“图层 > 新建调整图层”命令，或单击“图层”控制面板下方的“创建新的填充或调整图层”按钮，弹出调整图层的多种方式，如图 9-50 所示。选择其中的一种方式，将弹出“新建图层”对话框，如图 9-51 所示。选择不同的调整方式，将弹出不同的调整对话框。以“色相/饱和度”为例，如图 9-52 所示按 Enter 键，“图层”控制面板和图像的效果如图 9-53 和图 9-54 所示。

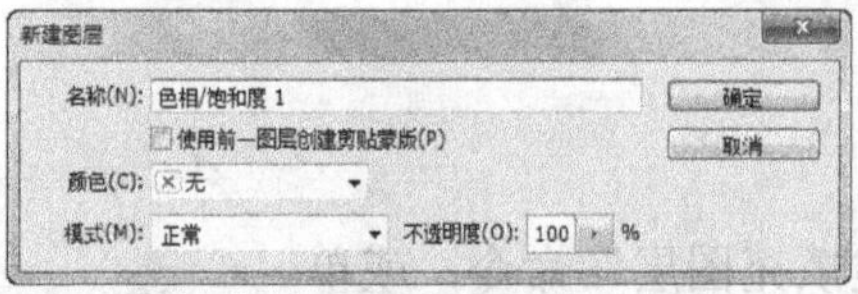

图 9-51

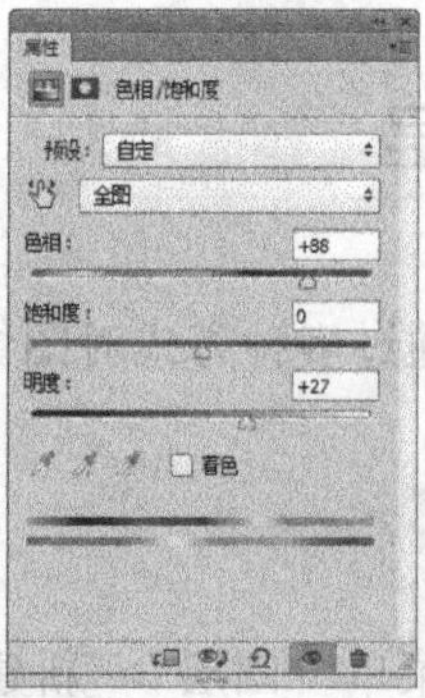

图 9-52

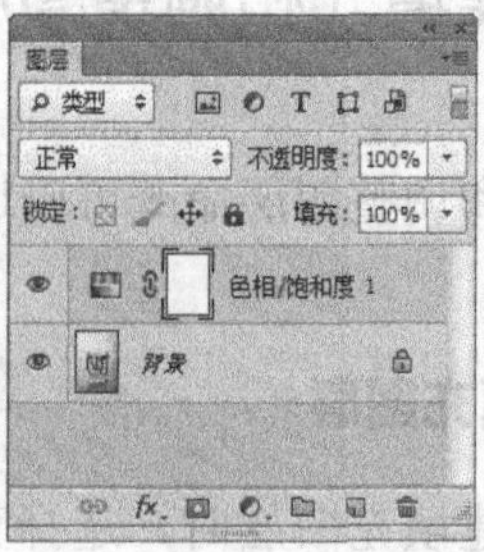

图 9-53

图 9-54

9.3.3 课堂案例——制作照片合成效果

【案例学习目标】学习使用填充和调整图层命令制作照片，使用图层样式命令为照片添加特殊效果。

【案例知识要点】使用图层的混合模式命令更改图像的显示效果，使用图案填充命令制作底纹效果，使用添加图层样式命令为人物图片添加阴影效果，效果如图 9-55 所示。

【效果所在位置】光盘/Ch09/效果/制作照片合成效果.psd。

图 9-55

（1）按 Ctrl+O 组合键，打开光盘中的“Ch09 > 素材 > 制作照片合成效果 > 01”文件，如图 9-56 所示。

（2）单击“图层”控制面板下方的“创建新的填充或调整图层”按钮 ，在弹出的菜单中选择“色阶”命令，在“图层”控制面板中生成“色阶 1”，同时弹出“色阶”面板，选项的设置如图 9-57 所示，效果如图 9-58 所示。

图 9-56

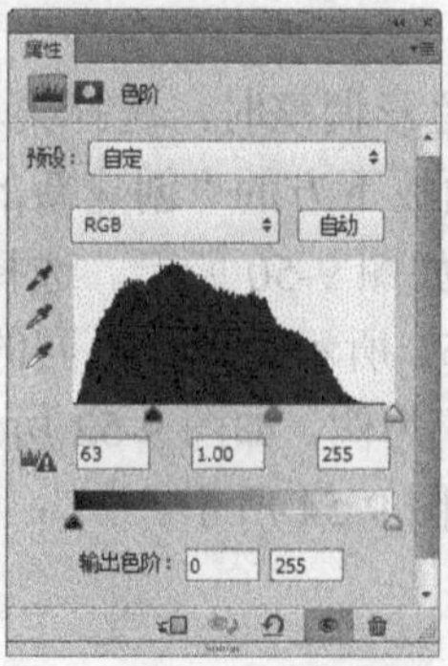

图 9-57

图 9-58

（3）单击“图层”控制面板下方的“创建新的填充或调整图层”按钮，在弹出的菜单中选择“图案填充”命令，在“图层”控制面板中生成“图案填充 1”，同时弹出“图案填充”面板。单击面板中的“形状”选项右侧的按钮，弹出“形状”面板，单击面板右上方的按钮，在弹出的菜单中选择“填充纹理 2”选项，弹出提示对话框，单击“追加”按钮。在“形状”面板中选中需要的图形，如图 9-59 所示。返回“图案填充”面板，选项的设置如图 9-60 所示。单击“确定”按钮，效果如图 9-61 所示。

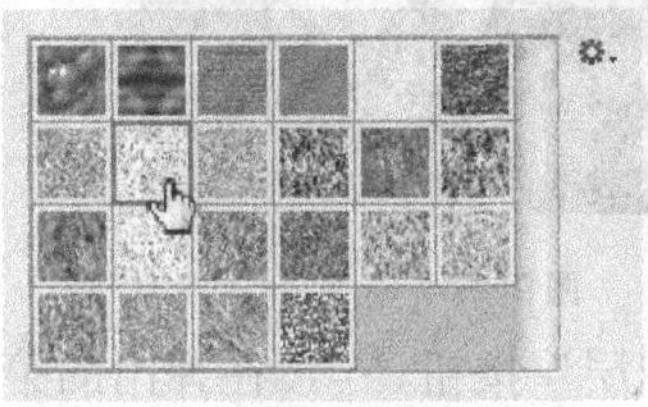

图 9-59

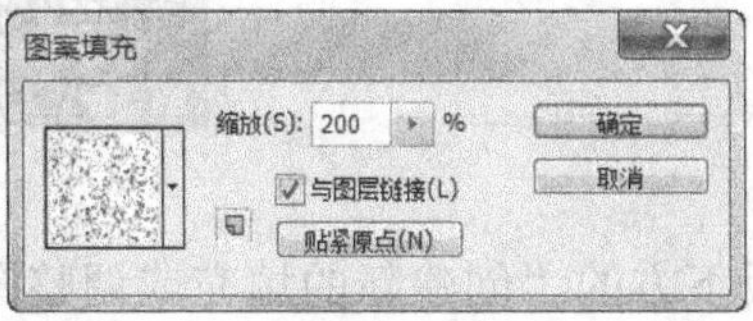

图 9-60

图 9-61

（4）在“图层”控制面板上方，将“图案填充 1”图层的混合模式设为“划分”，“不透明度”设为 60%，如图 9-62 所示，效果如图 9-63 所示。

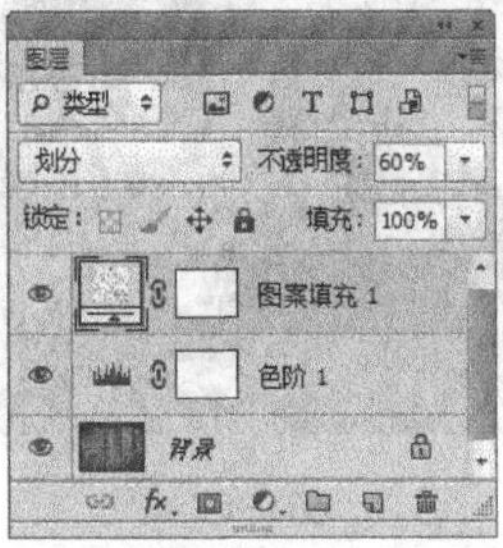

图 9-62

图 9-63

（5）按 Ctrl+O 组合键，打开光盘中的“Ch09 > 素材 > 制作照片合成效果 > 02”文件。选择“移动”工具，将 02 图片拖曳到图像窗口中，如图 9-64 所示。在“图层”控制面板中生成新的图层并将其命名为“花纹 1”。

（6）按 Ctrl+O 组合键，打开光盘中的“Ch09 > 素材 > 制作照片合成效果 > 03”文件。选择“移动”工具，将 03 图片拖曳到图像窗口中，如图 9-65 所示。在“图层”控制面板中生成新的图层并将其命名为“人物”。

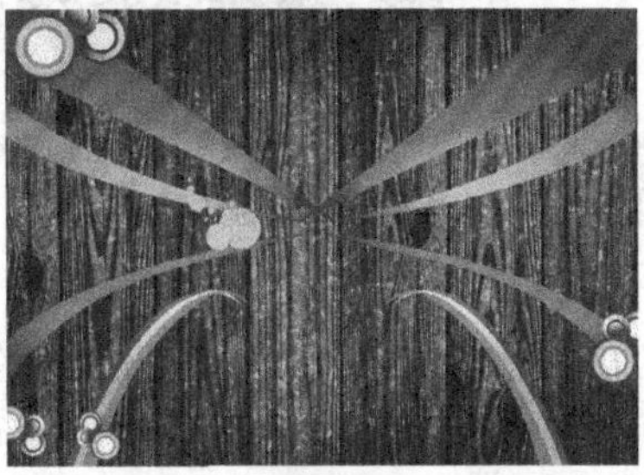

图 9-64

图 9-65

（7）单击“图层”控制面板下方的“添加图层样式”按钮，在弹出的菜单中选择“投影”命令，弹出对话框，选项的设置如图 9-66 所示。单击“确定”按钮，效果如图 9-67 所示。

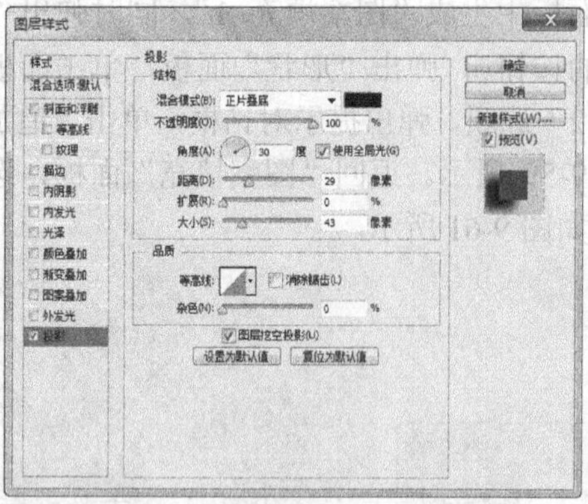

图 9-66

图 9-67

（8）单击“图层”控制面板下方的“创建新的填充或调整图层”按钮，在弹出的菜单中选择“色调分离”命令，在“图层”控制面板中生成“色调分离 1”，同时弹出“色调分离”面板，选项的设置如图 9-68 所示，效果如图 9-69 所示。

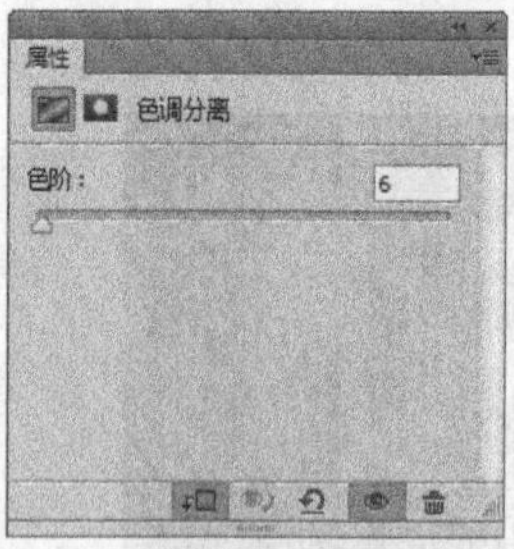

图 9-68

图 9-69

（9）在“图层”控制面板上方，将“色调分离 1”图层的混合模式选项设为“柔光”，图像窗口中的效果如图 9-70 所示。按住 Alt 键并将光标放在“人物”图层和“色调分离 1”图层的中间，光标变为，如图 9-71 所示。单击创建剪贴蒙版，效果如图 9-72 所示。

图 9-70

图 9-71

图 9-72

（10）单击“图层”控制面板下方的“创建新的填充或调整图层”按钮，在弹出的菜单中选择“色相/饱和度”命令，在“图层”控制面板中生成“色相/饱和度 1”，同时弹出“色相/饱和度”面板，选项的设置如图 9-73 所示，效果如图 9-74 所示。

（11）按 Ctrl+O 组合键，打开光盘中的“Ch09 > 素材 > 制作照片合成效果 > 04”文件。

选择“移动”工具，将 04 图片拖曳到图像窗口中，如图 9-75 所示。在“图层”控制面板中生成新的图层并将其命名为“花纹 2”。

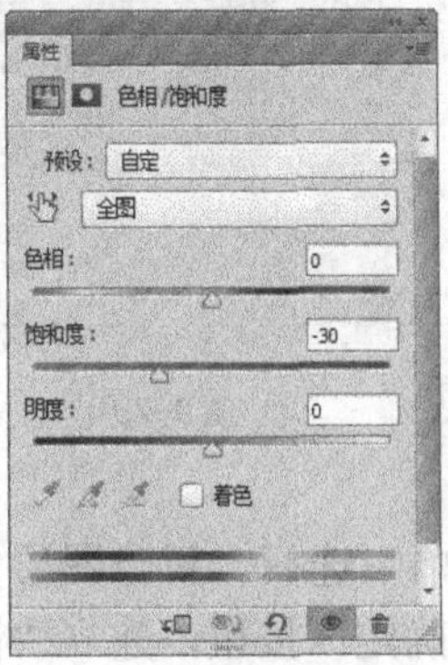

图 9-73

图 9-74

（12）按 Ctrl+O 组合键，打开光盘中的“Ch09 > 素材 > 制作照片合成效果 > 04”文件。选择“移动”工具，将 05 图片拖曳到图像窗口中，如图 9-76 所示。在“图层”控制面板中生成新的图层并将其命名为“花边”。至此，照片合成效果制作完成。

图 9-75

图 9-76

9.4 图层复合、盖印图层与智能对象图层

应用图层复合、盖印图层、智能对象图层命令可以提高制作图像的效率，快速地得到制作步骤的效果。

9.4.1 图层复合

将同一文件中的不同图层效果组合并另存为多个“图层效果组合”，可以对不同的图层复合中的效果进行比对。

1. 图层复合与图层复合控制面板

“图层复合”控制面板可将同一文件中的不同图层效果组合并另存为多个“图层效果组合”，从而更加方便快捷地展示和比较不同图层组合设计的视觉效果。

设计好的图像效果如图 9-77 所示，“图层”控制面板中的效果如图 9-78 所示。选择菜单“窗口 > 图层复合”命令，弹出“图层复合”控制面板，如图 9-79 所示。

图 9-77

图 9-78

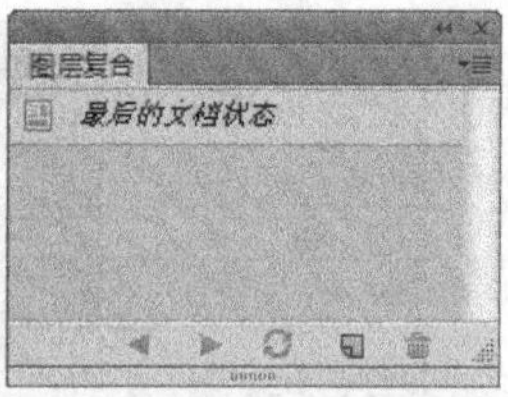

图 9-79

2. 创建图层复合

单击“图层复合”控制面板右上方的图标，在弹出式菜单中选择“新建图层复合”命令，弹出“新建图层复合”对话框，如图 9-80 所示。单击“确定”按钮，建立“图层复合 1”，如图 9-81 所示，其中存储的是当前的制作效果。

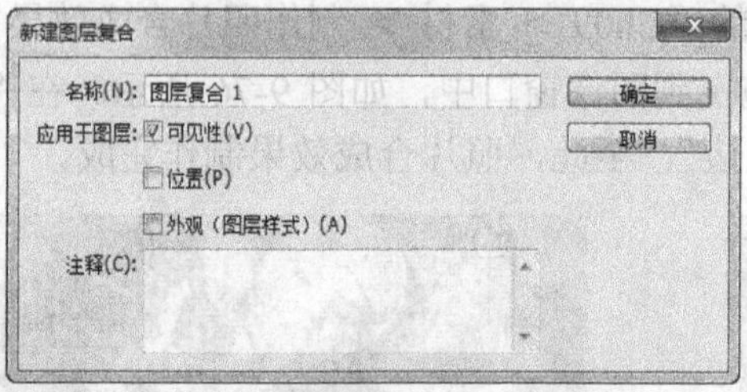

图 9-80

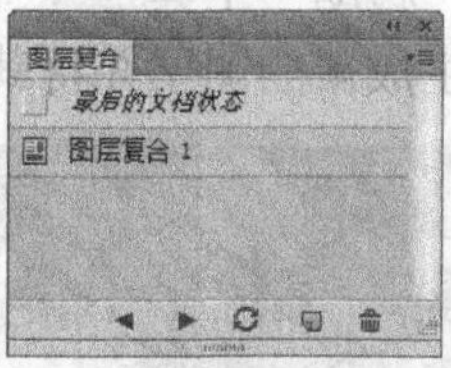

图 9-81

3. 应用和查看图层复合

进一步对图像进行修饰和编辑，效果如图 9-82 所示，“图层”控制面板如图 9-83 所示。选择“新建图层复合”命令，建立“图层复合 2”，如图 9-84 所示，其中存储的是修饰编辑后的制作效果。

图 9-82

图 9-83

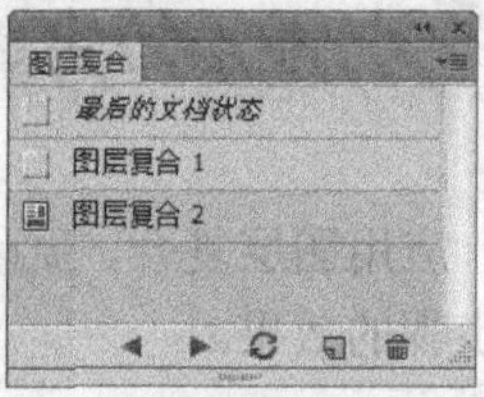

图 9-84

4. 导出图层复合

在“图层复合”控制面板中，单击“图层复合 1”左侧的方框，显示图标，如图 9-85 所示。可以观察“图层复合 1”中的图像，效果如图 9-86 所示。单击“图层复合 2”左侧的方框，显示图标，如图 9-87 所示。可以观察“图层复合 2”中的图像，效果如图 9-88 所示。

单击“应用选中的上一图层复合”按钮和“应用选中的下一图层复合”按钮，可以快速的对两次的图像编辑效果进行比较。

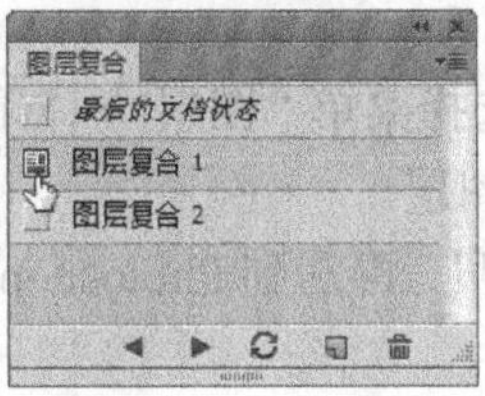

图 9-85

图 9-86

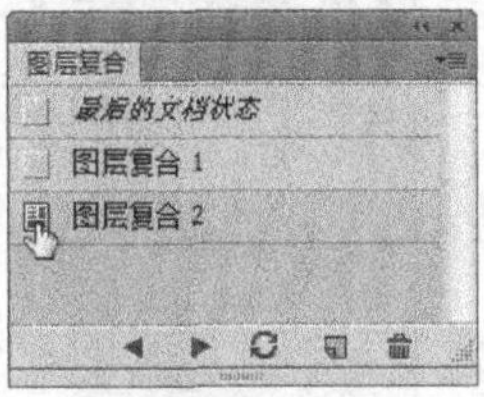

图 9-87

图 9-88

9.4.2 盖印图层

盖印图层是将图像窗口中所有当前显示出来的图像合并到一个新的图层中。

在“图层”控制面板中选中一个可见图层，如图 9-89 所示。选择 Ctrl+Alt+Shift+E 组合键，将每个图层中的图像复制并合并到一个新的图层中，如图 9-90 所示。

图 9-89

图 9-90

提示

在执行此操作时，必须选中一个可见的图层，否则将无法操作。

9.4.3 智能对象图层

智能对象全称为智能对象图层。智能对象可以将一个或多个图层，甚至一个矢量图形文件包含在 Photoshop 文件中。以智能对象形式嵌入 Photoshop 文件中的位图或矢量文件，与当前的 Photoshop 文件能够保持相对的独立性。当对 Photoshop 文件进行修改或对智能对象进行变形、旋转时，不会影响嵌入的位图或矢量文件。

1. 创建智能对象

使用置入命令：选择菜单“文件 > 置入”命令为当前的图像文件置入一个矢量文件或位图文件。

使用转换为智能对象命令：选中一个或多个图层后，选择菜单“图层 > 智能对象 > 转换为智能对象”命令，可以将选中的图层转换为智能对象图层。

使用粘贴命令：在 Illustrator 软件中对矢量对象进行拷贝，再回到 Photoshop 软件中将拷贝的对象进行粘贴。

2. 编辑智能对象

智能对象以及“图层”控制面板中的效果如图 9-91 和图 9-92 所示。

图 9-91

图 9-92

双击“人物”图层的缩览图，Photoshop CS6 将打开一个新文件，即智能对象“人物”，如图 9-93 所示。此智能对象文件包含 1 个普通图层，如图 9-94 所示。

图 9-93

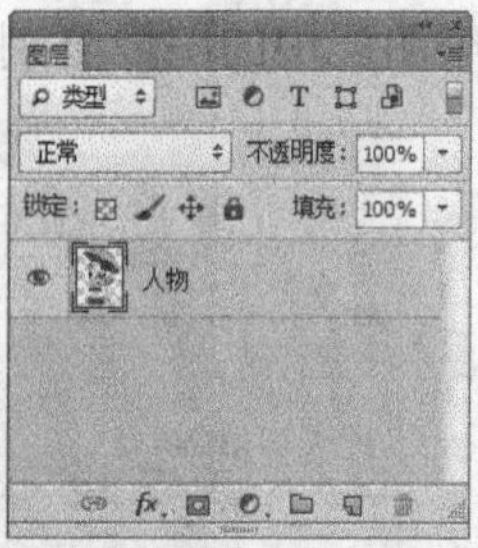

图 9-94

在智能对象文件中对图像进行修改并保存，效果如图 9-95 所示。修改操作将影响嵌入此智能对象文件图像的最终效果，如图 9-96 所示。

图 9-95

图 9-96

9.5 课堂练习——制作黄昏风景画

【练习知识要点】使用纯色命令、图层混合模式选项、色相/饱和度命令、通道混合器命令制作黄昏风景画效果，使用横排文字工具，添加图层样式命令制作文字特殊效果，如图 9-97 所示。

【效果所在位置】光盘/Ch09/效果/制作黄昏风景画.psd。

图 9-97

9.6 课后习题——制作网页播放器

【习题知识要点】使用圆角矩形工具、添加图层样式按钮、自定义形状工具制作按钮图形，使用横排文字工具添加文字，效果如图 9-98 所示。

【效果所在位置】光盘/Ch09/效果/制作网页播放器.psd。

图 9-98

Photoshop CS6

10 Chapter

第 10 章 文字的使用

本章将主要介绍 photoshop CS6 中文字的输入以及编辑方法。通过本章的学习，可了解并掌握文字的功能及特点，快速地掌握点文字、段落文字的输入方法，变形文字的设置以及路径文字的制作。

课堂学习目标

- 文字的输入与编辑
- 文字变形效果
- 在路径上创建并编辑文字

10.1 文字的输入与编辑

应用文字工具输入文字并使用字符控制面板对文字进行编辑。

10.1.1 文字工具

选择“横排文字”工具或按 T 键，其属性栏状态如图 10-1 所示。

图 10-1

切换文本取向：用于选择文字输入的方向。

宋体 Regular：用于设定文字的字体及属性。

12点：用于设定字体的大小。

锐利：用于消除文字的锯齿，包括无、锐利、犀利、浑厚和平滑 5 个选项。

：用于设定文字的段落格式，分别是左对齐、居中对齐和右对齐。

：用于设置文字的颜色。

创建文字变形：用于对文字进行变形操作。

切换字符和段落面板：用于打开“段落”和“字符”控制面板。

取消所有当前编辑：用于取消对文字的操作。

提交所有当前编辑：用于确定对文字的操作。

选择“直排文字”工具，可以在图像中建立垂直文本，创建垂直文本工具属性栏和创建文本工具属性栏的功能基本相同。

10.1.2 建立点文字

建立点文字图层就是以点的方式建立文字图层。

将“横排文字”工具移动到图像窗口中，光标变为。在图像窗口中单击，此时出现一个文字的插入点，如图 10-2 所示。输入需要的文字，会显示在图像窗口中，效果如图 10-3 所示。在输入文字的同时，“图层”控制面板中将自动生成一个新的文字图层，如图 10-4 所示。

图 10-2

图 10-3

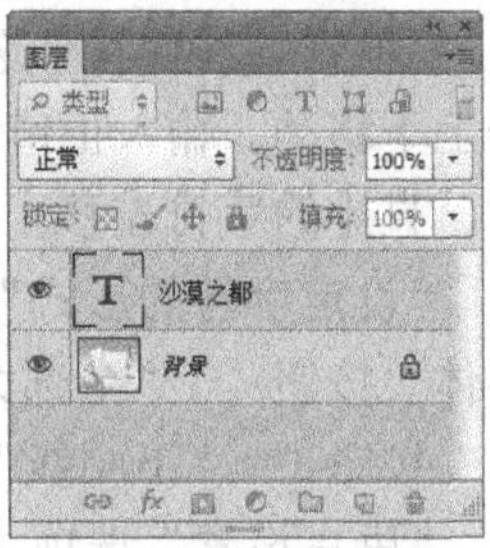

图 10-4

10.1.3 输入段落文字

建立段落文字图层就是以段落文字框的方式建立文字图层。将“横排文字”工具移动到图像窗口中，光标变为[]。单击并按住鼠标左键不放，拖曳在图像窗口中创建一个段落定界框，如图 10-5 所示。插入点显示在定界框的左上角，段落定界框具有自动换行的功能，如果输入的文字较多，则当文字遇到定界框时会自动换到下一行显示，效果如图 10-6 所示。

如果输入的文字需要分段落，可以按 Enter 键进行操作，还可以对定界框进行旋转、拉伸等操作。

图 10-5

图 10-6

10.1.4 字符设置

“字符”控制面板用于编辑文本字符。选择“窗口 > 字符”命令，弹出“字符”控制面板，如图 10-7 所示。

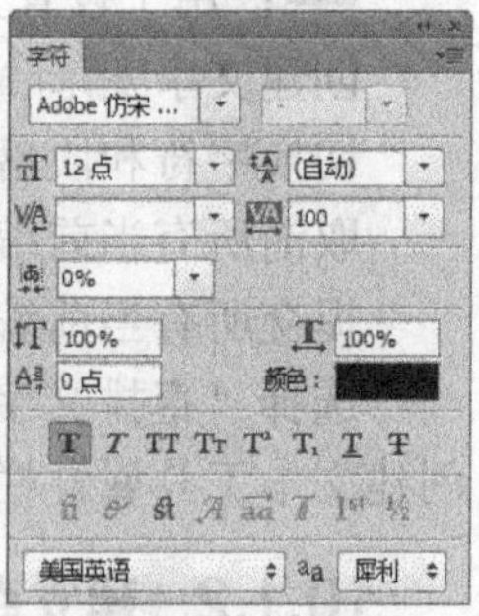

图 10-7

“设置字体系列”选项 Adobe 仿宋 ...：选中字符或文字图层，单击选项右侧的按钮，在弹出的下拉菜单中选择需要的字体。

“设置字体大小”选项 12 点：选中字符或文字图层，在选项的数值框中输入数值，或单击选项右侧的按钮，在弹出的下拉菜单中选择需要的字体大小数值。

“垂直缩放”选项 100%：选中字符或文字图层，在选项的数值框中输入数值，可以调整字符的长度。

“设置所选字符的比例间距”选项 0%：选中字符或文字图层，在选项的数值框中选择百分比数值，可以对所选字符的比例间距进行细微的调整。

“设置所选字符的字距调整”选项 100：选中需要调整字距的文字段落或文字图层，在选项的数值框中输入数值，或单击选项右侧的按钮，在弹出的下拉菜单中选择需要的字距数值，可以调整文本段落的字距。输入正值时，字距加大；输入负值时，字距缩小。

“设置基线偏移”选项 0 点：选中字符，在选项的数值框中输入数值，可以调整字符上下移动。输入正值时，横排的字符上移，直排的字符右移；输入负值时，横排的字符下移，直排的字符左移。

“设定字符的形式”按钮：从左到右依次为“仿粗体”按钮、“仿斜体”按钮、“全部大写字母”按钮、“小型大写字母”按钮、“上标”按钮、“下标”按钮、“下画线”按钮和“删除线”按钮。

“语言设置”选项 美国英语：单击选项右侧的按钮，在弹出的下拉菜单中选择需要的语言字典。选择字典主要用于拼写检查和连字的设定。

“设置字体样式”选项 Regular：选中字符或文字图层，单击选项右侧的按钮，在弹出的下拉菜单中选择需要的字型。

“设置行距”选项 (自动)：选中需要调整行距的文字段落或文字图层，在选项的数值框中输入数值，或单击选项右侧的按钮，在弹出的下拉菜单中选择需要的行距数值，可以调整文本段落的行距。

“水平缩放”选项：选中字符或文字图层，在选项的数值框中输入数值，可以调整字符的宽度。

“设置两个字符间的字距微调”选项：使用文字工具在两个字符间单击，插入光标，在选项的数值框中输入数值，或单击选项右侧的按钮，在弹出的下拉菜单中选择需要的字距数值。输入正值时，字符的间距会加大；输入负值时，字符的间距会缩小。

“设置文本颜色”选项：选中字符或文字图层，在颜色框中单击，弹出“拾色器”对话框，在对话框中设定需要的颜色后，单击“确定”按钮，可以改变文字的颜色。

“设置消除锯齿的方法”选项：可以选择无、锐利、犀利、浑厚和平滑 5 种消除锯齿的方式。

10.1.5 段落设置

“段落”控制面板用于编辑文本段落。选择菜单“窗口 > 段落”命令，弹出“段落”控制面板，如图 10-8 所示。

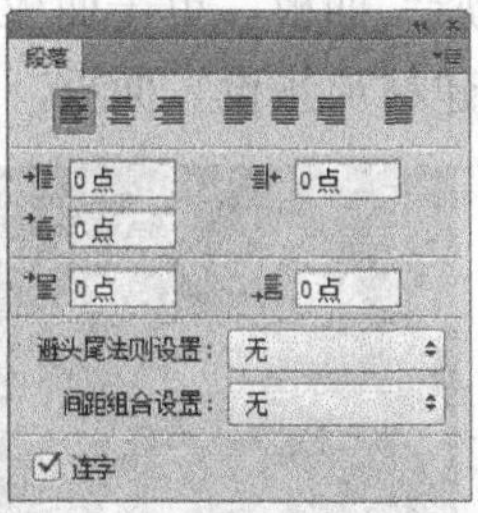

图 10-8

用于调整文本段落中每行的方式：左对齐、中间对齐、右对齐。用于调整段落的对齐方式：段落最后一行左对齐、段落最后一行中间对齐、段落最后一行右对齐。全部对齐：用于设置整个段落中的行两端对齐。左缩进：在选项中输入数值可以设置段落左端的缩进量。右缩进：在选项中输入数值可以设置段落右端的缩进量。首行缩进：在选项中输入数值可以设置段落第一行的左端缩进量。段前添加空格：在选项中输入数值可以设置当前段落与前一段落的距离。段后添加空格：在选项中输入数值可以设置当前段落与后一段落的距离。避头尾法则设置、间距组合设置：用于设置段落的样式。连字：用于确定文字是否与连字符链接。

10.1.6 栅格化文字

“图层”控制面板中文字图层的效果如图 10-9 所示。选择菜单“文字 > 栅格化文字图层”命令，可以将文字图层转换为图像图层，如图 10-10 所示。也可右键单击文字图层，在弹出的菜单中选择“栅格化文字”命令。

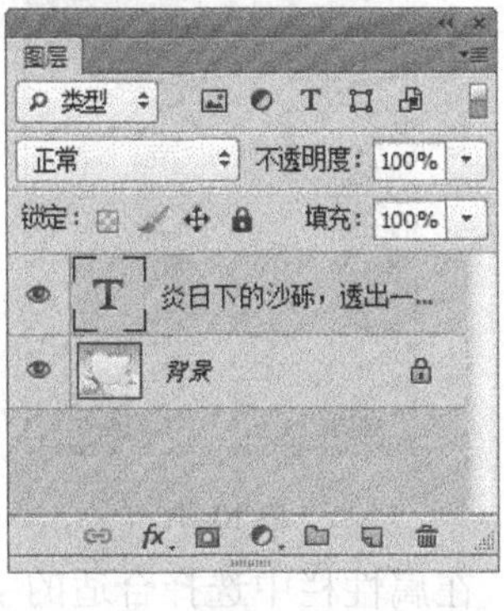

图 10-9

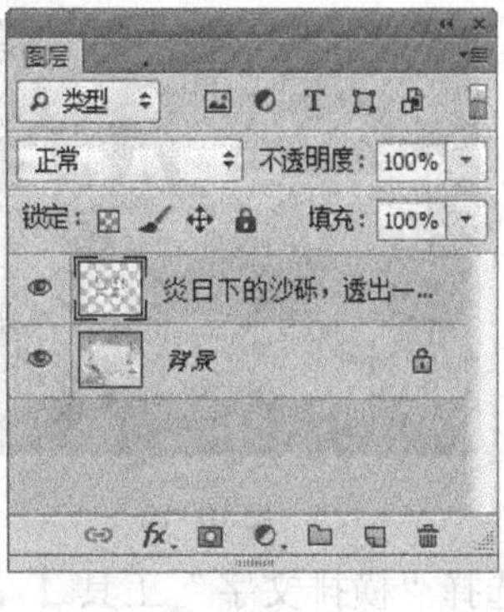

图 10-10

10.1.7 课堂案例——制作三维文字效果

【案例学习目标】学习使用文字工具输入段落文字及使用段落面板。

【案例知识要点】使用文字工具拖曳段落文本框，使用添加图层样式命令为文字添加特效效果，使用栅格化文字命令将文字图层转换为图像图层，使用波纹滤镜命令制作文字波纹效果，如图 10-11 所示。

图 10-11

【效果所在位置】光盘/Ch10/效果/制作三维文字效果.psd。

（1）按 Ctrl+O 组合键，打开光盘中的“Ch10 > 素材 > 制作三维文字效果 > 01”文件，如图 10-12 所示。在“图层”控制面板中，将“背景”图层拖曳到“创建新图层”按钮上进行复制，生成新的副本图层。

（2）选择“窗口 > 3D”命令，打开 3D 面板，如图 10-13 所示。单击“创建”按钮，将二维平面图像放在三维空间中。在 3D 面板中单击“显示所有材质”按钮，弹出“属性”面板，单击面板中的材质缩略图选项右侧的按钮，弹出“材质”面板，单击面板右上方的按钮，在弹出的菜单中选择“新建材质”选项，弹出“新建材质预设”面板，单击“确定”按钮，如图 10-14 所示。

图 10-12

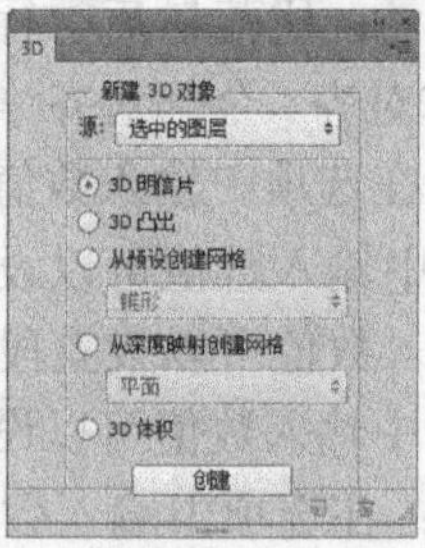

图 10-13

图 10-14

（3）将前景色设为白色。选择“横排文字”工具，分别输入需要的文字，在属性栏中选择合适的字体并设置文字大小，效果如图 10-15 所示。在“图层”控制面板中生成新的文字图层。选择“移动”工具，选择图层“TEXT”。选择“窗口 > 字符”命令，弹出“字符”面板，选项的设置如图 10-16 所示，文字效果如图 10-17 所示。用相同的方法调整其他文字字距，效果如图 10-18 所示。

图 10-15

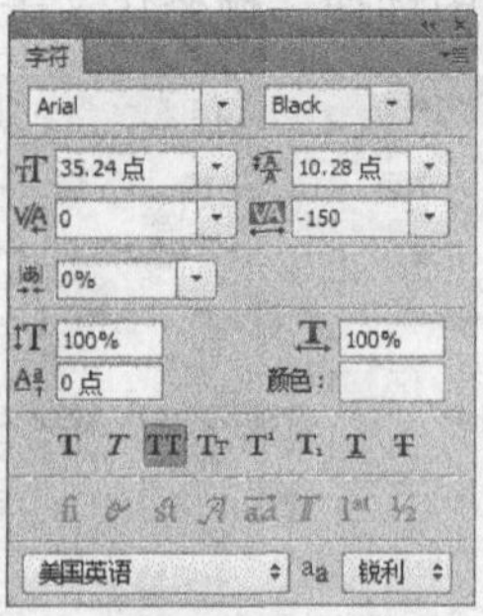

图 10-16

（4）选择“横排文字”工具，输入需要的文字，在属性栏中选择合适的字体并设置文字大小，效果如图 10-19 所示。在“图层”控制面板中生成新的文字图层。选择“窗口 > 字符”命令，弹出“字符”面板，选项的设置如图 10-20 所示，文字效果如图 10-21 所示。

图 10-17

图 10-18

图 10-19

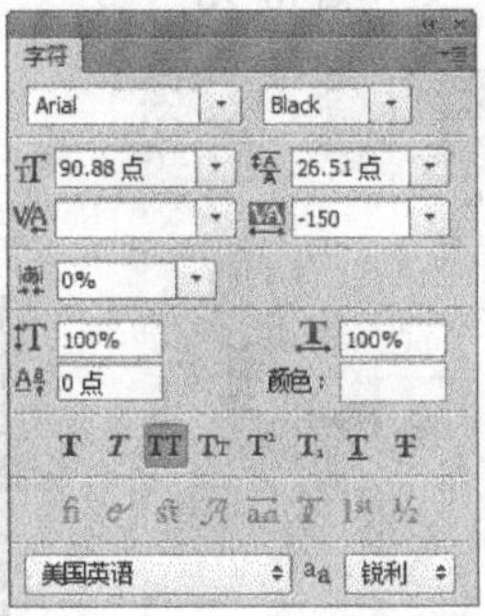

图 10-20

图 10-21

（5）选择“横排文字”工具，选取文字“R”，在属性栏中设置文字大小，效果如图 10-22 所示。用相同的方法调整其他文字大小，效果如图 10-23 所示。按住 Shift 键的同时将文字图层选取，如图 10-24 所示。选择“文字 > 栅格化文字图层”命令，将文字栅格化。按 Ctrl+E 组合键合并图层，并将其命名为“文字”。

图 10-22

图 10-23

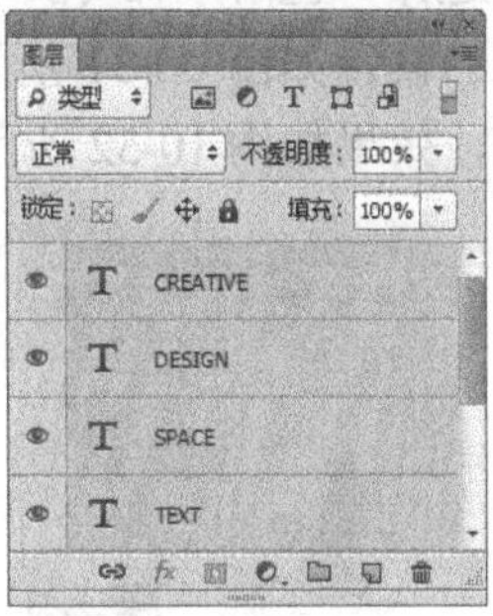

图 10-24

（6）选择“窗口 > 3D”，打开 3D 面板，如图 10-25 所示。单击“创建”按钮，将二维平面图像放在三维空间中。在 3D 面板中单击“显示所有场景元素”按钮，弹出“属性”面板，选项的设置如图 10-26 所示。单击“显示所有 3D 网格和 3D 凸出”按钮，在“属性”面板中进行设置，如图 10-27 所示。

（7）单击“显示所有材质”按钮，在“属性”面板中进行设置，如图 10-28 所示。单击“滤镜：光源”按钮，在“属性”面板中进行设置，如图 10-29 所示，效果如图 10-30 所示。

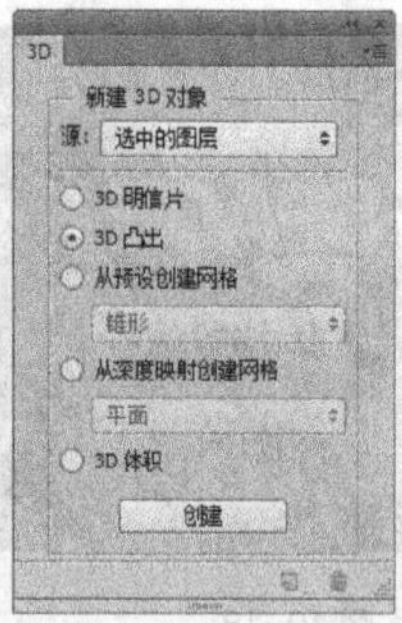

图 10-25

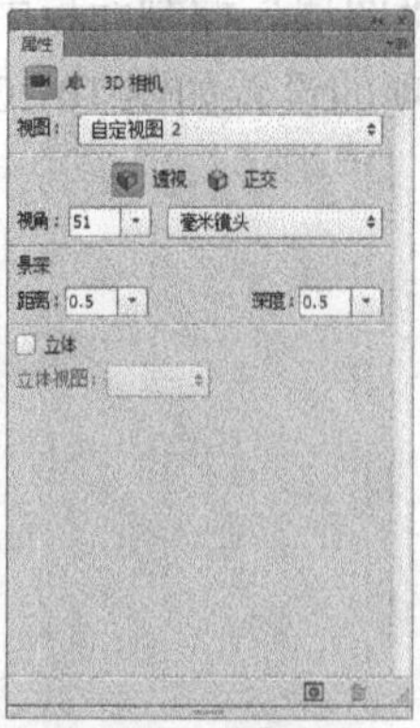

图 10-26

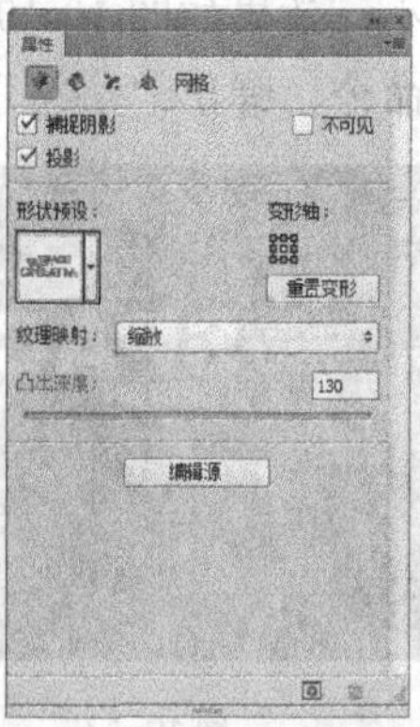

图 10-27

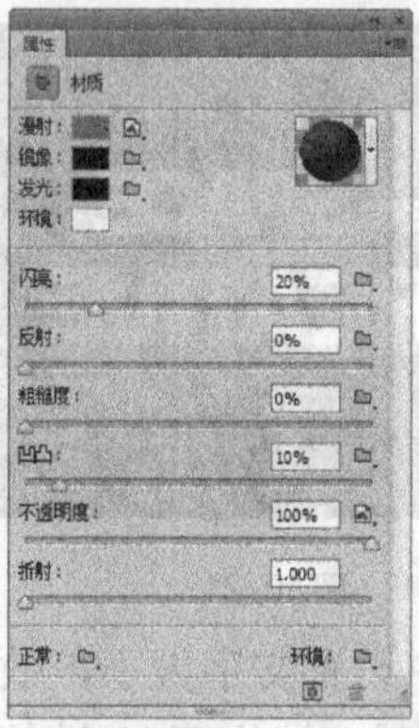

图 10-28

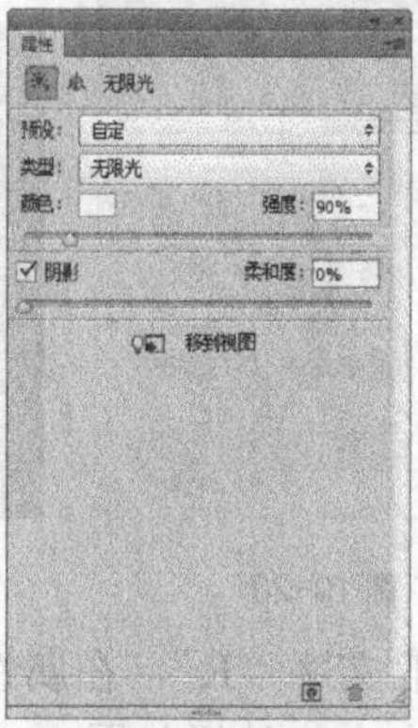

图 10-29

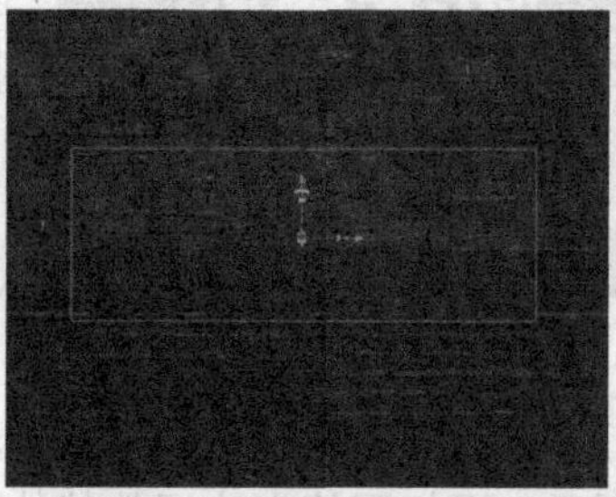

图 10-30

（8）单击“图层”控制面板下方的“创建新的填充或调整图层”按钮 ，在弹出的菜单中选择“色阶”命令，在“图层”控制面板中生成“色阶 1”，同时弹出“色阶”面板，选项的设置如图 10-31 所示。单击面板下方的“此调整剪切到此图层”按钮 ，创建剪贴蒙版，效果如图 10-32 所示。至此，三维文字效果制作完成。

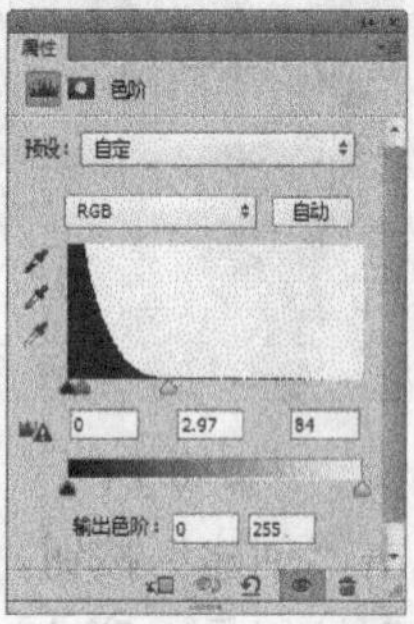

图 10-31

图 10-32

10.2 文字变形效果

可以根据需要对输入完成的文字进行各种变形。

10.2.1 变形文字

应用变形文字面板可以对文字进行多种样式的变形，如扇形、旗帜、波浪、膨胀、扭转等。

在图像中输入文字，如图 10-33 所示。单击文字工具属性栏中的“创建文字变形”按钮 ，弹出“变形文字”对话框，如图 10-34 所示。在“样式”选项的下拉列表中包含多种文字的变形效果，如图 10-35 所示。

图 10-33

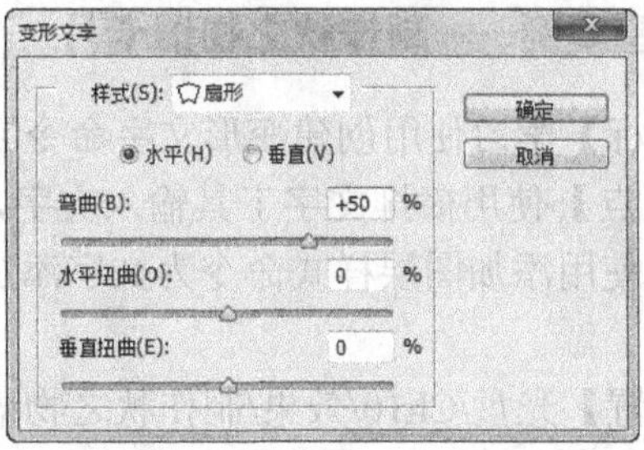

图 10-34

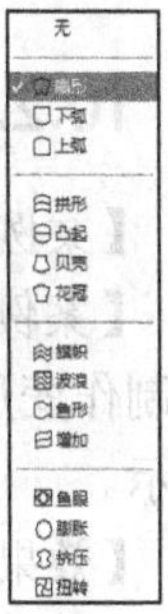

图 10-35

文字的多种变形效果，如图 10-36 所示。

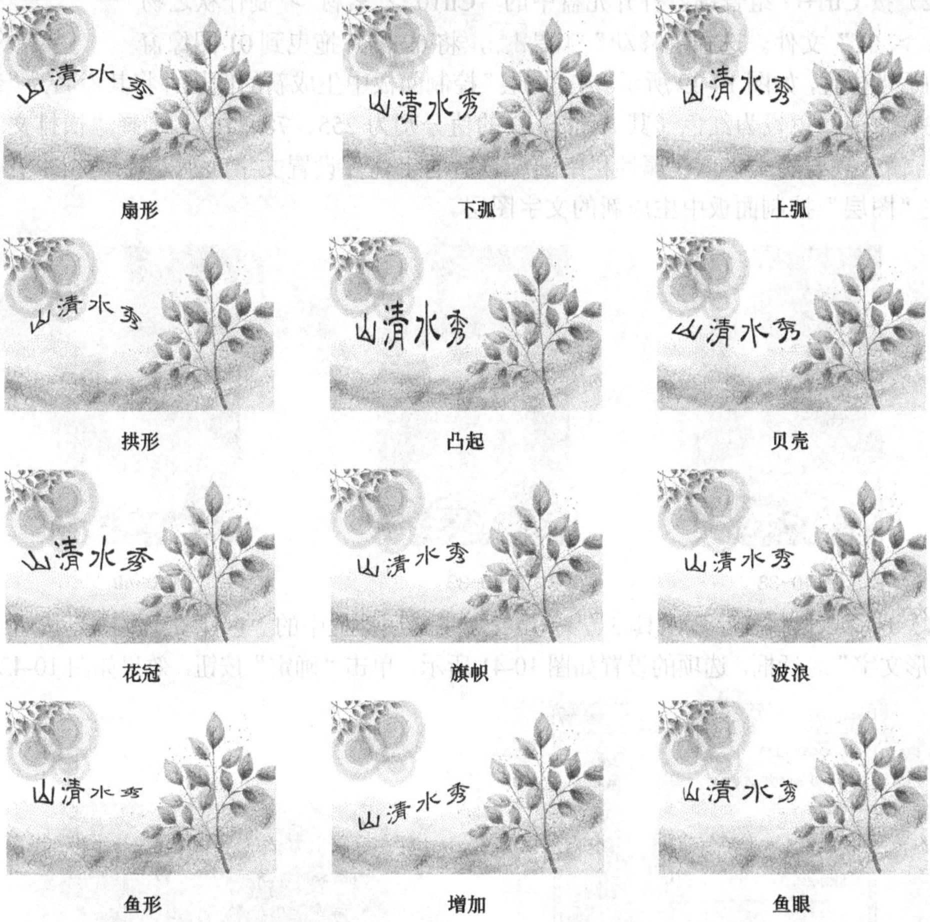

扇形 下弧 上弧

拱形 凸起 贝壳

花冠 旗帜 波浪

鱼形 增加 鱼眼

图 10-36

膨胀

挤压

扭转

图 10-36（续）

10.2.2 课堂案例——制作秋之物语卡片

图 10-37

【案例学习目标】学习使用创建变形文字命令制作变形文字。

【案例知识要点】使用横排文字工具输入文字，使用创建变形文字命令制作变形文字，使用添加图层样式命令为文字添加特殊效果，如图 10-37 所示。

【效果所在位置】光盘/Ch10/效果/制作秋之物语卡片.psd。

（1）按 Ctrl+O 组合键，打开光盘中的“Ch10 > 素材 > 制作秋之物语卡片 > 01”文件，如图 10-38 所示。

（2）按 Ctrl+O 组合键，打开光盘中的“Ch10 > 素材 > 制作秋之物语卡片 > 02”文件。选择“移动”工具，将 02 图片拖曳到 01 图像窗口中的适当位置，如图 10-39 所示。在“图层”控制面板中生成新的图层并将其命名为“装饰”。

（3）将前景色设为红色（其 R、G、B 的值分别为 255、78、16）。选择“横排文字”工具T，输入需要的文字，在属性栏中选择合适的字体并设置文字大小，效果如图 10-40 所示。在“图层”控制面板中生成新的文字图层。

图 10-38

图 10-39

图 10-40

（4）选择“横排文字”工具T，单击文字工具属性栏中的“创建变形文本”按钮，弹出“变形文字”对话框，选项的设置如图 10-41 所示。单击“确定”按钮，效果如图 10-42 所示。

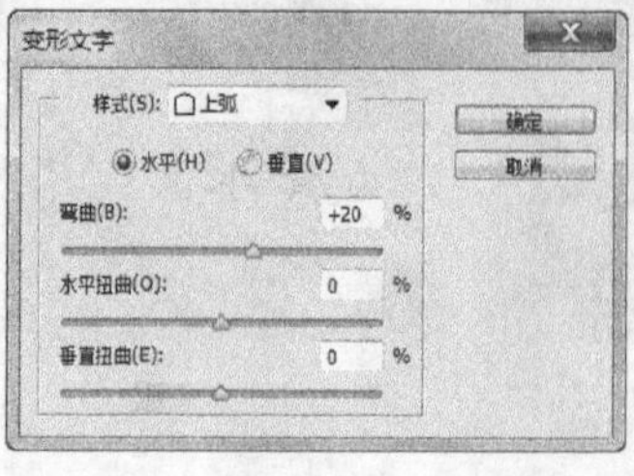

图 10-41

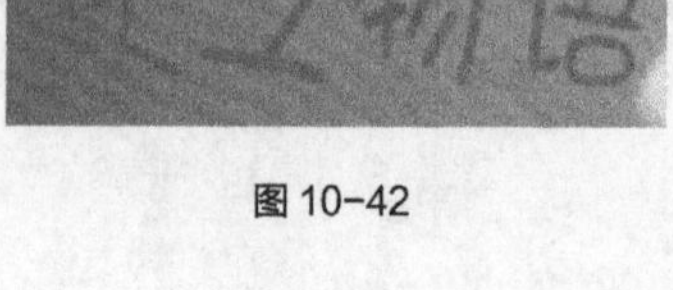

图 10-42

（5）单击“图层”控制面板下方的“添加图层样式”按钮 fx.，在弹出的菜单中选择“外发光”选项，弹出对话框，选项的设置如图 10-43 所示。单击“确定”按钮，效果如图 10-44 所示。

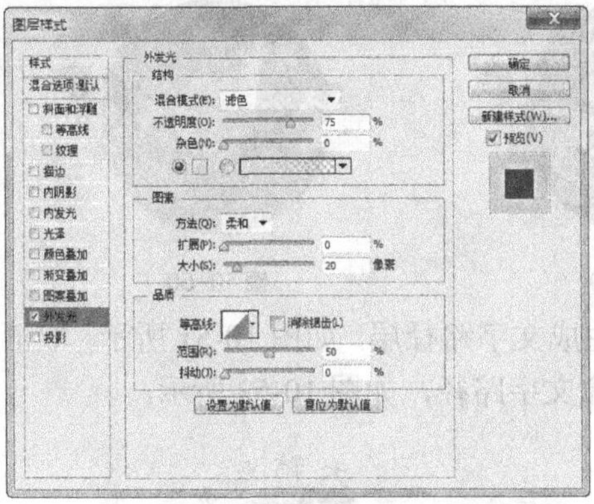

图 10-43

图 10-44

（6）将前景色设为橘红色（其 R、G、B 的值分别为 255、128、16）。选择“横排文字”工具 T，输入需要的文字，在属性栏中选择合适的字体并设置文字大小，效果如图 10-45 所示。在“图层”控制面板中生成新的文字图层。

（7）单击“图层”控制面板下方的“添加图层样式”按钮 fx.，在弹出的菜单中选择“外发光”选项，弹出对话框，选项的设置如图 10-46 所示。单击“确定”按钮，效果如图 10-47 所示。

图 10-45

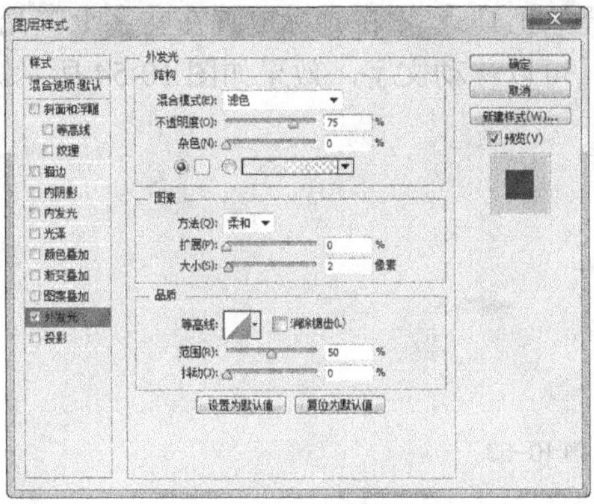

图 10-46

图 10-47

10.3 在路径上创建并编辑文字

Photoshop CS6 提供了新的文字排列方法，可以像在 Illustrator 中一样把文本沿着路径放置，还可以在 Illustrator 中直接编辑。

10.3.1 在路径上创建文字

选择“钢笔”工具，在图像中绘制一条路径，如图 10-48 所示。选择“横排文字”

工具，将光标放在路径上，光标将变为，如图 10-49 所示。单击路径出现闪烁的光标，此处为输入文字的起始点。输入的文字会沿着路径的形状进行排列，效果如图 10-50 所示。

图 10-48

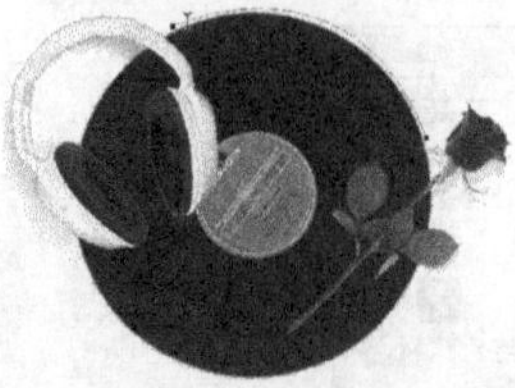
图 10-49

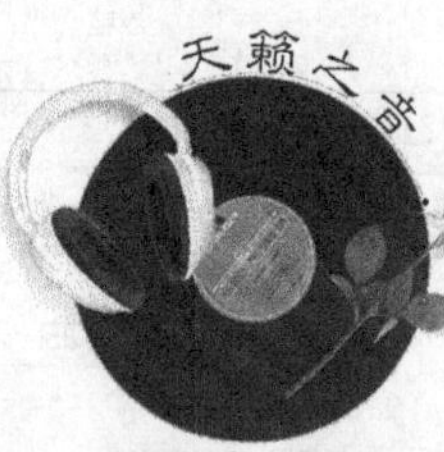

图 10-50

输入文字后，在“路径”控制面板中会自动生成文字路径层，如图 10-51 所示。取消“视图 > 显示额外内容”命令的选中状态，可以隐藏文字路径，如图 10-52 所示。

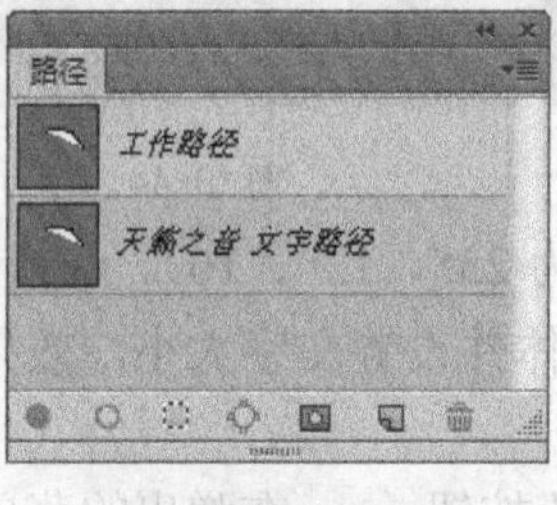

图 10-51

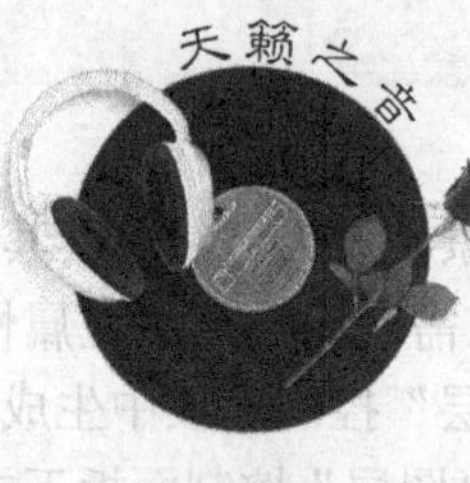

图 10-52

10.3.2 在路径上移动文字

选择“路径选择”工具，将光标放置在文字上，光标显示为，如图 10-53 所示。单击并沿着路径拖曳，可以移动文字，效果如图 10-54 所示。

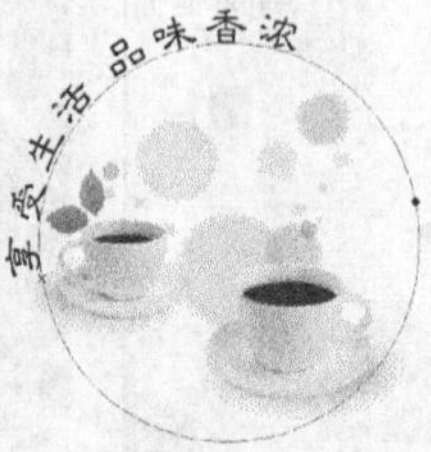

图 10-53

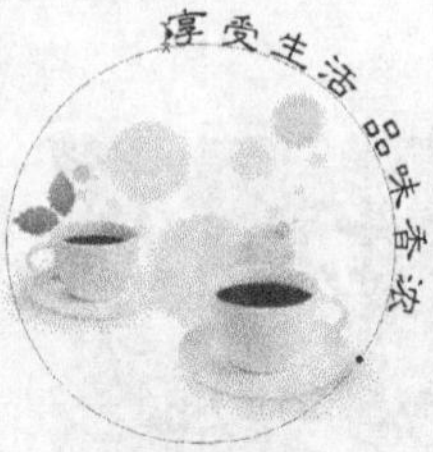

图 10-54

10.3.3 在路径上翻转文字

选择“路径选择”工具，将光标放置在文字上，光标显示为，如图 10-55 所示。将文字向路径内部拖曳，可以沿路径翻转文字，效果如图 10-56 所示。

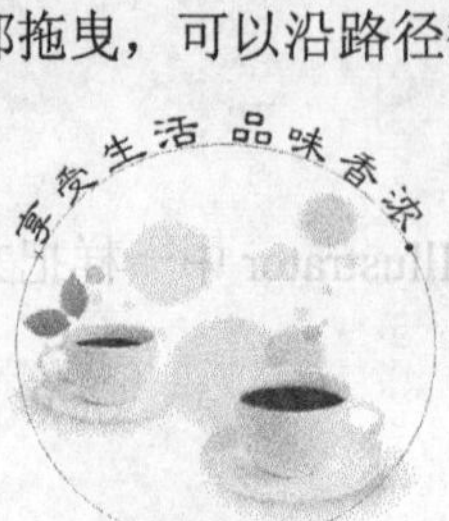

图 10-55

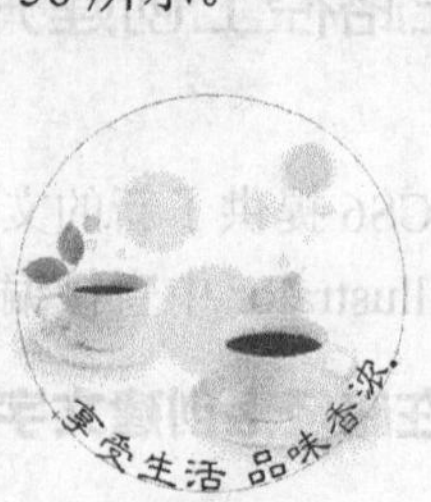

图 10-56

10.3.4　修改路径绕排文字的形态

创建了路径绕排文字后，同样可以编辑文字绕排的路径。选择“直接选择”工具，在路径上单击，路径上将显示控制手柄，拖曳控制手柄可修改路径的形状，如图 10-57 所示。文字会按照修改后的路径进行排列，效果如图 10-58 所示。

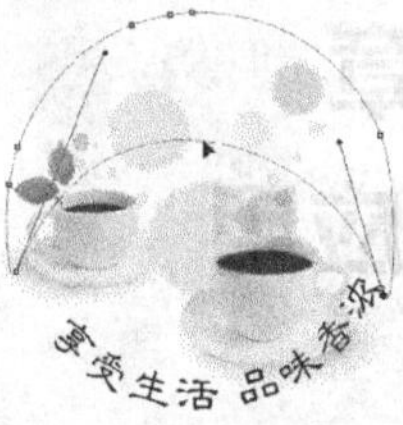

图 10-57

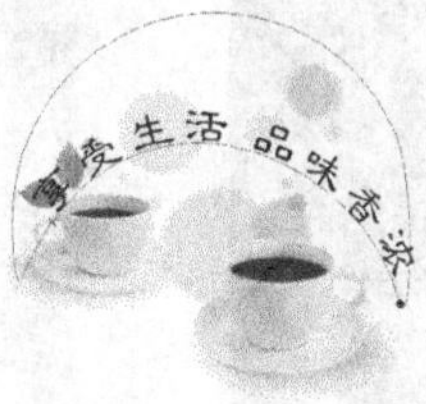

图 10-58

10.4　课堂练习——制作脚印效果

【练习知识要点】使用钢笔工具绘制图形；使用横排文字工具添加文字，使用文字变形命令为文字制作扭曲效果；使用图层样式按钮为文字添加特殊效果，如图 10-59 所示。

【效果所在位置】光盘/Ch10/效果/制作脚印效果.psd。

图 10-59

10.5　课后习题——制作旅游宣传单

【习题知识要点】使用文字变形命令为文字制作扭曲效果；使用添加图层样式按钮添加文字特殊效果；使用圆角矩形工具、自定形状工具制作会话框；使用钢笔工具、横排文字工具制作路径文字，如图 10-60 所示。

【效果所在位置】光盘/Ch10/效果/制作旅游宣传单.psd。

图 10-60

Photoshop CS6

11 Chapter

第 11 章 通道的应用

本章将主要介绍通道的操作、通道运算以及通道蒙版，以多个实际应用案例进一步讲解通道命令的操作方法。通过本章的学习，能够快速地掌握知识要点，并合理地利用通道设计制作作品。

课堂学习目标

- 通道的操作
- 通道运算
- 通道蒙版

11.1 通道的操作

应用通道控制面板可以对通道进行创建、复制、删除、分离、合并等操作。

11.1.1 通道控制面板

通道控制面板可以管理所有的通道并对通道进行编辑。选择“窗口 > 通道”命令，弹出“通道”控制面板，如图 11-1 所示。

在“通道”控制面板的右上方有 2 个系统按钮，分别是“折叠为图标”按钮和“关闭”按钮。单击“折叠为图标”按钮可以将控制面板折叠，只显示图标；单击“关闭”按钮可以将控制面板关闭。

在“通道”控制面板中，放置区用于存放当前图像中存在的所有通道。在通道放置区中，如果选中的只是其中的一个通道，则只有这个通道处于选中状态，通道上将出现一个深色条；如果想选中多个通道，可以按住 Shift 键再单击其他通道。通道左侧的眼睛图标用于显示或隐藏颜色通道。

在“通道”控制面板的底部有 4 个工具按钮，如图 11-2 所示。

将通道作为选区载入：用于将通道作为选择区域调出。

将选区存储为通道：用于将选择区域存入通道中。

创建新通道：用于创建或复制新的通道。

删除当前通道：用于删除图像中的通道。

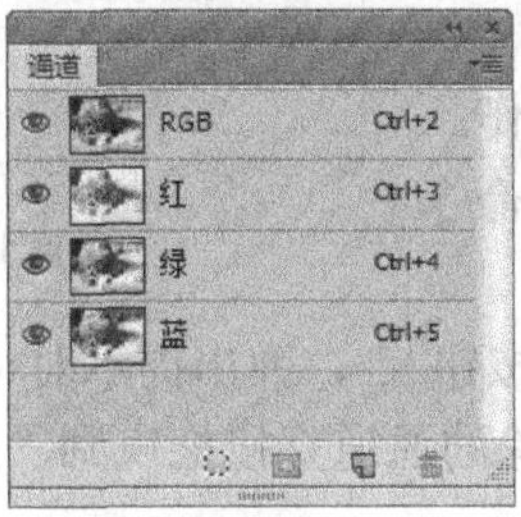

图 11-1

图 11-2

11.1.2 创建新通道

在编辑图像的过程中，可以创建新通道。

单击“通道”控制面板右上方的图标，弹出其命令菜单，选择“新建通道”命令，弹出“新建通道”对话框，如图 11-3 所示。

名称：用于设置当前通道的名称。

色彩指示：用于选择两种区域方式。

颜色：用于设置新通道的颜色。

不透明度：用于设置当前通道的不透明度。

单击“确定”按钮，“通道”控制面板中将创建一个新通道，即 Alpha 1，面板如图 11-4 所示。

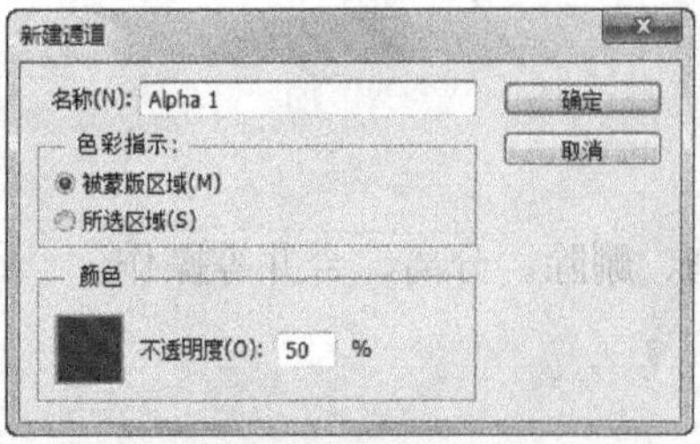

图 11-3

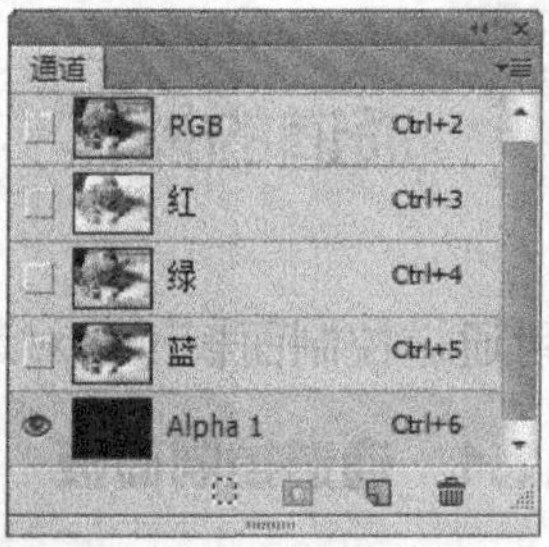

图 11-4

单击“通道”控制面板下方的“创建新通道”按钮，也可以创建一个新通道。

11.1.3 复制通道

复制通道命令用于将现有的通道进行复制，以产生相同属性的多个通道。

单击“通道”控制面板右上方的图标，弹出其命令菜单，选择“复制通道”命令，弹出“复制通道”对话框，如图 11-5 所示。

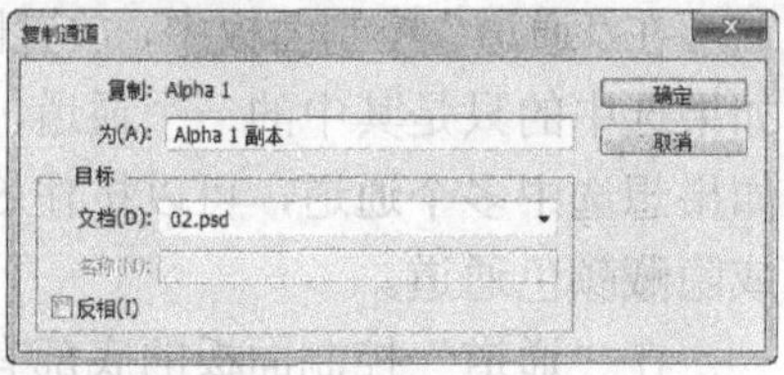

图 11-5

为：用于设置复制出的新通道的名称。

文档：用于设置复制通道的文件来源。

将“通道”控制面板中需要复制的通道拖曳到下方的“创建新通道”按钮上，即可将所选的通道复制为一个新的通道。

11.1.4 删除通道

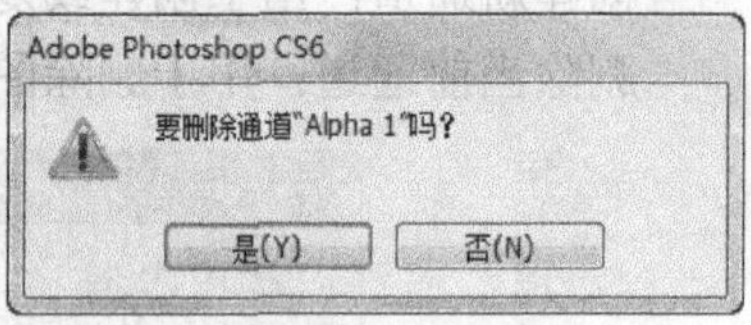

图 11-6

不用的或废弃的通道可以将其删除，以免影响操作。

单击“通道”控制面板右上方的图标，弹出其命令菜单，选择“删除通道”命令，即可将通道删除。

单击“通道”控制面板下方的“删除当前通道”按钮，弹出提示对话框，单击“是”按钮，将通道删除，如图 11-6 所示。也可将需要删除的通道直接拖曳到“删除当前通道”按钮上进行删除。

11.1.5 专色通道

专色通道是指定用于专色油墨印刷的附加印版。

单击“通道”控制面板右上方的图标，弹出其命令菜单，选择“新建专色通道”命令，弹出“新建专色通道”对话框，如图 11-7 所示。

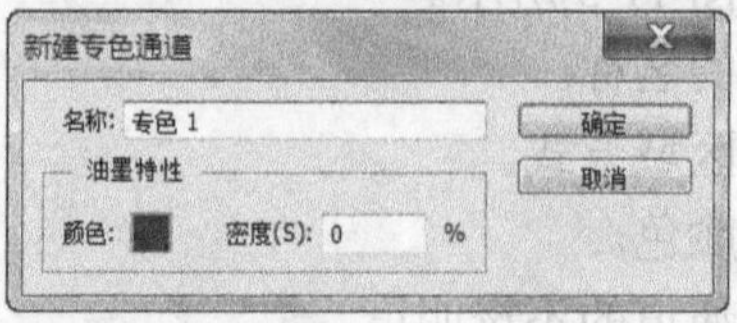

图 11-7

单击“通道”控制面板中新建的专色通道。选择“画笔”工具，在“画笔”控制面板中进行设置，如图 11-8 所示。在图像中进行绘制，如图 11-9 所示，“通道”控制面板中的效果如图 11-10 所示。

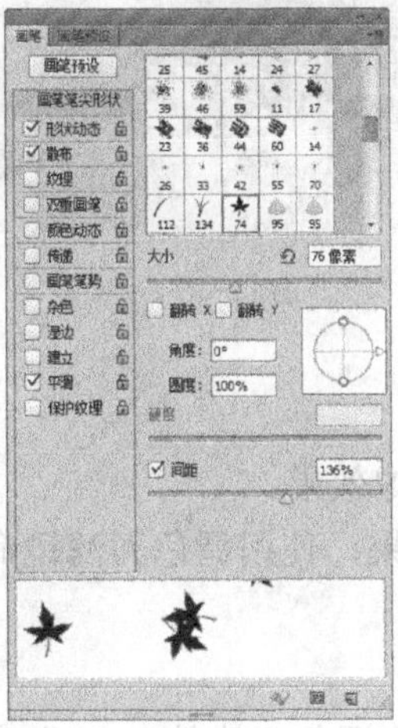

图 11-8

图 11-9

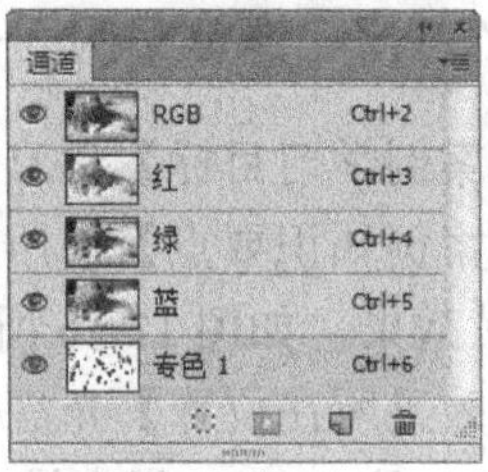

图 11-10

提示

前景色为黑色，绘制时的特别色是不透明的。前景色为其他中间色，绘制时的特别色是不同透明度的颜色。前景色为白色，绘制时的特别色是透明的。

11.1.6　分离与合并通道

单击“通道”控制面板右上方的图标，弹出其下拉命令菜单，在弹出式菜单中选择“分离通道”命令，将图像中的每个通道分离成各自独立的 8bit 灰度图像。原始图像如图 11-11 所示，分离后的效果如图 11-12 所示。

图 11-11

图 11-12

单击“通道”控制面板右上方的图标，弹出其命令菜单，选择“合并通道”命令，弹出“合并通道”对话框，如图 11-13 所示。设置完成后单击“确定”按钮，弹出“合并 CMYK 通道”对话框，如图 11-14 所示。可以在选定的色彩模式中为每个通道指定一幅灰度图像，被指定的图像可以是同一幅图像，也可以是不同的图像，但大小必须是相同的。在合并之前，所有要合并的图像都必须是打开的，尺寸要保持一致且为灰度图像，单击“确定”按钮，效果如图 11-15 所示。

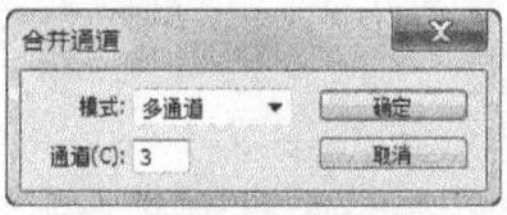

图 11-13

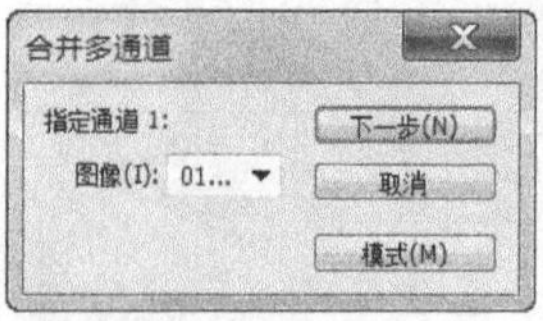

图 11-14

图 11-15

11.1.7 课堂案例——制作调色刀特效

【案例学习目标】学习使用分离通道和合并通道命令制作图像效果。

【案例知识要点】使用分离通道和合并通道命令制作图像效果，使用调色刀滤镜命令制作图片效果，如图 11-16 所示。

【效果所在位置】光盘/Ch11/效果/制作调色刀特效.psd。

（1）按 Ctrl+O 组合键，打开光盘中的“Ch11 > 素材 > 制作调色刀特效 > 01”文件，如图 11-17 所示。选择“通道”控制面板，如图 11-18 所示。

图 11-16

图 11-17

图 11-18

（2）单击“通道”控制面板右上方的图标，在弹出的菜单中选择“分离通道”命令，将图像分离成“R”、“G”、“B” 3 个通道文件，如图 11-19 所示。选择通道文件“R”，如图 11-20 所示。

图 11-19

图 11-20

（3）选择菜单“滤镜 > 艺术效果 > 调色刀”命令，在弹出的对话框中进行设置，如图 11-21 所示。单击“确定”按钮，效果如图 11-22 所示。用相同的方法制作其他通道效果。

（4）单击“通道”控制面板右上方的图标，在弹出的菜单中选择“合并通道”命令，在弹出的对话框中进行设置，如图 11-23 所示。单击“确定”按钮，弹出“合并 RGB 通道”对话框，如图 11-24 所示。单击“确定”按钮，图像效果如图 11-25 所示。

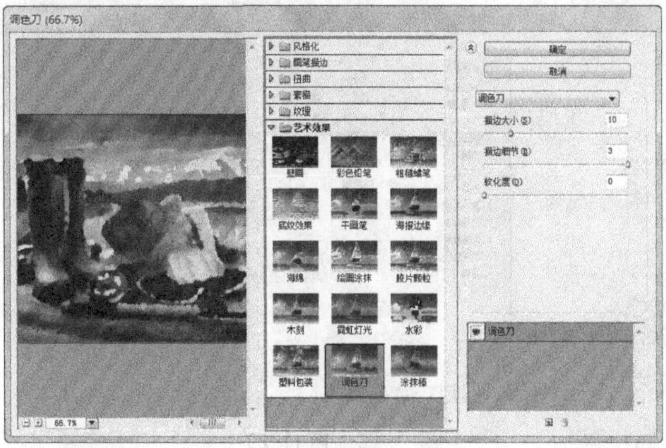

图 11-21

图 11-22

图 11-25

图 11-23

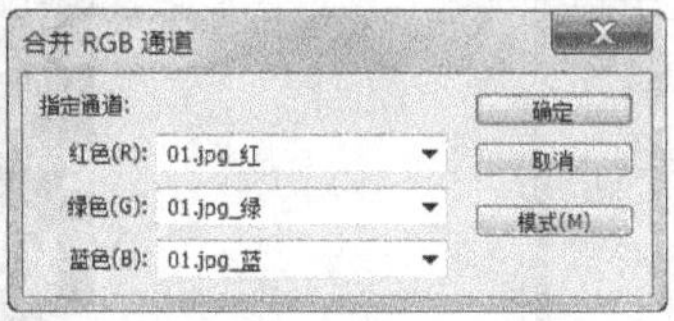

图 11-24

（5）单击“图层”控制面板下方的“创建新的填充或调整图层”按钮 ，在弹出的菜单中选择“色阶”命令，在“图层”控制面板中生成“色阶 1”，同时弹出“色阶”面板，选项的设置如图 11-26 所示，效果如图 11-27 所示。

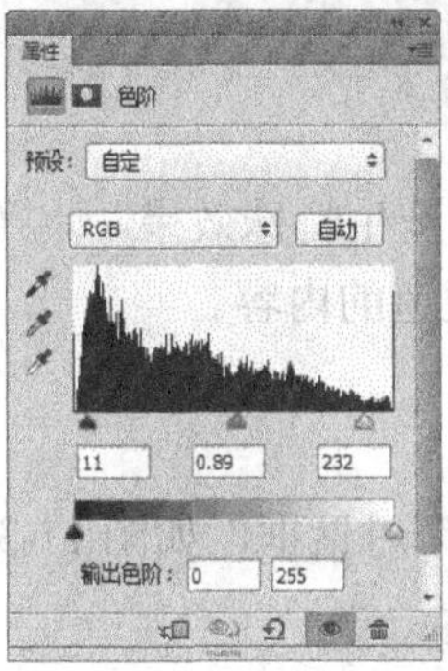

图 11-26

图 11-27

（6）将前景色设为橘黄色（其 R、G、B 的值分别为 255、120、0）。选择“横排文字”工具 ，输入需要的文字，在属性栏中选择合适的字体并设置文字大小，效果如图 11-28 所示。在控制面板中生成新的文字图层。

（7）单击“图层”控制面板下方的“添加图层样式”按钮 ，在弹出的菜单中选择“描边”命令，在弹出的对话框中进行设置，如图 11-29 所示。选择“外发光”选项，切换到相应的对话框，选项的设置如图 11-30 所示。单击“确定”按钮，效果如图 11-31 所示。至此，调色刀效果制作完成。

图 11-28

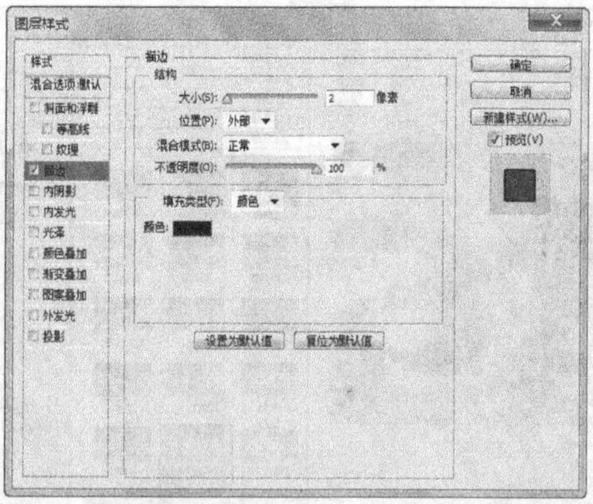

图 11-29

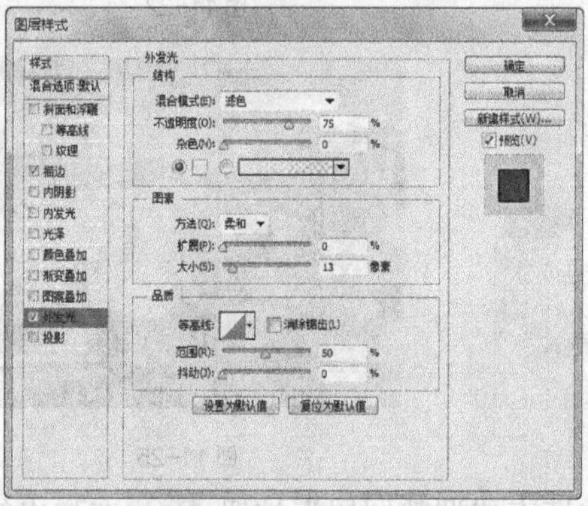

图 11-30　　图 11-31

11.2 通道运算

应用图像命令可以计算处理通道内的图像，使图像混合产生特殊效果。计算命令同样可以计算处理两个通道中相应的内容，但主要用于合成单个通道的内容。

11.2.1 应用图像

选择菜单“图像 > 应用图像”命令，弹出“应用图像”对话框，如图 11-32 所示。

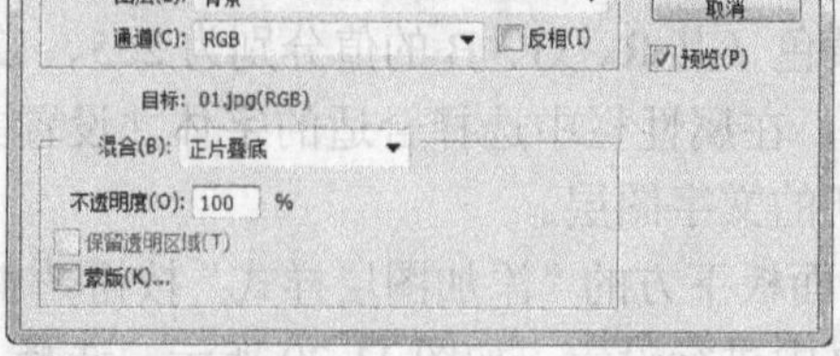

图 11-32

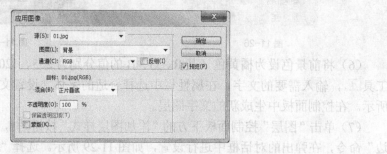

源：用于选择源文件。图层：用于选择源文件的层。通道：用于选择源通道。反相：用

于在处理前先反转通道中的内容。目标：显示出目标文件的文件名、层、通道及色彩模式等信息。混合：用于选择混合模式，即选择两个通道对应像素的计算方法。不透明度：用于设定图像的不透明度。蒙版：用于加入蒙版以限定选区。

提示

应用图像命令要求源文件与目标文件的大小必须相同，因为参加计算的两个通道内的像素是一一对应的。

打开 02、03 图像素材，选择菜单“图像 > 图像大小”命令，弹出“图像大小”对话框，设置后单击“确定”按钮，分别将两幅图像设置为相同的尺寸，效果如图 11-33 和图 11-34 所示。

图 11-33

图 11-34

在两幅图像的“通道”控制面板中分别建立通道蒙版，其中黑色表示遮住的区域，如图 11-35 和图 11-36 所示。

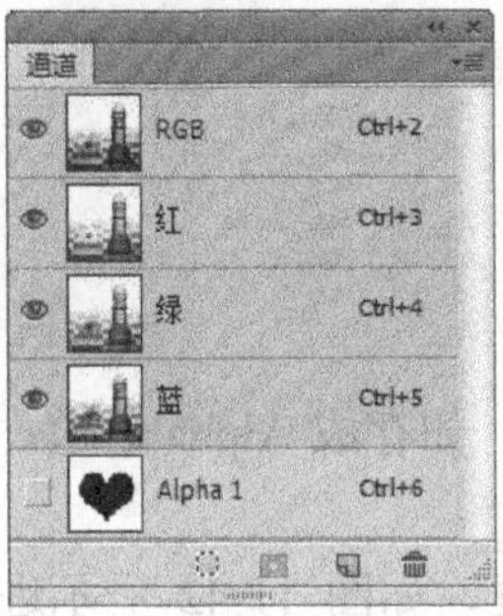

图 11-35

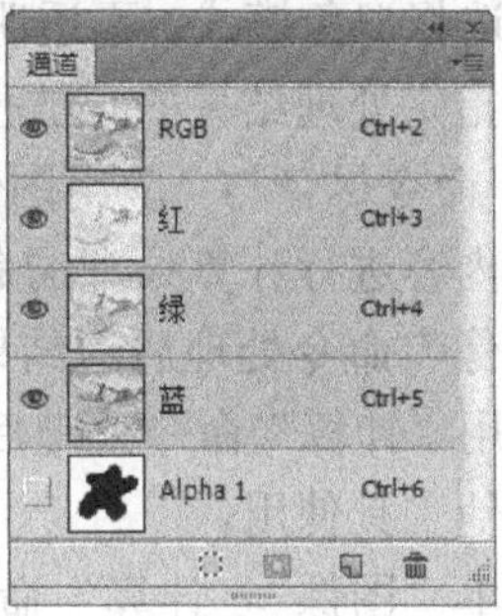

图 11-36

选中 03 图像，选择菜单“图像 > 应用图像”命令，弹出“应用图像”对话框，设置完成后如图 11-37 所示。单击“确定”按钮，两幅图像混合后的效果如图 11-38 所示。

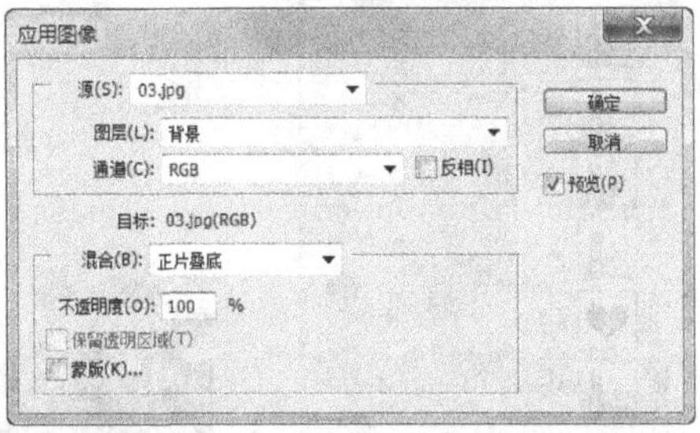

图 11-37

图 11-38

在“应用图像”对话框中勾选“蒙版”复选框，显示出蒙版的相关选项；勾选“反相”

复选框设置其他选项，设置完成后如图 11-39 所示。单击“确定”按钮，两幅图像混合后的效果如图 11-40 所示。

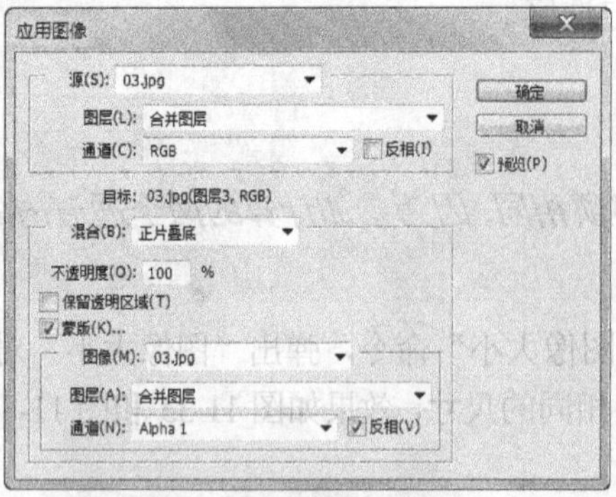

图 11-39

图 11-40

11.2.2 运算

计算命令同样可以计算处理两个通道内相应的内容，但主要用于合成单个通道的内容。选择菜单“图像 > 计算”命令，弹出“计算”对话框，如图 11-41 所示。

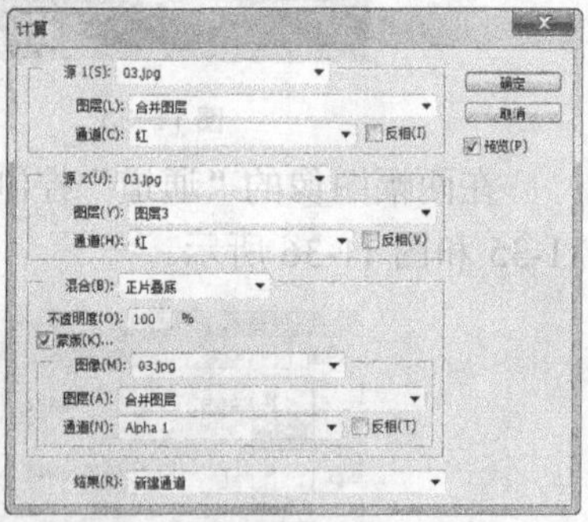

图 11-41

源 1：用于选择源文件 1 的相应信息。图层：用于选择源文件 1 中的层。通道：用于选择源文件 1 中的通道。反相：用于反转。源 2：用于选择源文件 2 的相应信息。混合：用于选择混色模式。不透明度：用于设定不透明度。结果：用于指定处理结果的存放位置。

“计算”命令尽管与“应用图像”命令一样都是对两个通道的相应内容进行计算处理的命令，但是二者也有区别。用“应用图像”命令处理后的结果可作为源文件或目标文件使用，而用“计算”命令处理后的结果则存成一个通道，如存成 Alpha 通道，使其转变为选区以供其他工具使用。

选择菜单“图像 > 计算”命令，弹出“计算”对话框，如图 11-42 所示进行设置。单击“确定”按钮，两幅图像通道运算后的新通道效果如图 11-43 和图 11-44 所示。

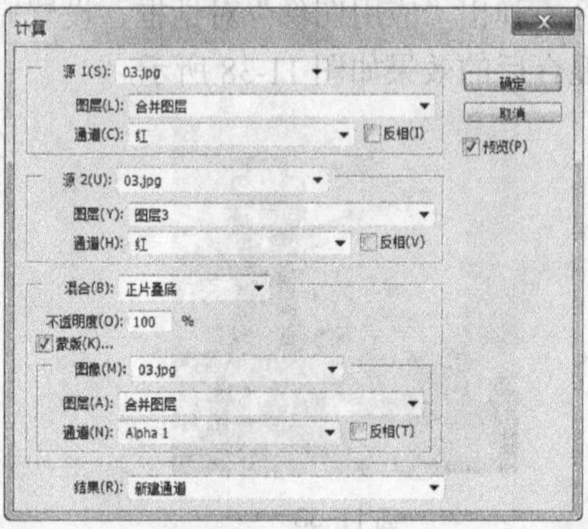

图 11-42

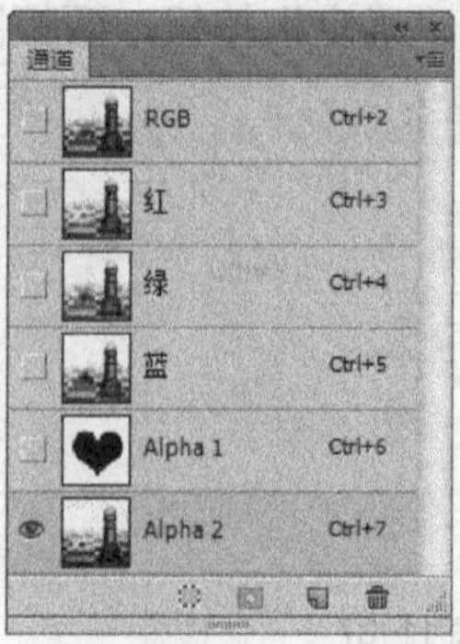

图 11-43

图 11-44

11.3 通道蒙版

在通道中可以快速地创建蒙版，还可以存储蒙版。

11.3.1　快速蒙版的制作

选择快速蒙版命令，可以使图像快速地进入蒙版编辑状态。打开一幅图像，效果如图 11-45 所示。选择“魔棒”工具，在魔棒工具属性栏中进行设定，如图 11-46 所示。按住 Shift 键，魔棒工具光标旁出现“+”号，连续单击选择红色棋子图形，如图 11-47 所示。

图 11-45

图 11-46

图 11-47

单击工具箱下方的“以快速蒙版模式编辑”按钮，进入蒙版状态，选区暂时消失，图像的未选择区域变为红色，如图 11-48 所示。“通道”控制面板中将自动生成快速蒙版，如图 11-49 所示。快速蒙版图像如图 11-50 所示。

图 11-48

图 11-49

图 11-50

提示

系统预设蒙版颜色为半透明的红色。

选择“画笔”工具，在画笔工具属性栏中进行设定，如图 11-51 所示。将前景色设为白色，将快速蒙版中的棋子图形涂抹成白色，图像效果和快速蒙版如图 11-52 和图 11-53 所示。

图 11-51

图 11-52

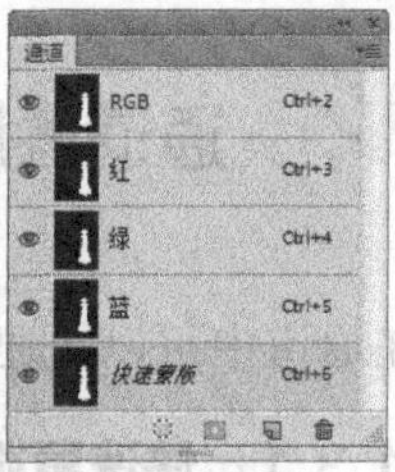

图 11-53

11.3.2 在 Alpha 通道中存储蒙版

可以将编辑好的蒙版存储到 Alpha 通道中。

用选取工具选中棋，生成选区，效果如图 11-54 所示。选择“选择 > 存储选区”命令，弹出“存储选区”对话框，如图 11-55 所示进行设定，单击“确定”按钮，建立通道蒙版“棋”。或单击“通道”控制面板中的“将选区存储为通道”按钮，建立通道蒙版“棋”，效果如图 11-56 和图 11-57 所示。

图 11-54

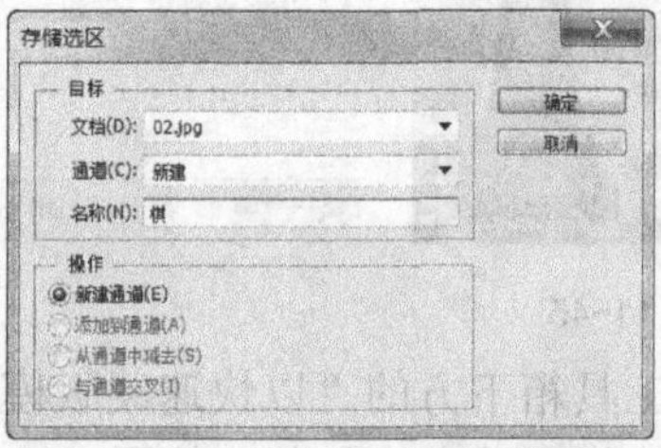

图 11-55

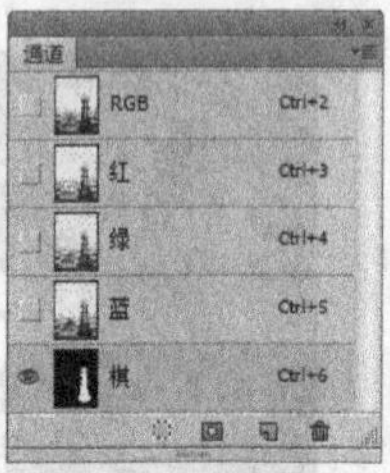

图 11-56

图 11-57

将图像保存，再次打开图像时选择“选择 > 载入选区”命令，弹出“载入选区”对话框，如图 11-58 所示进行设定，单击“确定”按钮，将“棋”通道的选区载入。或单击“通道”控制面板中的“将通道作为选区载入”按钮，将“棋”通道作为选区载入，效果如图 11-59 所示。

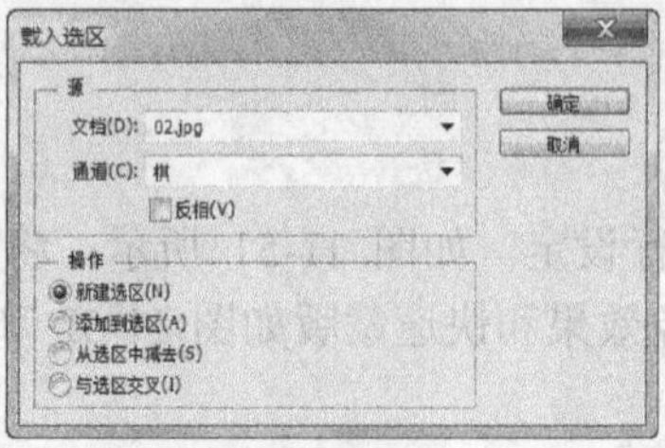

图 11-58

图 11-59

11.3.3　课堂案例——添加旋转边框

【案例学习目标】学习使用通道蒙版及不同的滤镜制作边框。

【案例知识要点】使用快速蒙版制作图像效果，使用晶格化和旋转扭曲滤镜命令制作边框，使用添加图层样式命令为图像添加特殊效果，如图11-60 所示。

图 11-60

【效果所在位置】光盘/Ch11/效果/添加旋转边框.psd。

（1）按 Ctrl+O 组合键，打开光盘中的“Ch11 > 素材 > 添加旋转边框 > 01”文件，如图 11-61 所示。

（2）按 Ctrl＋O 组合键，打开光盘中的“Ch11 > 素材 > 添加旋转边框 > 02”文件。选择“移动”工具，将人物图片拖曳到图像窗口中的适当位置，并调整其大小，效果如图 11-62 所示。在“图层”控制面板中生成新的图层并将其命名为“人物”。

图 11-61

图 11-62

（3）选择“自定形状”工具，在属性栏中的“选择工具模式”选项中选择“路径”选项。单击属性栏中的“形状”选项，弹出“形状”面板，单击面板右上方的黑色按钮，在弹出的菜单中选择“台词框”选项，弹出提示对话框，单击“追加”按钮。在“形状”面板中选中需要的图形，如图 11-63 所示。在图像窗口中绘制一个不规则图形，如图 11-64 所示。按 Ctrl+Enter 组合键，将路径转换为选区，如图 11-65 所示。

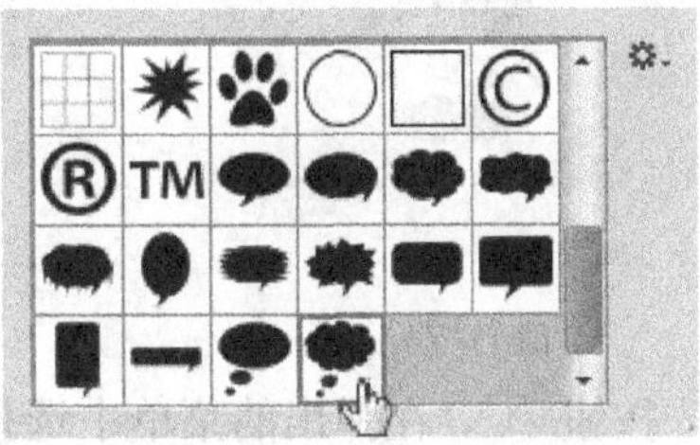

图 11-63

图 11-64

图 11-65

（4）单击工具箱下方的“以快速蒙版模式编辑”按钮，进入蒙版状态，如图 11-66 所示。选择“滤镜 > 像素化 > 晶格化”命令，在弹出的对话框中进行设置，如图 11-67 所示，单击“确定”按钮，效果如图 11-68 所示。

（5）选择菜单“滤镜 > 扭曲 > 旋转扭曲”命令，在弹出的对话框中进行设置，如图 11-69 所示。单击“确定”按钮，效果如图 11-70 所示。选择“橡皮擦”工具，在属性栏中单击“画笔”选项右侧的按钮，弹出画笔选择面板，选项的设置如图 11-71 所示。在图像窗口中擦除不需要的图像，效果如图 11-72 所示。

图 11-66

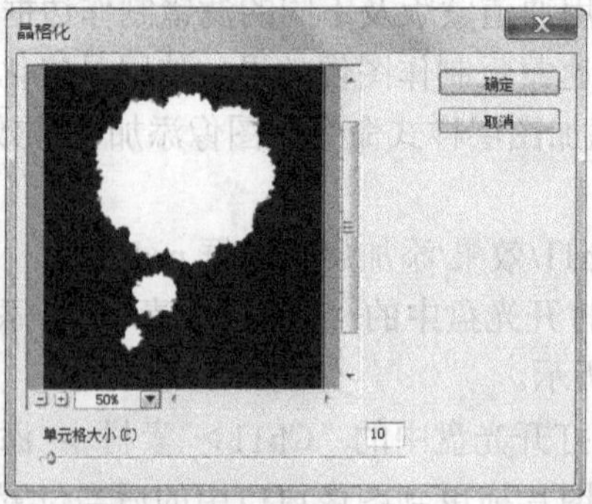

图 11-67

图 11-68

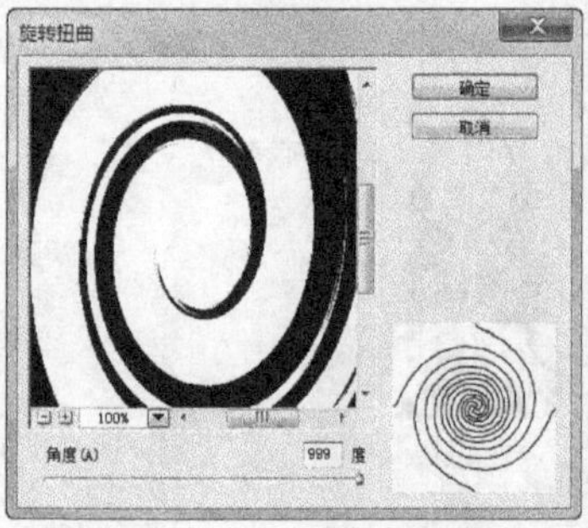

图 11-69

图 11-70

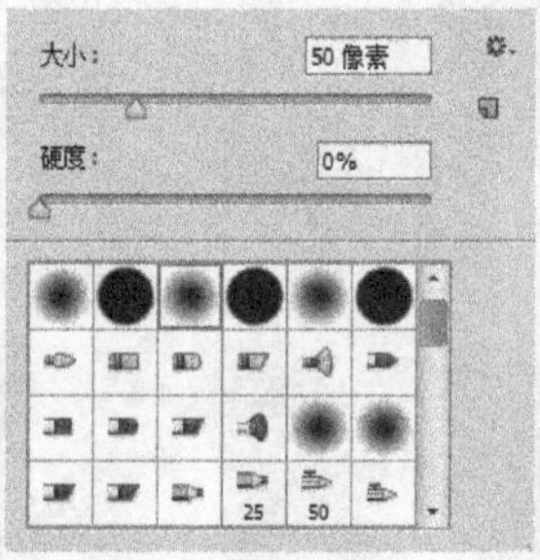

图 11-71

图 11-72

（6）单击工具箱下方的“以标准模式编辑”按钮，恢复到标准编辑状态，蒙版形状转换为选区，效果如图 11-73 所示。按 Ctrl+Shift+I 组合键，将选区反选，按 Delete 键删除选区中的图像，按 Ctrl+D 组合键取消选区，效果如图 11-74 所示。

图 11-73

图 11-74

（7）单击“图层”控制面板下方的“添加图层样式”按钮，在弹出的菜单中选择“投影”命令，在弹出的对话框中进行设置，如图 11-75 所示。单击“确定”按钮，效果如图 11-76 所示。

（8）按 Ctrl＋O 组合键，打开光盘中的“Ch11 > 素材 > 添加喷溅边框 > 03”文件。选择“移动”工具，将装饰图片拖曳到图像窗口中的适当位置，效果如图 11-77 所示。在“图层”控制面板中生成新的图层并将其命名为“装饰”。至此，添加旋转边框制作完成。

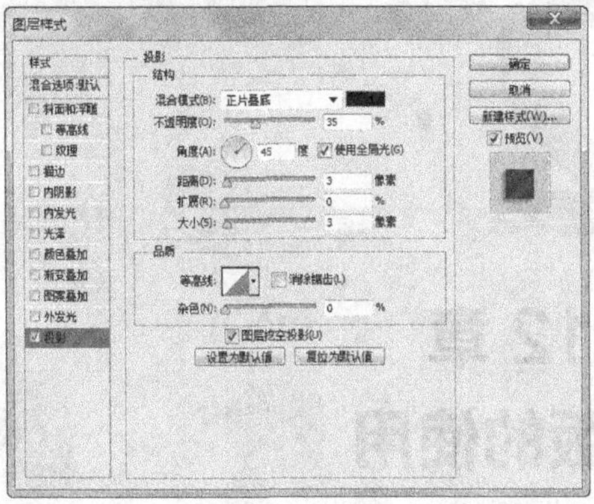

图 11-75

图 11-76

图 11-77

11.4 课堂练习——制作图章效果

【练习知识要点】使用矩形选框工具绘制矩形选区，使用玻璃滤镜制作背景图形；使用橡皮擦工具擦除不需要的图形；使用阈值命令调整图片的颜色；使用色相/饱和度、色彩范围命令制作肖像印章效果，如图 11-78 所示。

【效果所在位置】光盘/Ch11/效果/制作图章效果.psd。

图 11-78

11.5 课后习题——制作胶片照片

【习题知识要点】使用应用图像命令、色阶命令调整图片的颜色；使用亮度/对比度命令调整图片的色调，如图 11-79 所示。

【效果所在位置】光盘/Ch11/效果/制作胶片照片.psd。

图 11-79

Photoshop CS6

12 Chapter

第 12 章 蒙版的使用

本章将主要讲解图层的蒙版以及蒙版的使用方法，包括图层蒙版、剪贴蒙版以及矢量蒙版的应用技巧。通过本章的学习，可以快速地掌握蒙版的使用技巧，制作出独特的图像效果。

课堂学习目标

- 图层蒙版
- 剪贴蒙版与矢量蒙版

12.1 图层蒙版

在编辑图像时可以为某一图层或多个图层添加蒙版，并对添加的蒙版进行编辑、隐藏、链接、删除等操作。

12.1.1　添加图层蒙版

使用控制面板按钮或快捷键：单击“图层”控制面板下方的“添加图层蒙版”按钮，可以创建一个图层的蒙版，如图 12-1 所示。按住 Alt 键，单击“图层”控制面板下方的“添加图层蒙版”按钮，可以创建一个遮盖图层全部的蒙版，如图 12-2 所示。

使用菜单命令：选择菜单“图层 > 图层蒙版 > 显示全部”命令，如图 12-1 所示。选择菜单“图层 > 图层蒙版 > 隐藏全部”命令，如图 12-2 所示。

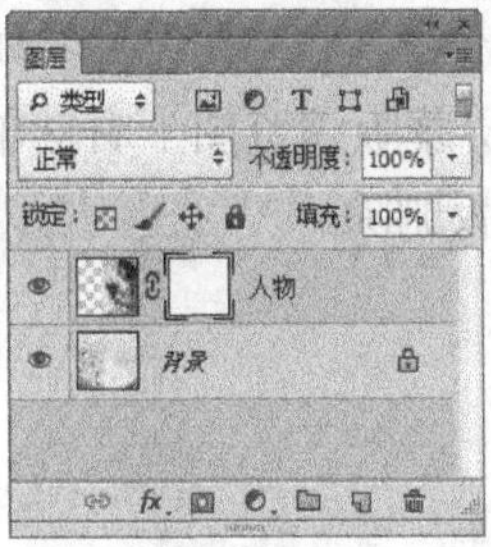

图 12-1

图 12-2

12.1.2　隐藏图层蒙版

按住 Alt 键并单击图层蒙版缩览图，图像窗口中的图像将被隐藏，只显示蒙版缩览图中的效果，如图 12-3 所示。“图层”控制面板中的效果如图 12-4 所示。按住 Alt 键，再次单击图层蒙版缩览图，将恢复图像窗口中的图像效果。按住 Alt+Shift 组合键并单击图层蒙版缩览图，将同时显示图像和图层蒙版的内容。

图 12-3

图 12-4

12.1.3　图层蒙版的链接

在“图层”控制面板中的图层缩览图与图层蒙版缩览之间存在链接图标，当图层图像与蒙版关联时，移动图像则蒙版会同步移动，单击链接图标，将不显示此图标，可以分别对图像与蒙版进行操作。

12.1.4 应用及删除图层蒙版

在“通道”控制面板中，双击“人物蒙版”通道，弹出“图层蒙版显示选项”对话框，如图 12-5 所示，可以对蒙版的颜色和不透明度进行设置。

选择菜单“图层 > 图层蒙版 > 停用”命令，或按 Shift 键并单击“图层”控制面板中的图层蒙版缩览图，图层蒙版被停用，如图 12-6 所示。图像将全部显示，效果如图 12-7 所示。按住 Shift 键，再次单击图层蒙版缩览图，将恢复图层蒙版效果，如图 12-8 所示。

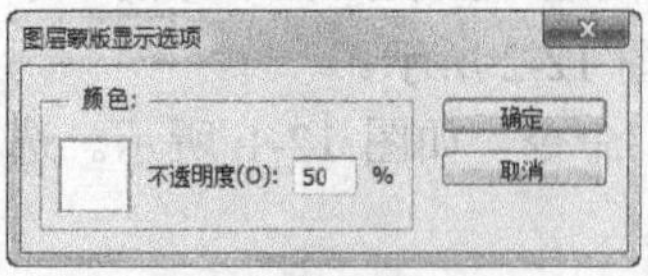

图 12-5

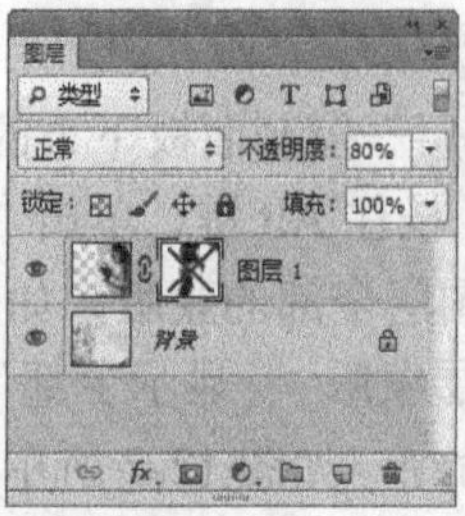

图 12-6

图 12-7

图 12-8

选择菜单“图层 > 图层蒙版 > 删除”命令，或在图层蒙版缩览图上右键单击，在弹出的下拉菜单中选择“删除图层蒙版”命令，可以将图层蒙版删除。

12.1.5 课堂案例——制作蒙版效果

【案例学习目标】学习使用矢量蒙版制作图片效果。

【案例知识要点】使用矢量蒙版命令为图层添加矢量蒙版，使用添加图层样式命令为图片添加特殊效果，使用横排文字工具添加文字，如图 12-9 所示。

【效果所在位置】光盘/Ch12/效果/制作蒙版效果.psd。

图 12-9

（1）按 Ctrl+O 组合键，打开光盘中的“Ch12 > 素材 > 制作蒙版效果 > 01”文件，如图 12-10 所示。

（2）按 Ctrl+O 组合键，打开光盘中的“Ch12 > 素材 > 制作蒙版效果 > 02”文件。选择“移动”工具，将人物图片拖曳到图像窗口中的适当位置，如图 12-11 所示。在“图层”控制面板中生成新的图层并将其命名为“图片”。

图 12-10

图 12-11

（3）按 Ctrl+T 组合键，在图像周围出现变换框，将光标放在变换框的控制手柄外边，光标变为旋转图标，拖曳光标将图像旋转到适当的角度，按 Enter 键确定操作，效果如图

12-12 所示。

（4）选择“自定形状”工具，单击属性栏中的“形状”选项，弹出“形状”面板，单击面板右上方的黑色按钮，在弹出的菜单中选择“全部”选项，弹出提示对话框，单击“追加”按钮。在“形状”面板中选中需要的图形，如图 12-13 所示。在属性栏中的“选择工具模式”选项中选择“路径”选项，在图像窗口中绘制一个路径，如图 12-14 所示。

图 12-12

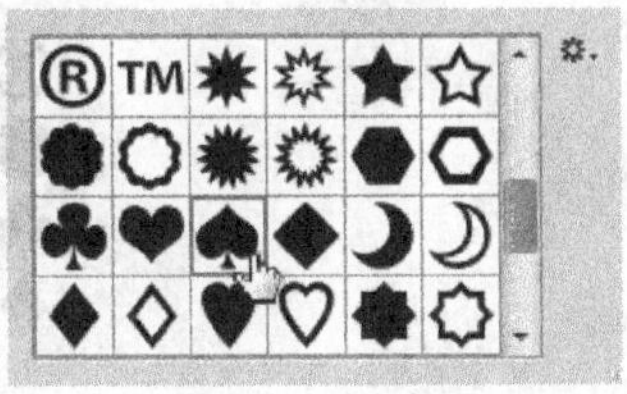

图 12-13

图 12-14

（5）选择菜单“图层 > 矢量蒙版 > 当前路径”命令，创建矢量蒙版，效果如图 12-15 所示。单击“图层”控制面板下方的“添加图层样式”按钮，在弹出的菜单中选择“描边”命令，弹出对话框，设置描边颜色为粉色（其 R、G、B 的值分别为 255、206、199），其他选项的设置如图 12-16 所示。选择“内阴影”选项，切换到相应的对话框，选项的设置如图 12-17 所示。单击“确定”按钮，效果如图 12-18 所示。

图 12-15

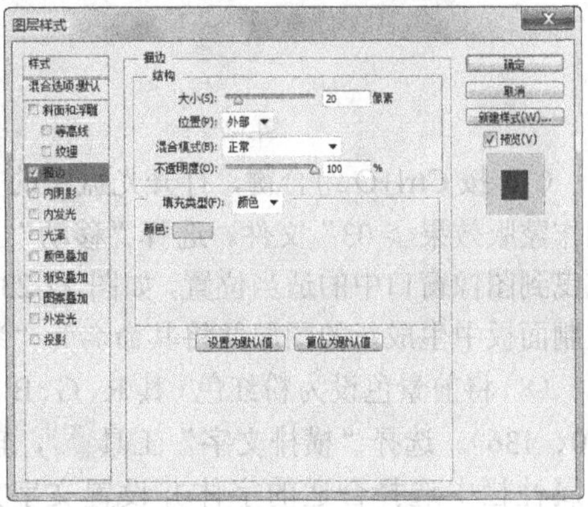

图 12-16

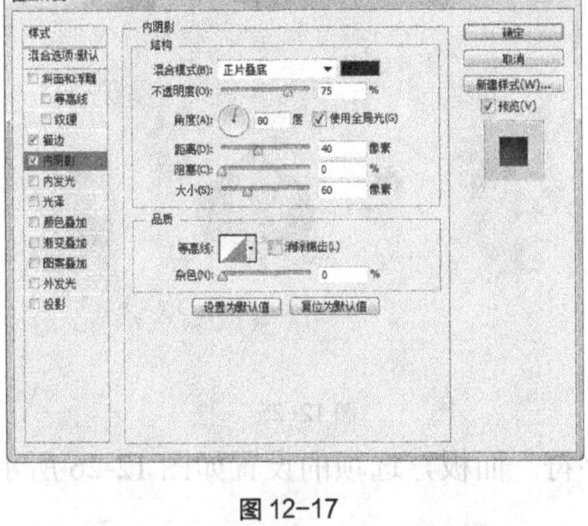

图 12-17

图 12-18

（6）选择“移动”工具，单击矢量蒙版缩览图，进入蒙版编辑状态，如图 12-19 所示。选择“自定形状”工具，单击属性栏中的“形状”选项，选中需要的图形，如图 12-20 所示。在图像窗口中绘制一个路径，效果如图 12-21 所示。用相同的方法绘制其他图形，效果如图 12-22 所示。

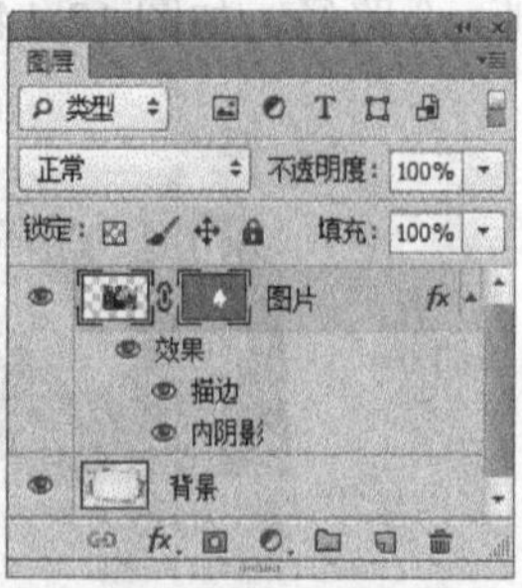

图 12-19

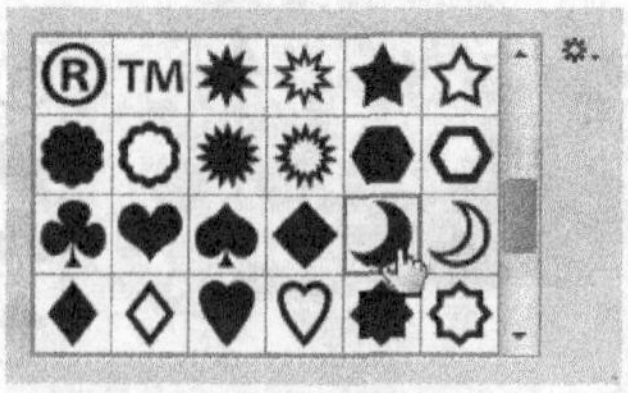

图 12-20

图 12-21

图 12-22

（7）按 Ctrl+O 组合键，打开光盘中的“Ch12 > 素材 > 制作蒙版效果 > 03”文件。选择“移动”工具，将图片拖曳到图像窗口中的适当位置，如图 12-23 所示。在“图层”控制面板中生成新的图层并将其命名为“装饰”。

图 12-23

（8）将前景色设为粉红色（其 R、G、B 的值分别为 239、110、136）。选择“横排文字”工具，输入需要的文字，在属性栏中选择合适的字体并设置文字大小，效果如图 12-24 所示。在控制面板中生成新的文字图层。选取需要的文字，填充为蓝色（其 R、G、B 的值分别为 133、186、225）。

图 12-24

图 12-25

（9）选择菜单“窗口 > 字符”命令，弹出“字符”面板，选项的设置如图 12-26 所示，文字效果如图 12-27 所示。按 Ctrl+T 组合键，在文字周围出现变换框，将光标放在变换框的控制手柄外边，光标变为旋转图标，拖曳光标将文字旋转到适当的角度，按 Enter 键确定操作，效果如图 12-28 所示。

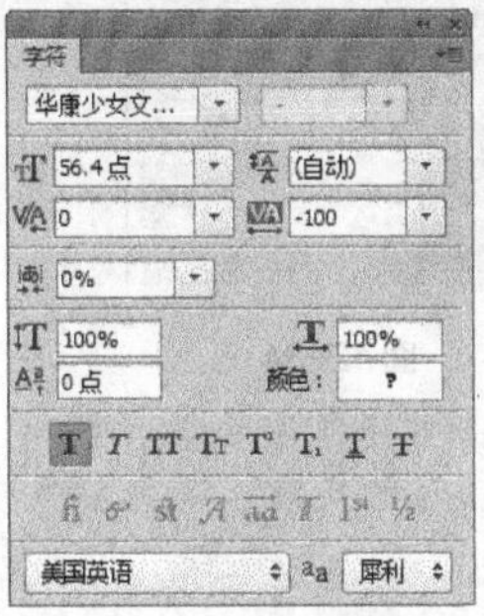

图 12-26

图 12-27

图 12-28

（10）单击“图层”控制面板下方的“添加图层蒙版”按钮，为“Colorful World”图层添加蒙版。将前景色设为黑色。选择“画笔”工具，在属性栏中单击“画笔”选项右侧按钮，在弹出的画笔面板中选择需要的画笔形状，其他选项的设置如图 12-29 所示。在图像窗口中擦除不需要的图像，效果如图 12-30 所示。

（11）按 Ctrl+O 组合键，打开光盘中的“Ch12 > 素材 > 制作蒙版效果 > 04”文件。选择“移动”工具，将人物图片拖曳到图像窗口中的适当位置，如图 12-31 所示。在“图层”控制面板中生成新的图层并将其命名为“文字”。

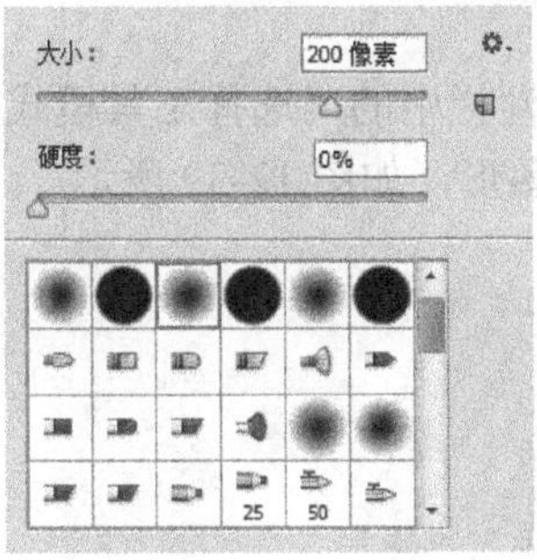

图 12-29

图 12-30

图 12-31

12.2 剪贴蒙版与矢量蒙版

剪贴蒙版与矢量蒙版可以用遮盖的方式使图像产生特殊的效果。

12.2.1 剪贴蒙版

创建剪贴蒙版：设计好的图像效果如图 12-32 所示，“图层”控制面板中的效果如图 12-33 所示。按住 Alt 键并将光标放置到“图形”和“热气球”的中间位置，光标变为，如图 12-34 所示。

单击制作图层的剪贴蒙版，如图 12-35 所示，图像窗口中的效果如图 12-36 所示。用“移动”工具可以随时移动“热气球”图像，效果如图 12-37 所示。

图 12-32

图 12-33

图 12-34

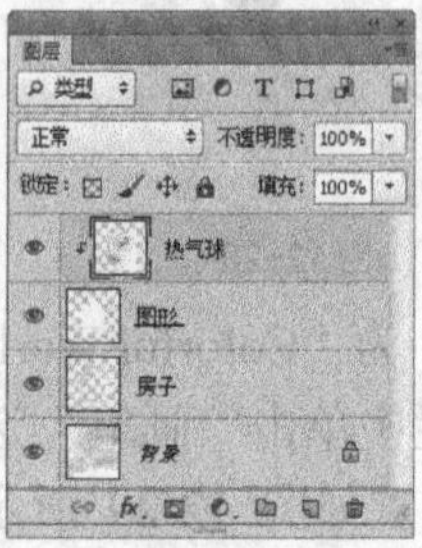

图 12-35

图 12-36

图 12-37

取消剪贴蒙版：如果要取消剪贴蒙版，可以选中剪贴蒙版组上方的图层，选择菜单“图层 > 释放剪贴蒙版”命令，或按 Alt+Ctrl+G 组合键即可删除。

12.2.2 矢量蒙版

原始图像如图 12-38 所示。选择“自定形状”工具，在属性栏中的“选择工具模式”选项中选择“路径”选项，在形状选择面板中选中“红心形卡”图形，如图 12-39 所示。

图 12-38

图 12-39

在图像窗口中绘制路径，如图 12-40 所示。选中“图层 1”，选择菜单“图层 > 矢量蒙版 > 当前路径”命令，为“图层 1”添加矢量蒙版，如图 12-41 所示，图像窗口中的效果如图 12-42 所示。选择“直接选择”工具可以修改路径的形状，从而修改蒙版的遮罩区域，如图 12-43 所示。

12.2.3 课堂案例——制作瓶中效果

【案例学习目标】学习使用剪贴蒙版命令制作图像效果。

【案例知识要点】使用可选颜色命令调整图片颜色，使用添加图层蒙版命令和画笔工具制作瓶中乌龟效果，使用文本工具添加文字，如图 12-44 所示。

图 12-40

图 12-41

图 12-42

图 12-43

【效果所在位置】光盘/Ch12/效果/制作瓶中效果.psd。

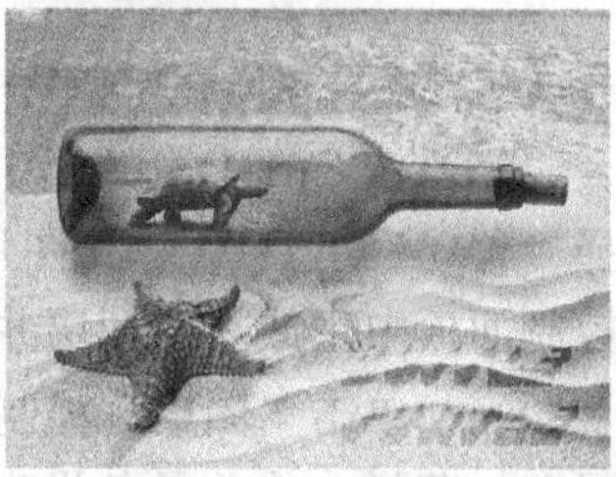

图 12-44

（1）按 Ctrl+O 组合键，打开光盘中的“Ch12 > 素材 > 制作瓶中效果 > 01”文件，如图 12-45 所示。

（2）单击“图层”控制面板下方的“创建新的填充或调整图层”按钮，在弹出的菜单中选择“可选颜色”命令，在“图层”控制面板中生成“选取颜色 1”，同时弹出“属性”面板，选项的设置如图 12-46 所示，效果如图 12-47 所示。

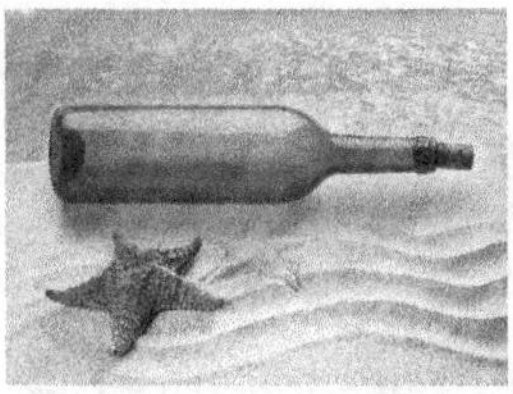

图 12-45

图 12-46

图 12-47

（3）按 Ctrl+O 组合键，打开光盘中的“Ch12 > 素材 > 制作瓶中效果 > 01”文件。选择“磁性套索”工具，沿着酒瓶边缘拖曳绘制选区，效果如图 12-48 所示。选择“移动”工具，将选区中的图像拖曳到 01 文件窗口中的适当位置，如图 12-49 所示。在“图层”控制面板中生成新的图层并将其命名为“瓶子”。

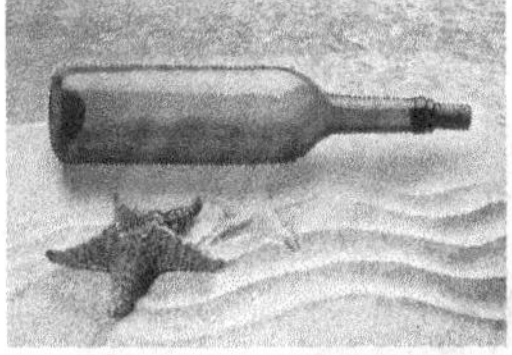

图 12-48

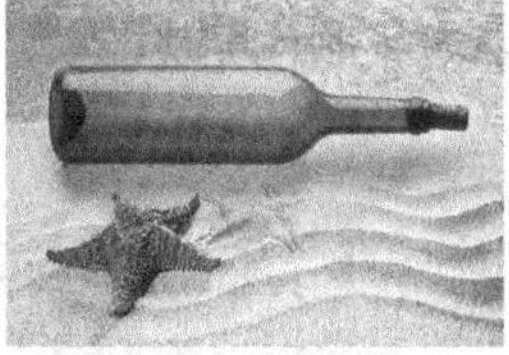

图 12-49

（4）单击“图层”控制面板下方的“创建新的填充或调整图层”按钮，在弹出的菜单中选择“色相/饱和度 1”命令，在“图层”控制面板中生成“色相/饱和度 1”，同时弹出

“色相/饱和度”面板，选项的设置如图 12-50 所示。单击面板下方的“此调整剪切到此图层”按钮，创建剪贴蒙版，效果如图 12-51 所示。

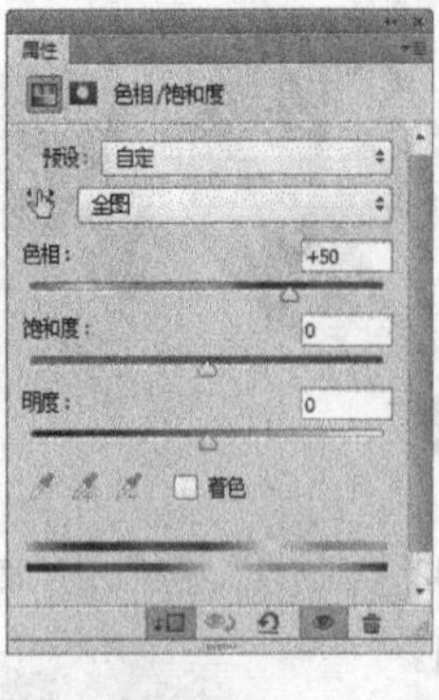

图 12-50

图 12-51

（5）按 Ctrl+O 组合键，打开光盘中的“Ch12＞素材 ＞ 制作瓶中效果 ＞02”文件，选择“移动”工具，将图片拖曳到图像窗口中适当的位置，如图 12-52 所示。在“图层”控制面板中生成新的图层并将其命名为“图片”。

（6）单击“图层”控制面板下方的“添加图层蒙版”按钮，为“Colorful World”图层添加蒙版。将前景色设为黑色。选择“画笔”工具，在属性栏中单击“画笔”选项右侧按钮，在弹出的画笔面板中选择需要的画笔形状，其他选项的设置如图 12-53 所示。在图像窗口中擦除不需要的图像，效果如图 12-54 所示。

图 12-52

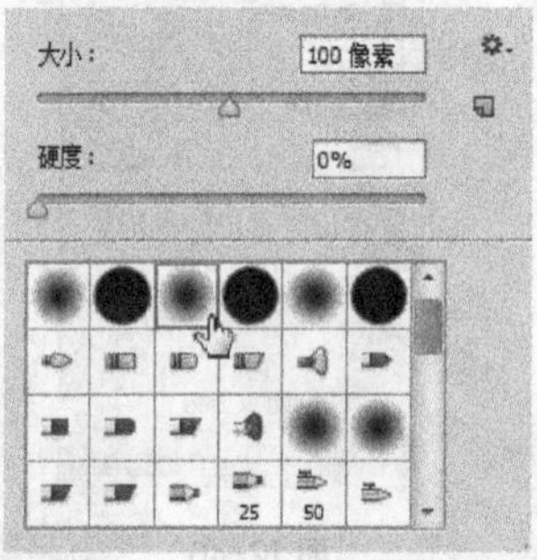

图 12-53

图 12-54

（7）将前景色设为黑色。选择“横排文字”工具，输入需要的文字并选取文字，在属性栏中选择合适的字体并设置文字的大小，效果如图 12-55 所示。在“图层”控制面板中生成新的文字图层。

（8）在“图层”控制面板上方，将该图层的混合模式选项设为“叠加”，效果如图 12-56 所示。瓶中效果制作完成。

图 12-55

图 12-56

12.3 课堂练习——制作合成效果

【练习知识要点】使用添加图层蒙版按钮、画笔工具制作图片渐隐效果；使用色阶命令调整图片颜色；使用色相/饱和度命令调整色调，如图 12-57 所示。

【效果所在位置】光盘/Ch12/效果/制作合成效果.psd。

图 12-57

12.4 课后习题——制作宠物网页

【习题知识要点】使用渐变工具、添加杂色命令制作背景图像；使用添加图层蒙版按钮和渐变工具对图片进行编辑；使用创建剪贴蒙版命令为图片创建剪贴蒙版效果，如图 12-58 所示。

【效果所在位置】光盘/Ch12/效果/制作宠物网页.psd。

图 12-58

Chapter 13

第13章 滤镜效果

本章将主要介绍 Photoshop CS6 强大的滤镜功能，包括滤镜的分类、滤镜的重复使用以及滤镜的使用技巧。通过本章的学习，能够快速地掌握知识要点，应用丰富的滤镜资源制作出多变的图像效果。

课堂学习目标

- 滤镜库以及滤镜使用技巧
- 滤镜的应用

13.1 滤镜库以及滤镜使用技巧

Photoshop CS6 的滤镜库将常用滤镜组组合在一个面板中，以折叠菜单的方式显示，并为每一个滤镜提供了直观效果预览，使用十分方便。Photoshop CS5 的滤镜菜单下提供了多种滤镜，可以制作出奇妙的图像效果。

13.1.1 滤镜库

Photoshop CS6 的滤镜库将常用滤镜组组合在一个面板中，以折叠菜单的方式显示，并为每一个滤镜提供了直观的效果预览，使用十分方便。

选择“滤镜 > 滤镜库”命令，弹出“滤镜库”对话框，左侧为滤镜预览框，可显示滤镜应用后的效果；中部为滤镜列表，每个滤镜组下面包含了多个特色滤镜，单击需要的滤镜组可以浏览到滤镜组中各个滤镜和其相应的滤镜效果；右侧为滤镜参数设置栏，可设置所用滤镜的各个参数值，如图 13-1 所示。

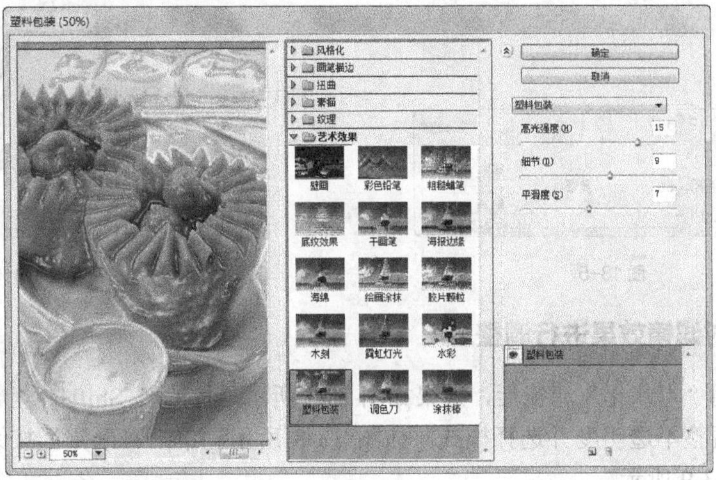

图 13-1

13.1.2 重复使用滤镜

如果使用一次滤镜后效果不理想，可以按 Ctrl+F 组合键重复使用滤镜。重复使用染色玻璃滤镜的不同效果如图 13-2 所示。

图 13-2

13.1.3 对图像局部使用滤镜

对图像局部使用滤镜，是常用处理图像的方法。在要应用的图像上绘制选区，如图 13-3 所示。对选区中的图像使用球面化滤镜，效果如图 13-4 所示。如果对选区进行羽化后再使用滤镜，就可以得到与原图融为一体的效果。在“羽化选区”对话框中设置羽化的数值，如图 13-5 所示。对选区进行羽化后再使用滤镜，效果如图 13-6 所示。

图 13-3

图 13-4

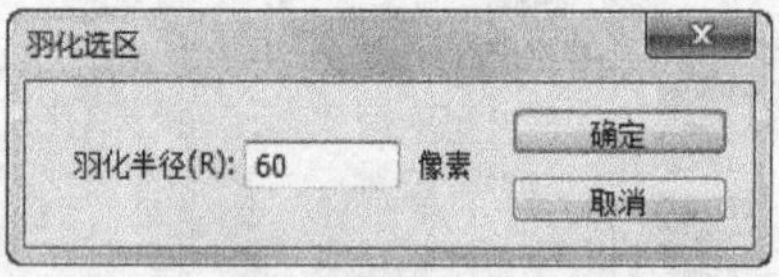

图 13-5

图 13-6

13.1.4 对滤镜效果进行调整

对图像应用“点状化”滤镜后，效果如图 13-7 所示。按 Ctrl+Shift+F 组合键，弹出“渐隐”对话框，调整不透明度并选择模式，如图 13-8 所示。单击“确定”按钮，滤镜效果产生变化，如图 13-9 所示。

图 13-7

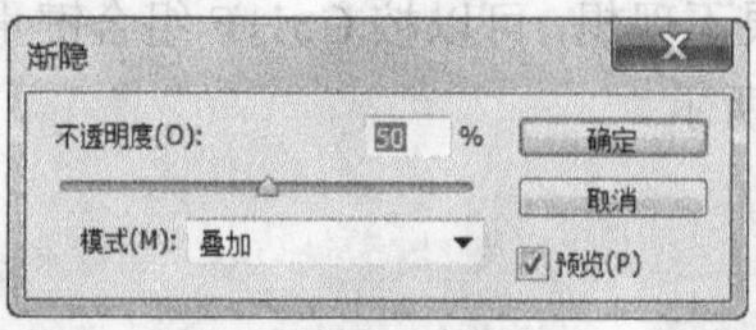

图 13-8

图 13-9

13.1.5 对通道使用滤镜

分别对图像的各个通道使用滤镜，结果和对图像使用滤镜的效果是一样的。对图像的单独通道使用滤镜，可以得到一种非常好的效果。原始图像如图 13-10 所示。对图像的绿、蓝通道分别使用径向模糊滤镜，效果如图 13-11 所示。

图 13-10

图 13-11

13.2 滤镜的应用

Photoshop CS6 的滤镜菜单下提供了多种滤镜，选择这些滤镜命令，可以制作出奇妙的图像效果。

单击“滤镜”菜单，弹出如图 13-12 所示的下拉菜单。Photoshop CS6 滤镜菜单被分为 6 部分，并用横线划分开。

第 1 部分为最近一次使用的滤镜，没有使用滤镜时，此命令为灰色，不可选择。使用任意一种滤镜后，当需要重复使用这种滤镜时，只要直接选择这种滤镜或按 Ctrl+F 组合键即可。

第 2 部分为转换成智能滤镜，智能滤镜可随时进行修改操作。

第 3 部分为 6 种 Photoshop CS6 滤镜，每个滤镜的功能都十分强大。

第 4 部分为 9 种 Photoshop CS6 滤镜组，每个滤镜组中都包含多个子滤镜。

第 5 部分为 Digimarc 滤镜。

第 6 部分为浏览联机滤镜。

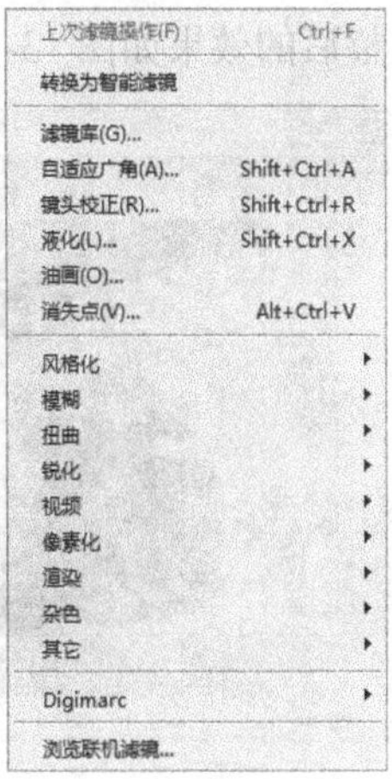

图 13-12

13.2.1 自适应广角

自适应广角滤镜是 Photoshop CS6 中推出的一项新功能，可以利用它对具有对广角、超广角及鱼眼效果的图片进行校正。

打开如图 13-13 所示的图像。选择菜单“滤镜 > 自适应广角”命令，弹出如图 13-14 所示的对话框。

图 13-13

图 13-14

在对话框左侧的图片上需要调整的位置拖曳一条直线，如图 13-15 所示。再将中间的节点向下拖曳到适当的位置，图片自动调整为直线，如图 13-16 所示。单击“确定”按钮，照片调整后的效果如图 13-17 所示。用相同的方法也可以调整上方的屋顶，效果如图 13-18 所示。

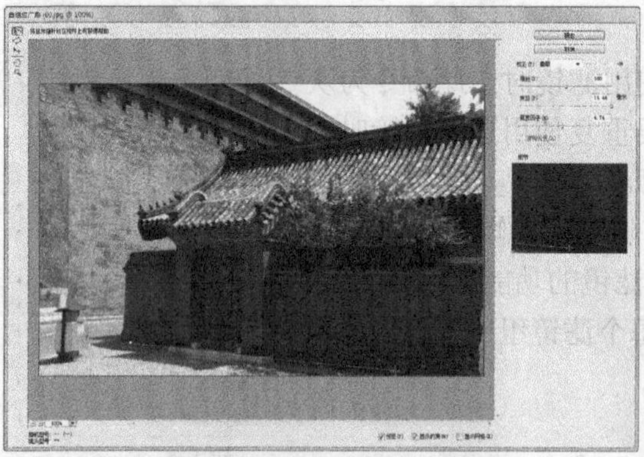

图 13-15

图 13-16

图 13-17

图 13-18

13.2.2 镜头校正

镜头校正滤镜可以修复常见的镜头瑕疵，如桶形失真、枕形失真、晕影和色差等；也可以使用该滤镜来旋转图像，或修复由于相机在垂直或水平方向上倾斜而导致的图像透视错视现象。

打开如图 13-19 所示的图像，选择菜单“滤镜 > 镜头校正”命令，弹出如图 13-20 所示的对话框。

图 13-19

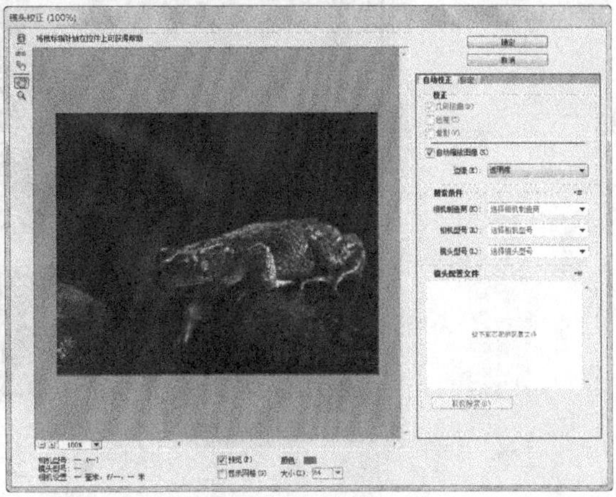

图 13-20

单击“自定”选项卡，设置如图 13-21 所示。单击“确定”按钮，效果如图 13-22 所示。

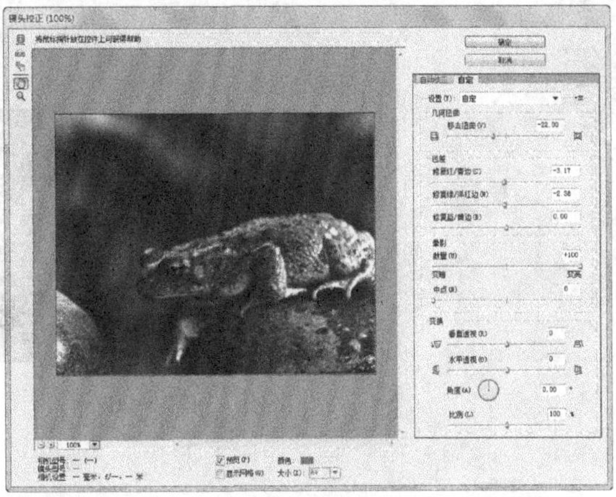

图 13-21

图 13-22

13.2.3 油画滤镜

油画滤镜可以将照片或图片制作成油画效果。

打开如图 13-23 所示的图像。选择菜单“滤镜 > 油画”命令，弹出如图 13-24 所示的对话框。画笔选项组可以设置笔刷的样式化、清洁度、缩放和硬毛刷细节，光照选项组可以设置角的方向和亮光情况。具体的设置如图 13-25 所示。单击“确定”按钮，效果如图 13-26 所示。

图 13-23

图 13-24

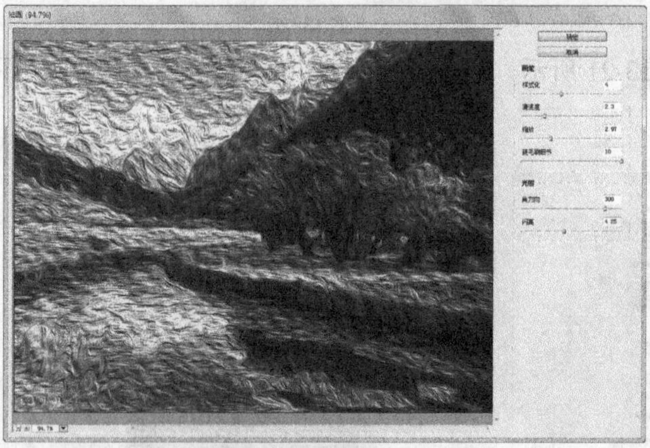

图 13-25

图 13-26

13.2.4 消失点滤镜

应用消失点滤镜可以制作建筑物或任何矩形对象的透视效果。

选中图像中的建筑物，生成选区，如图 13-27 所示。按 Ctrl+C 组合键复制选区中的图像，取消选区。选择“滤镜 > 消失点”命令，弹出“消失点”对话框，在对话框的左侧选中“创建平面工具”按钮，在图像中单击定义 4 个角的节点，如图 13-28 所示。节点之间会自动连接成为透视平面，如图 13-29 所示。

图 13-27

按 Ctrl＋V 组合键将刚才复制过的图像粘贴到对话框中，如图 13-30 所示。将粘贴的图像拖曳到透视平面中，如图 13-31 所示。

图 13-28

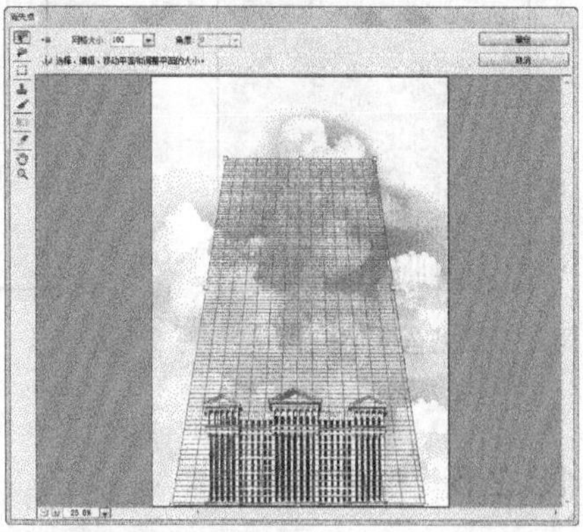
图 13-29

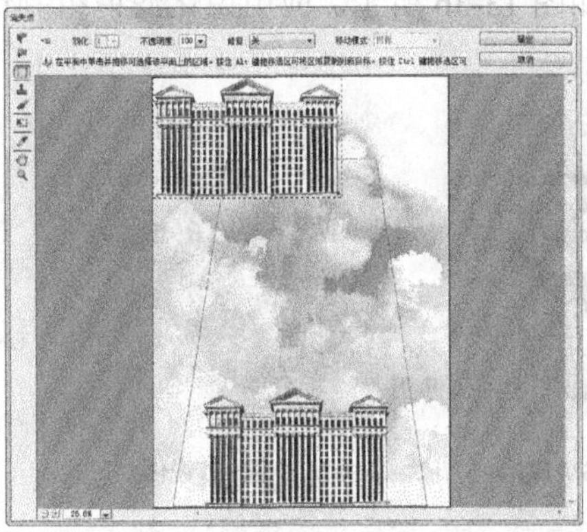
图 13-30

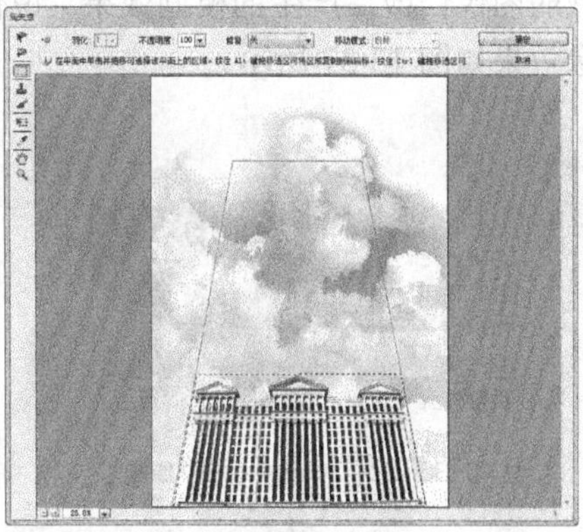
图 13-31

按住 Alt 键的同时，复制并向上拖曳建筑物，如图 13-32 所示。用相同的方法，再复制 2 次建筑物，如图 13-33 所示。单击“确定”按钮，建筑物的透视变形效果如图 13-34 所示。

图 13-32

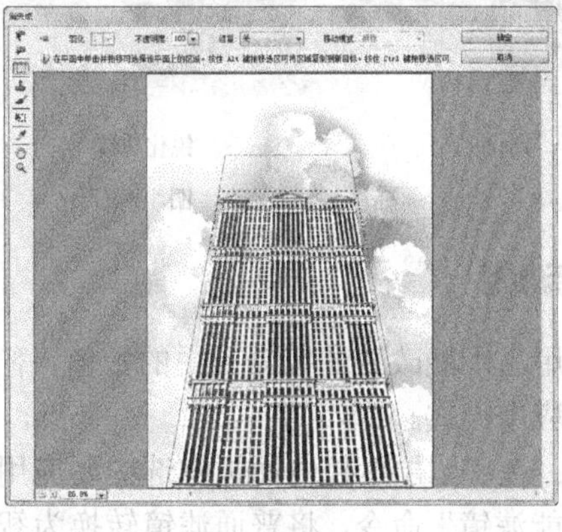
图 13-33

图 13-34

在“消失点”对话框中，透视平面显示为蓝色时为有效的平面；显示为红色时为无效的平面，无法计算平面的长宽比，也无法拉出垂直平面；显示为黄色时为无效的平面，无法解析平面的所有消失点，如图 13-35 所示。

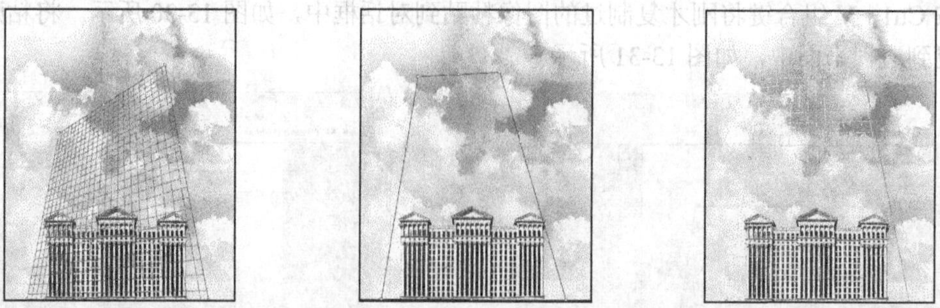

蓝色透视平面　　红色透视平面　　黄色透视平面

图 13-35

13.2.5 锐化滤镜

锐化滤镜可以通过生成更大的对比度来使图像清晰化和增强处理图像的轮廓。此组滤镜可减弱图像修改后产生的模糊效果。锐化滤镜菜单如图 13-36 所示。应用锐化滤镜组制作的图像效果如图 13-37 所示。

图 13-36

原图　　USM 锐化　　进一步锐化

锐化　　锐化边缘　　智能锐化

图 13-37

13.2.6 智能滤镜

常用滤镜在应用后不能改变滤镜命令中的数值，智能滤镜是针对智能对象使用的、可调节滤镜效果的一种应用模式。

添加智能滤镜：在“图层”控制面板中选中要应用滤镜的图层，如图 13-38 所示。选择“滤镜 > 转换为智能滤镜”命令，将普通滤镜转换为智能滤镜，此时弹出提示对话框，提示将选中的图层转换为智能对象，单击“确定”按钮，“图层”控制面板中的效果如图 13-39 所示。选择菜单“滤镜 > 模糊 > 动感模糊”命令，为图像添加拼缀图效果，在“图层”控制面板中此图层的下方显示出滤镜名称，如图 13-40 所示。

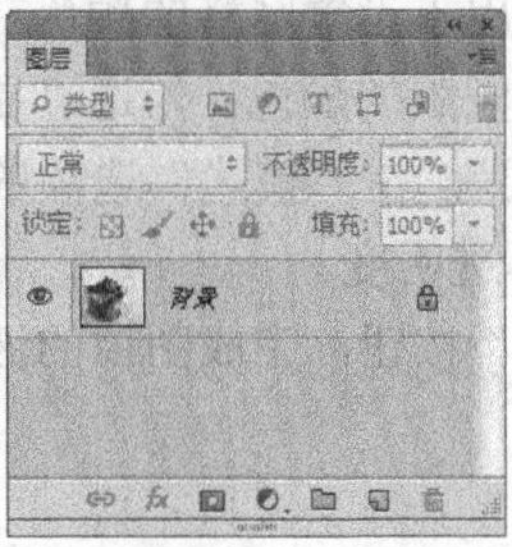

图 13-38

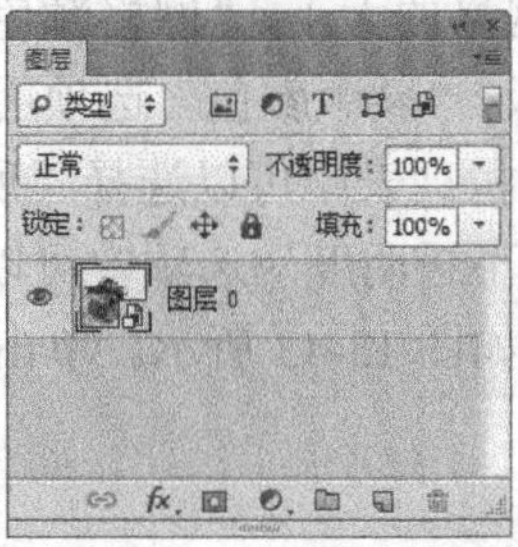

图 13-39

图 13-40

编辑智能滤镜：可以随时调整智能滤镜中各选项的参数来改变图像的效果。双击“图层”控制面板中要修改参数的滤镜名称，在弹出的相应对话框中重新设置参数即可。单击滤镜名称右侧的“双击以编辑滤镜混合选项”图标，弹出“混合选项”对话框，在对话框中可以设置滤镜效果的模式和不透明度，如图 13-41 所示。

13.2.7 液化滤镜

液化滤镜命令可以制作出各种类似液化的图像变形效果。

打开一幅图像，选择菜单“滤镜 > 液化”命令，或按 Ctrl+Shift+X 组合键，弹出“液化”对话框，勾选右侧的“高级模式”复选框，如图 13-42 所示。

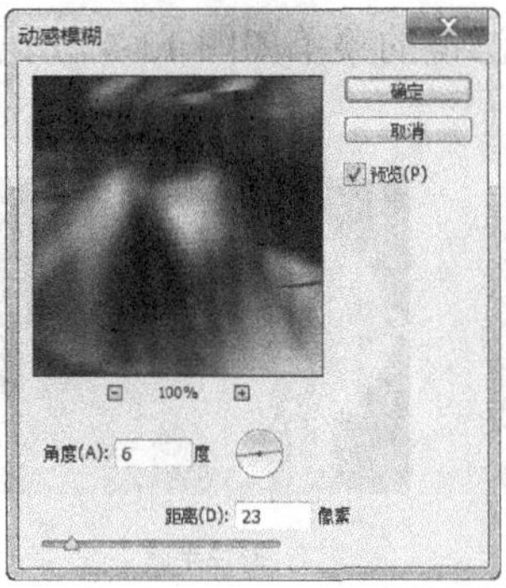

图 13-41

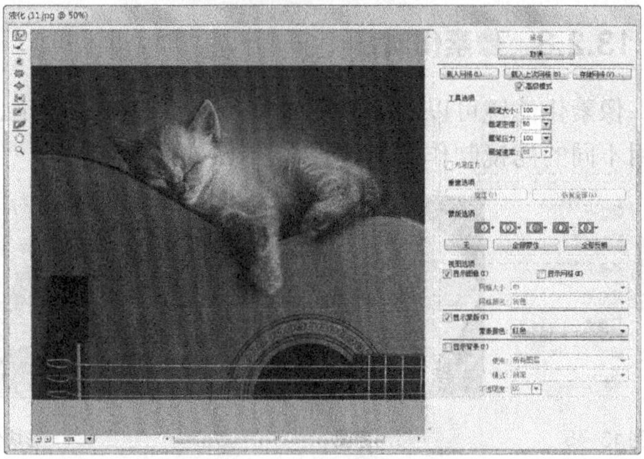

图 13-42

左侧的工具箱由上到下分别为：“向前变形”工具、“重建”工具、“褶皱”工具、“膨胀”工具、“左推”工具、“抓手”工具和“缩放”工具。

工具选项：“画笔大小”选项用于设定所选工具的笔触大小；“画笔密度”选项用于设定画笔的浓重度；“画笔压力”选项用于设定画笔的压力，压力越小，变形的过程越慢；“画笔速率”选项用于设定画笔的绘制速度；“光笔压力”选项用于设定压感笔的压力。

重建选项：“重建”按钮用于对变形的图像进行重置；“恢复全部”按钮用于将图像恢复到打开时的状态。

蒙版选项：用于选择通道蒙版的形式。选择“无”按钮，可以不制作蒙版；选择“全部蒙住”按钮，可以为全部的区域制作蒙版；选择“全部反相”按钮，可以解冻蒙版区域并冻结剩余区域。

视图选项：勾选“显示图像”复选框可以显示图像；勾选“显示网格”复选框可以显示

网格，“网格大小”选项用于设置网格的大小，“网格颜色”选项用于设置网格的颜色；勾选“显示蒙版”复选框，可以显示蒙版，“蒙版颜色”选项用于设置蒙版的颜色；勾选“显示背景”复选框，在“使用”选项的下拉列表中可以选择“所有图层”，在“模式”选项的下拉列表中可以选择不同的模式，在“不透明度”选项中可以设置不透明度。

在对话框中对图像进行变形，如图 13-43 所示。单击“确定”按钮，完成图像的液化变形，效果如图 13-44 所示。

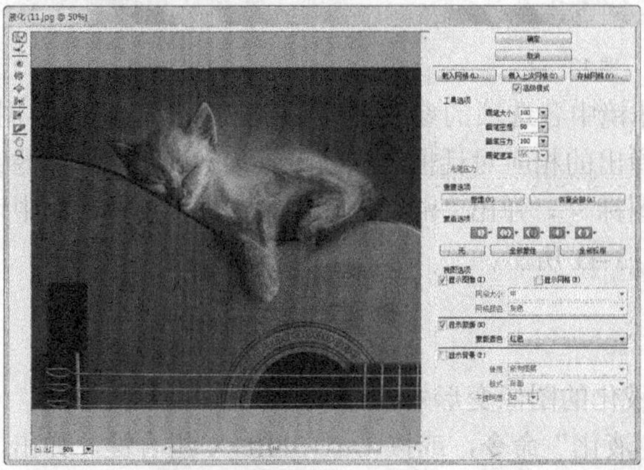

图 13-43

图 13-44

13.2.8 像素化滤镜

像素化滤镜可以用于将图像分块或将图像平面化。像素化滤镜的菜单如图 13-45 所示。应用不同的滤镜制作出的效果如图 13-46 所示。

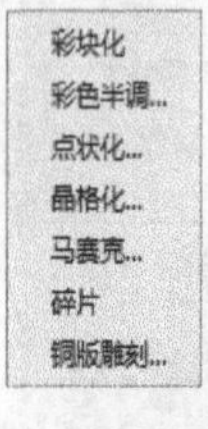

图 13-45

原图

彩块化

彩色半调

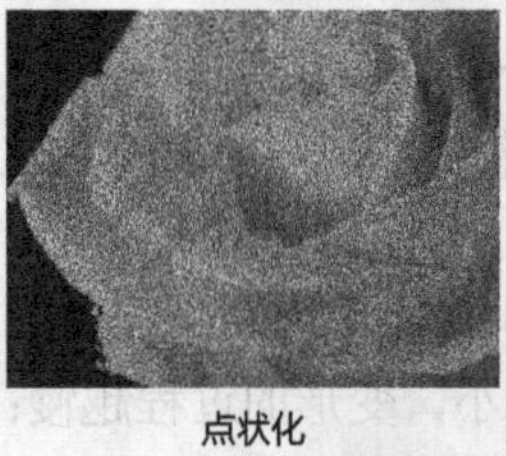

点状化

晶格化

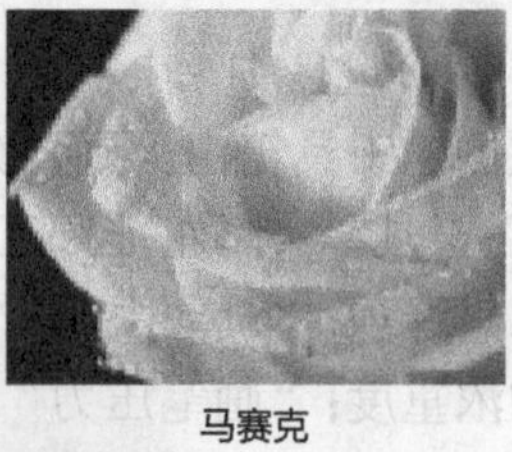

马赛克

碎片

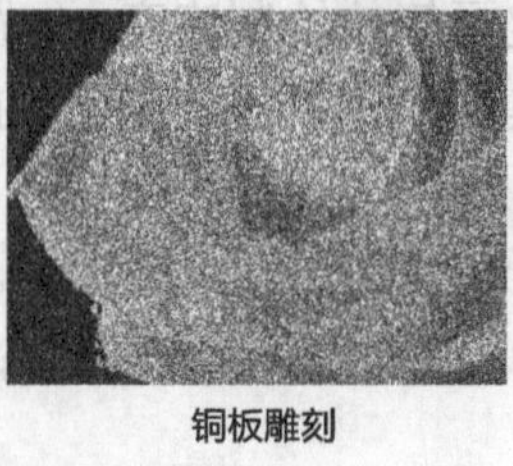

铜板雕刻

图 13-46

13.2.9　风格化滤镜

风格化滤镜可以产生印象派以及其他风格画派作品的效果，是完全模拟真实艺术手法进行创作的。风格化滤镜菜单如图 13-47 所示。应用不同的滤镜制作出的效果如图 13-48 所示。

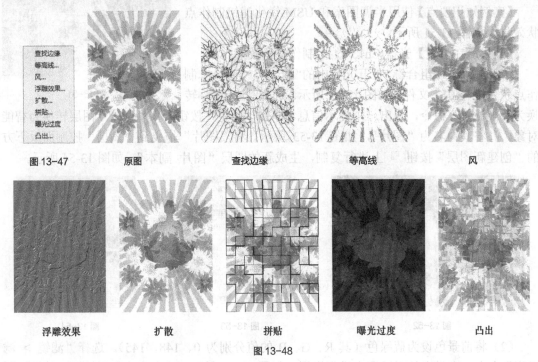

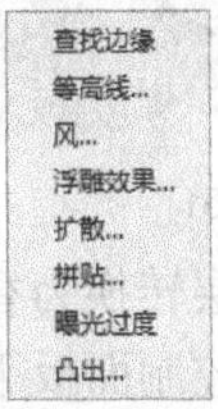

图 13-47

原图

查找边缘

等高线

风

浮雕效果

扩散

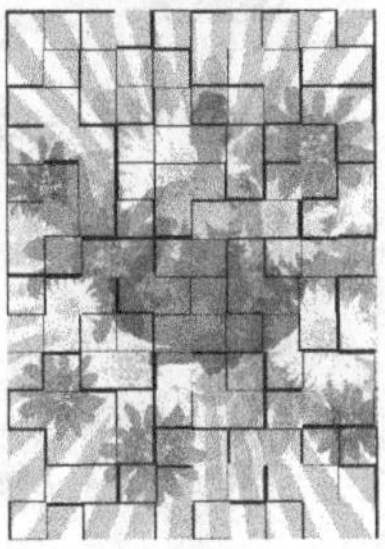
拼贴

曝光过度

凸出

图 13-48

13.2.10　渲染滤镜

渲染滤镜可以在图片中产生照明的效果，从而产生不同的光源效果和夜景效果。渲染滤镜菜单如图 13-49 所示。应用不同的滤镜制作出的效果如图 13-50 所示。

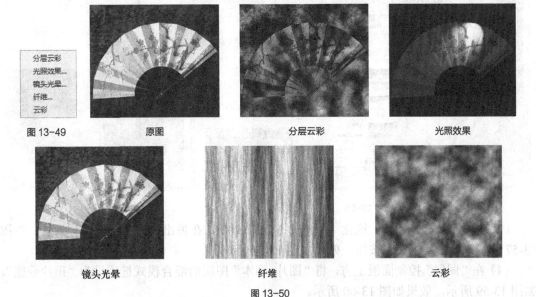

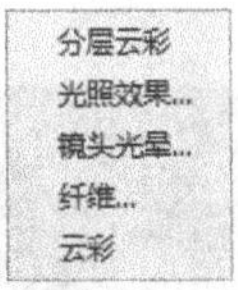

图 13-49

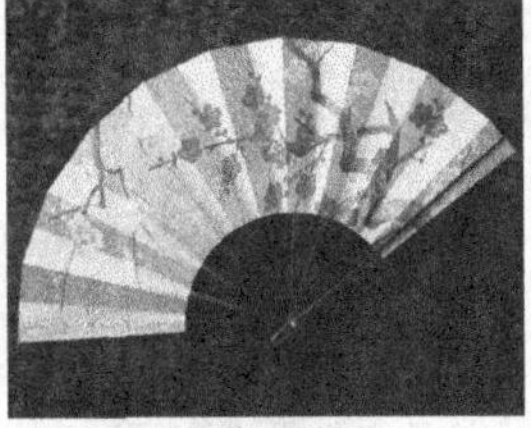
原图

分层云彩

光照效果

镜头光晕

纤维

云彩

图 13-50

13.2.11 课堂案例——制作点状效果

图 13-51

【案例学习目标】学习使用素描滤镜和锐化滤镜制作点状效果。

【案例知识要点】使用半调图案和 USM 锐化滤镜制作点状效果，如图 13-51 所示。

【效果所在位置】光盘/Ch13/效果/制作点状效果.psd。

（1）按 Ctrl+O 组合键，打开光盘中的“Ch13 > 素材 > 制作点状效果 > 01”文件，如图 13-52 所示。选择“滤镜 > 转换为智能滤镜”命令，弹出一个提示信息，单击“确定”按钮，将“背景”图层转换为智能对象，并将其命名为“图片”，如图 13-53 所示。将“图片”拖曳到“图层”控制面板下方的“创建新图层”按钮 上进行复制，生成新的图层“图片 副本”，如图 13-54 所示。

图 13-52

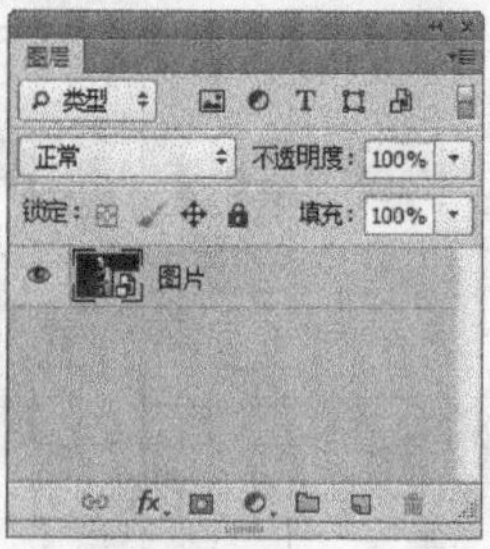

图 13-53

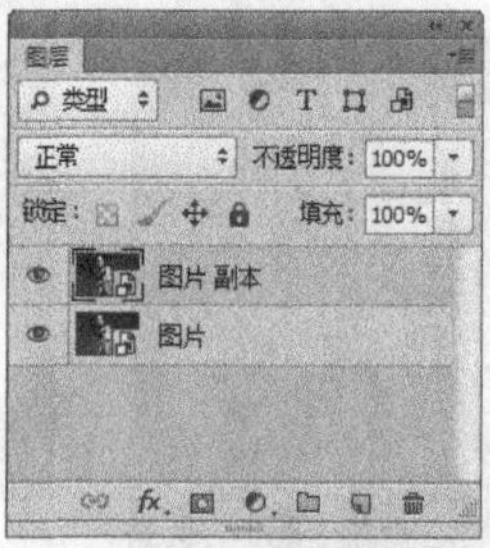

图 13-54

（2）将前景色设为蓝绿色（其 R、G、B 的值分别为 0、148、145）。选择“滤镜 > 滤镜库”命令，在弹出的对话框中进行设置，如图 13-55 所示。单击“确定”按钮，效果如图 13-56 所示。

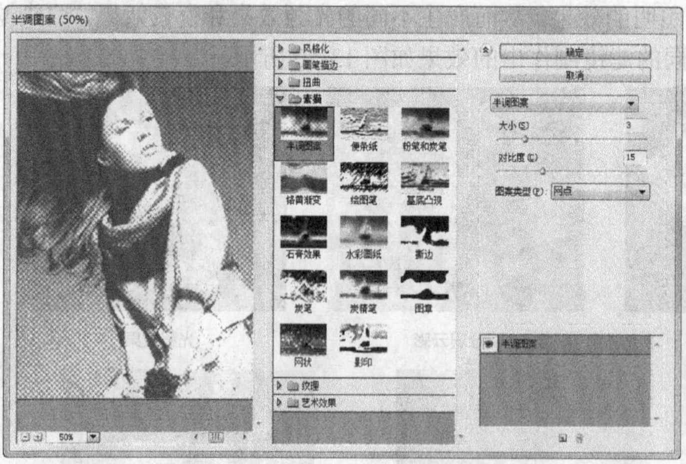

图 13-55

图 13-56

（3）选择菜单“滤镜 > 锐化 > USM 锐化”命令，在弹出的对话框中进行设置，如图 13-57 所示。单击“确定”按钮，效果如图 13-58 所示。

（4）在“图层”控制面板上方，将“图片 副本”图层的混合模式选项设为“正片叠底”，如图 13-59 所示，效果如图 13-60 所示。

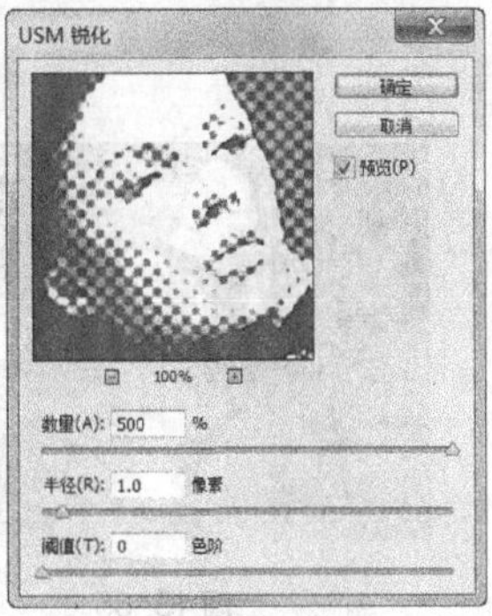

图 13-57

图 13-58

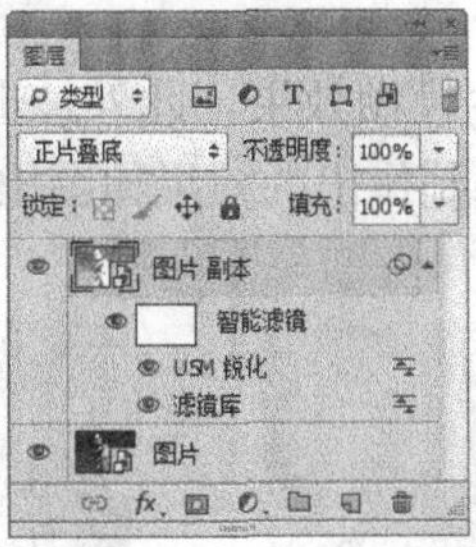

图 13-59

图 13-60

（5）选择“移动”工具，选择“图片”图层。将前景色设为玫红色（其 R、G、B 的值分别为 175、96、199）。选择“滤镜 > 滤镜库”命令，在弹出的对话框中进行设置，如图 13-61 所示。单击“确定”按钮，效果如图 13-62 所示。

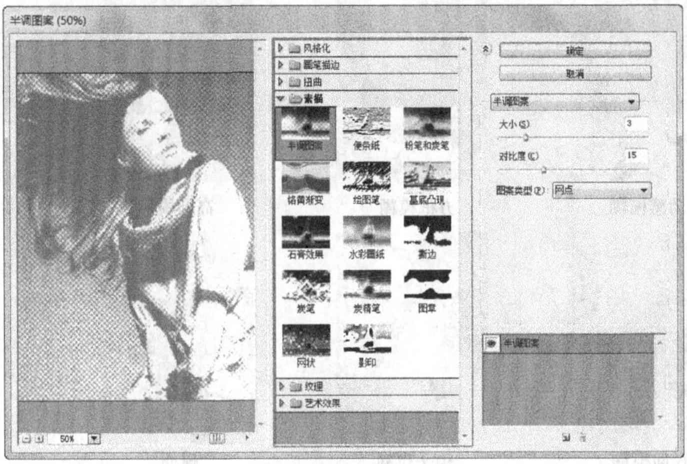

图 13-61

图 13-62

（6）选择菜单“滤镜 > 锐化 > USM 锐化”，命令，在弹出的对话框中进行设置，如图 13-63 所示。单击“确定”按钮，效果如图 13-64 所示。

（7）将前景色设为白色。选择“横排文字”工具，输入需要的文字，在属性栏中选择合适的字体并设置文字大小，效果如图 13-65 所示。在控制面板中生成新的文字图层。至此，点状效果制作完成。

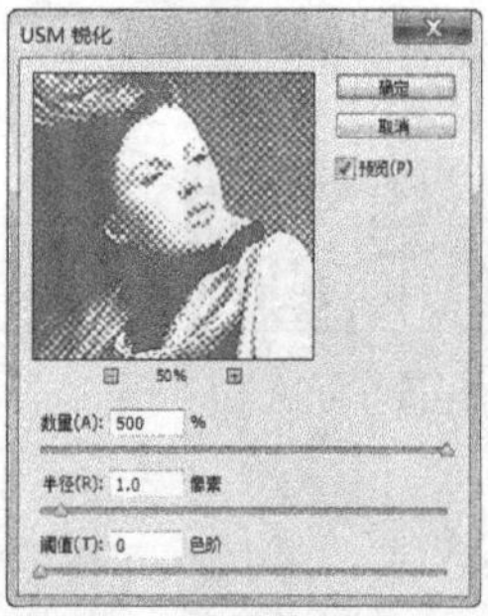

图 13-63

图 13-64

图 13-65

13.2.12 模糊滤镜

模糊滤镜可以使图像中过于清晰或对比度强烈的区域产生模糊效果。此外，也可用于制作柔和阴影。模糊效果滤镜菜单如图 13-66 所示。应用不同滤镜制作出的效果如图 13-67 所示。

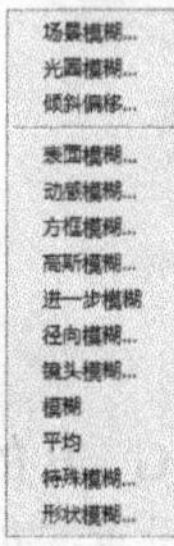

图 13-66

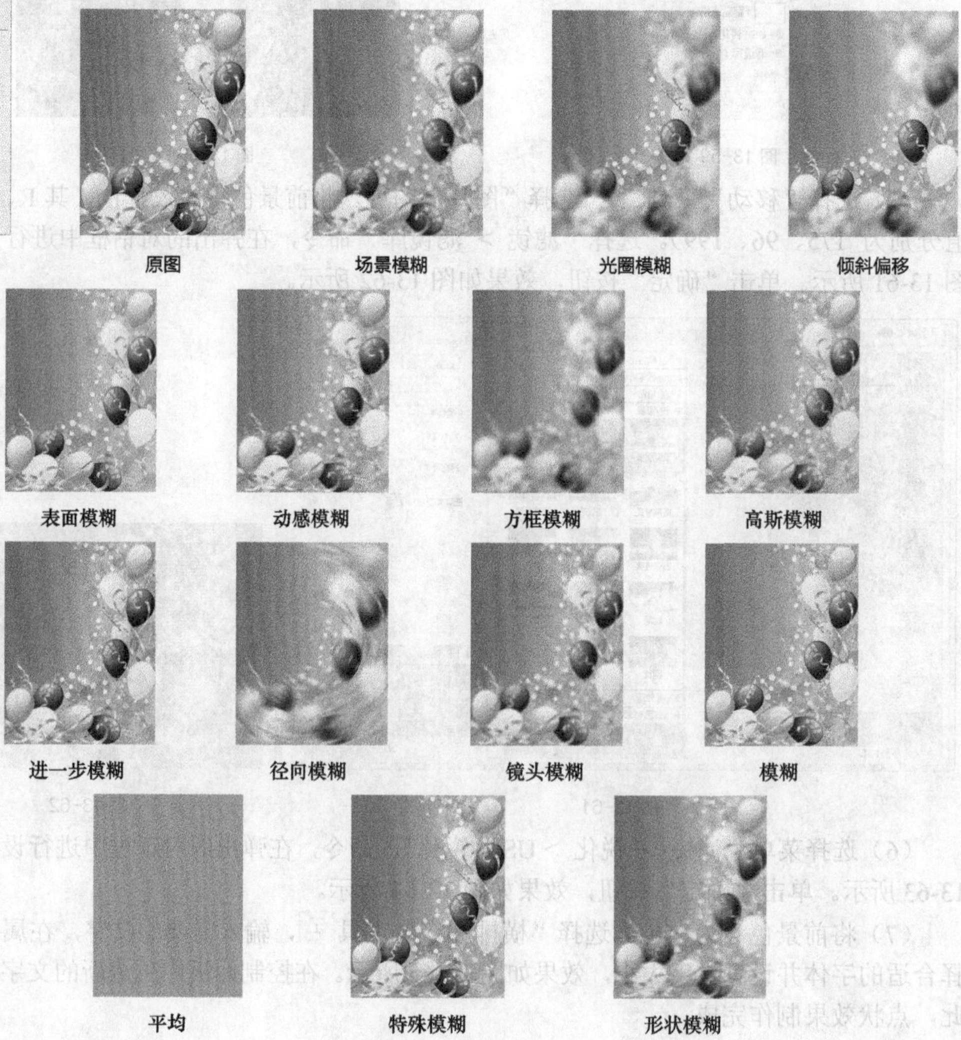

图 13-67

13.2.13　素描滤镜组

素描滤镜组包含 14 个滤镜，如图 13-68 所示。此滤镜只对 RGB 或灰度模式的图像起作用，可以制作出多种绘画效果。应用不同的滤镜制作出的效果如图 13-69 所示。

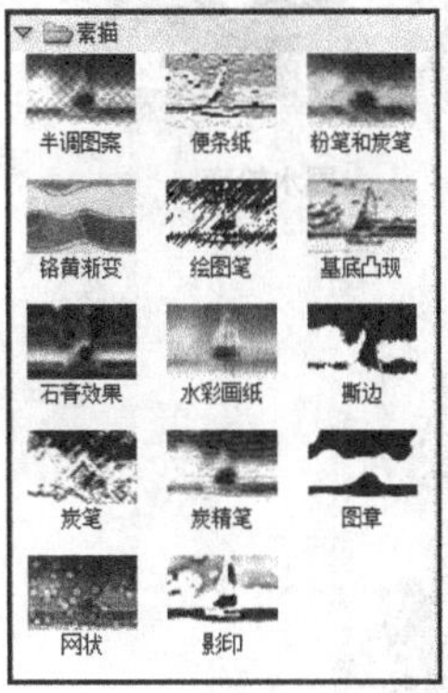

图 13-68

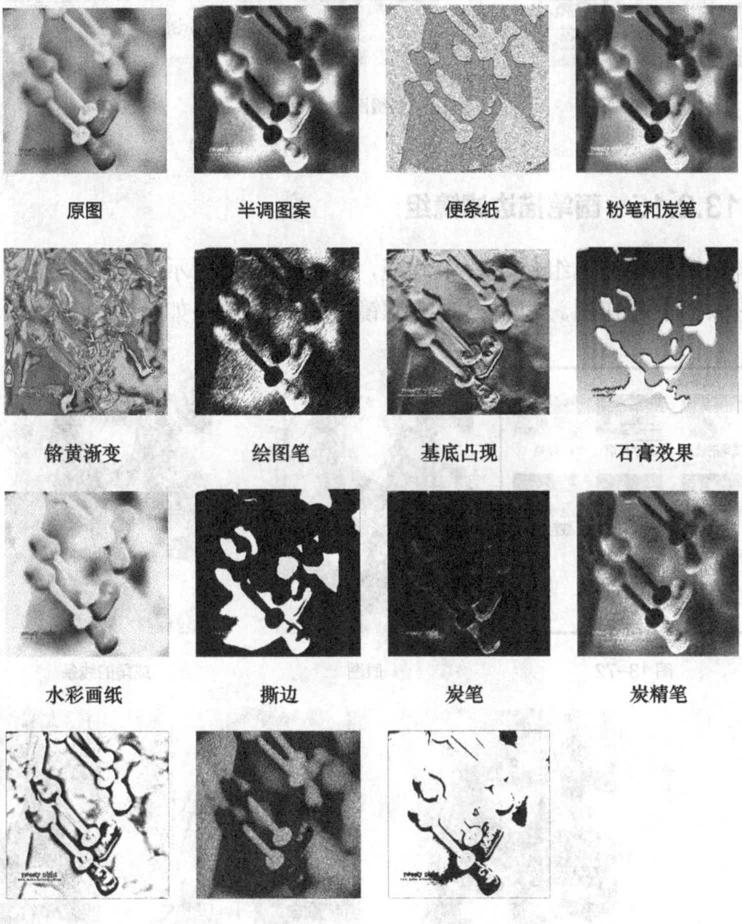

图 13-69

13.2.14　纹理滤镜组

纹理滤镜组包含 6 个滤镜，如图 13-70 所示。此滤镜可以使图像中各颜色之间产生过渡变形的效果。应用不同的滤镜制作出的效果如图 13-71 所示。

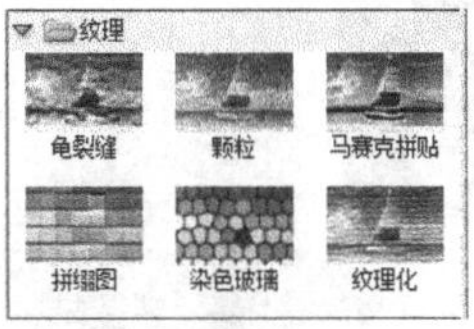

图 13-70

图 13-71

马赛克拼贴　拼缀图　染色玻璃　纹理化

图 13-71（续）

13.2.15 画笔描边滤镜组

画笔描边滤镜组包含 8 个滤镜，如图 13-72 所示。此滤镜组对 CMYK 和 Lab 颜色模式的图像都不起作用。应用不同的滤镜制作出的效果如图 13-73 所示。

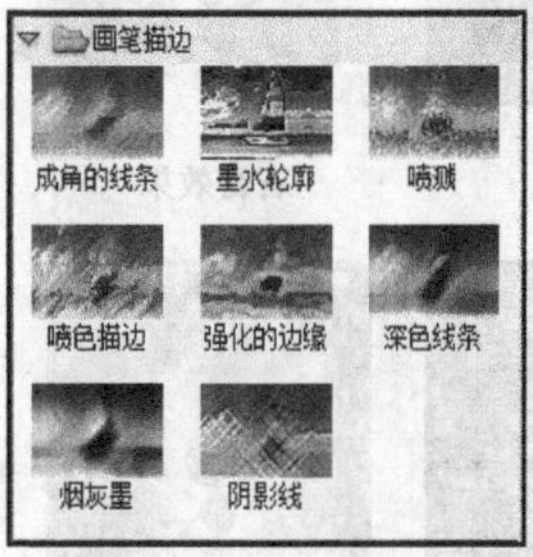

图 13-72

原图　成角的线条　墨水轮廓

喷溅　喷色描边　强化的边缘

深色线条　烟灰墨　阴影线

图 13-73

13.2.16 课堂案例——制作冰冻效果

【案例学习目标】学习使用多种滤镜命令和文本工具制作冰冻效果。

【案例知识要点】使用水彩滤镜、照亮边缘滤镜、铬黄渐变滤镜制作冰的质感，使用色阶命令和图层混合模式命令编辑图像效果，使用文本工具添加文字，如图 13-74 所示。

图 13-74

【效果所在位置】光盘/Ch13/效果/制作冰冻效果.psd。

（1）按 Ctrl+O 组合键，打开光盘中的“Ch13 > 素材 > 制作冰冻效果 > 01”文件，如图 13-75 所示。选择“钢笔”工具，在属性栏中的“选择工具模式”选项中选择“路径”选项，在图像窗口中沿着企鹅轮廓单击绘制路径，如图 13-76 所示。

（2）按 Ctrl+Enter 组合键，将路径转换为选区，如图 13-77 所示。连续按四次 Ctrl+J 组合键，对选区中的图像进行复制，生成新的图层并分别将其命名为“手”、“质感”、“轮廓”和“高光”。选择“手”和“质感”图层，将其他两个图层隐藏，如图 13-78 所示。

图 13-75

图 13-76

图 13-77

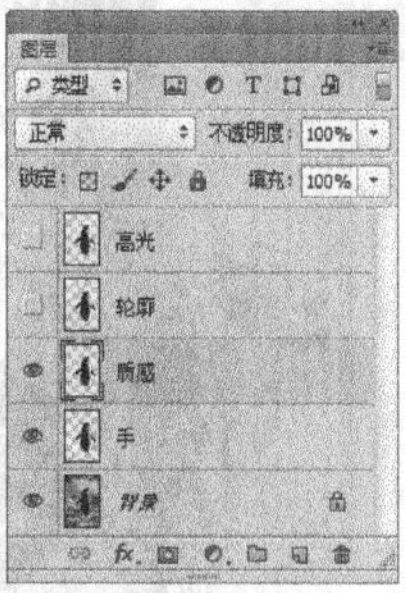

图 13-78

（3）选择“滤镜 > 滤镜库”命令，在弹出的对话框中进行设置，如图 13-79 所示。单击“确定”按钮，效果如图 13-80 所示。

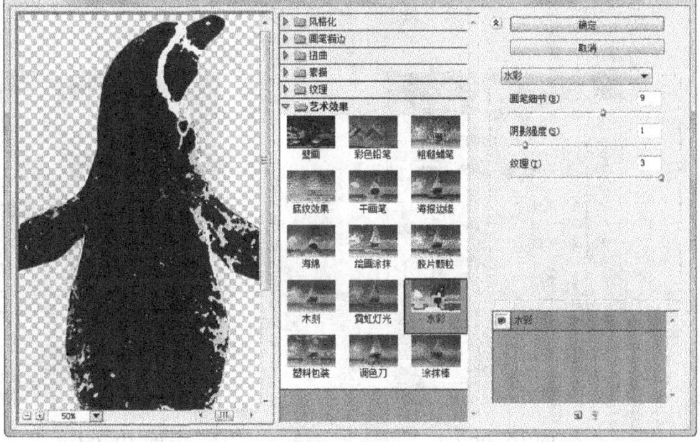

图 13-79

图 13-80

（4）双击“质感”图层，弹出“图层样式”对话框，选项的设置如图 13-81 所示。单击“确定”按钮，效果如图 13-82 所示。

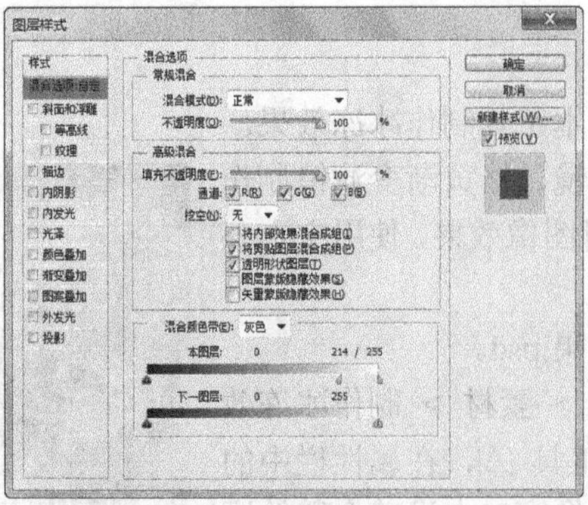

图 13-81

图 13-82

（5）选择并显示“轮廓”图层。选择菜单“滤镜 > 滤镜库”命令，在弹出的对话框中进行设置，如图 13-83 所示。单击“确定”按钮，效果如图 13-84 所示。

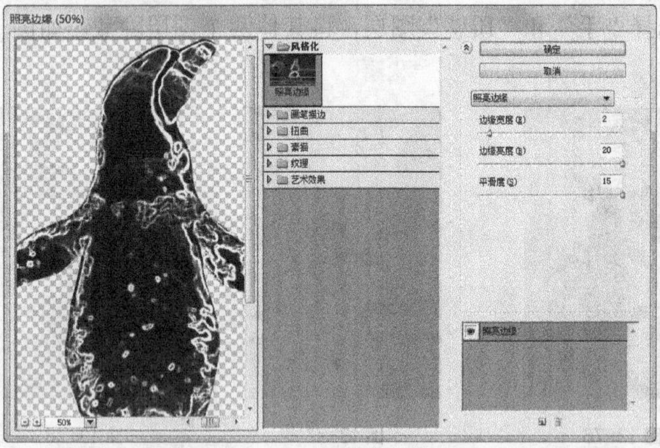

图 13-83

图 13-84

（6）选择菜单“图像 > 调整 > 去色”命令，去除图像颜色，效果如图 13-85 所示。在“图层”控制面板上方，将“轮廓”图层的混合模式选项设为“滤色”，如图 13-86 所示，效果如图 13-87 所示。

图 13-85

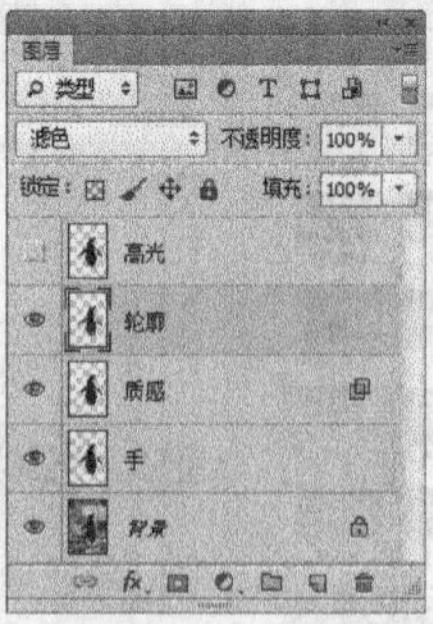

图 13-86

图 13-87

（7）选择并显示“高光”图层。选择菜单“滤镜 > 滤镜库”命令，在弹出的对话框中进行设置，如图 13-88 所示。单击“确定”按钮，效果如图 13-89 所示。

图 13-88

图 13-89

（8）在“图层”控制面板上方，将“高光”图层的混合模式选项设为“滤色”，如图 13-90 所示，效果如图 13-91 所示。

（9）单击“图层”控制面板下方的“创建新的填充或调整图层”按钮，在弹出的菜单中选择“色阶”命令，在“图层”控制面板中生成“色阶 1”，同时弹出“色阶”面板，选项的设置如图 13-92 所示，效果如图 13-93 所示。

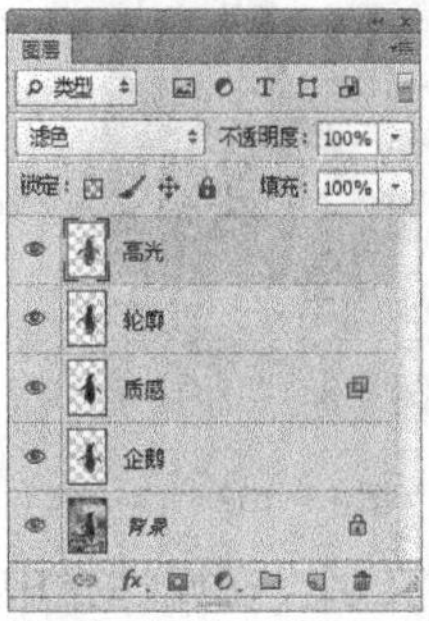

图 13-90

图 13-91

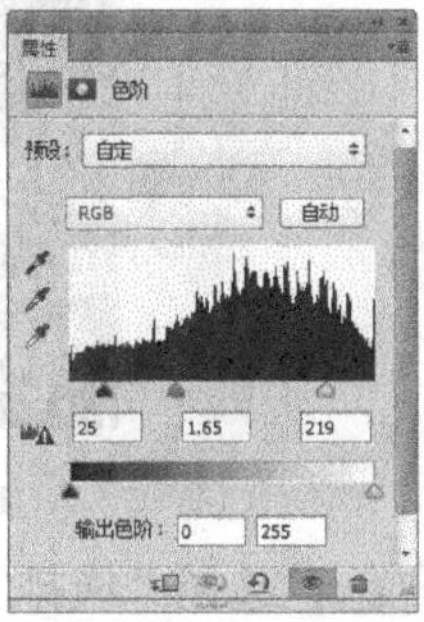

图 13-92

图 13-93

（10）按住 Alt 键并将光标放在“色阶 1”和“高光”图层的中间，光标变为，右键单击，创建剪贴蒙版，效果如图 13-94 所示。

（11）新建图层并将其命名为“裂纹”。选择菜单“滤镜 > 渲染 > 云彩”命令，效果如图 13-95 所示。选择菜单“滤镜 > 渲染 > 分层云彩”命令，效果如图 13-96 所示。

图 13-94

图 13-95

图 13-96

（12）选择菜单“图像 > 调整 > 色阶”命令，弹出“色阶”对话框，选项的设置如图 13-97 所示。单击“确定”按钮，效果如图 13-98 所示。选择“移动”工具，将“裂纹”图层拖曳到适当的位置，效果如图 13-99 所示。

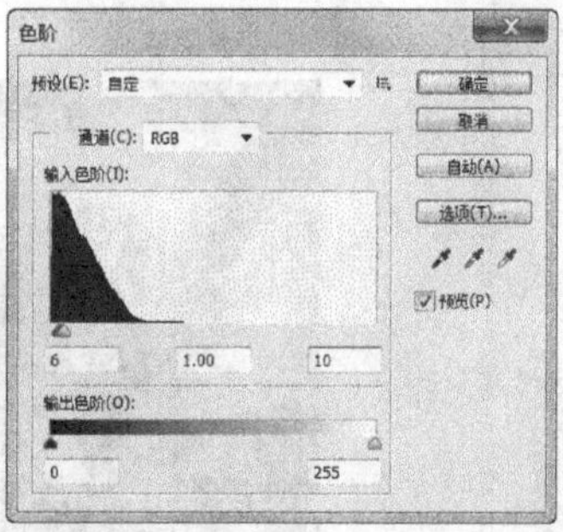

图 13-97

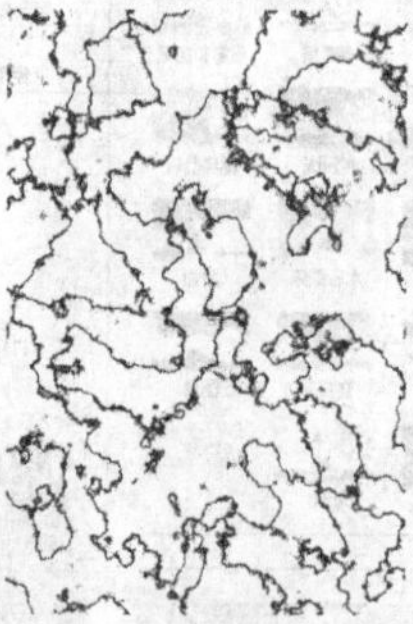
图 13-98

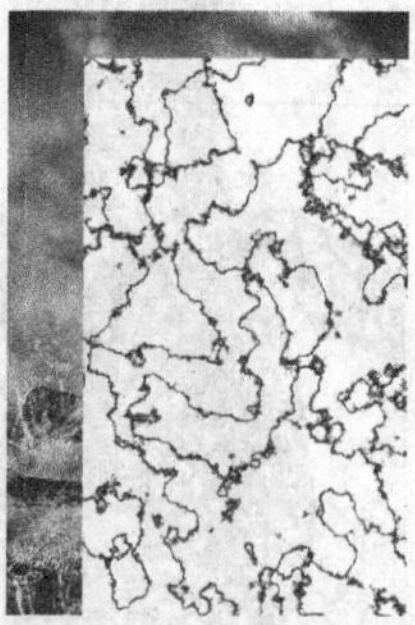
图 13-99

（13）在“图层”控制面板上方，将“裂纹”图层的混合模式选项设为“颜色加深”，如图 13-100 所示，效果如图 13-101 所示。

（14）按住 Alt 键并将光标放在“色阶 1”和“裂纹”图层的中间，光标变为，右键单击，创建剪贴蒙版，效果如图 13-102 所示。

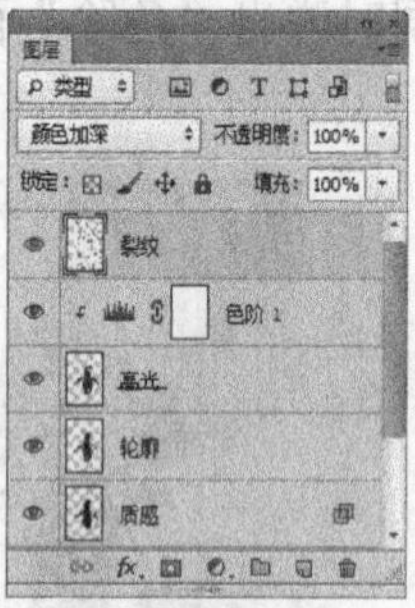

图 13-100

图 13-101

图 13-102

（15）将前景色设为白色。选择“横排文字”工具，输入需要的文字，在属性栏中选择合适的字体并设置文字大小，效果如图 13-103 所示。在控制面板中生成新的文字图层。单击属性栏中的“创建变形文本”按钮，在弹出的对话框中进行设置，如图 13-104 所示。单击“确定”按钮，效果如图 13-105 所示。

（16）在“图层”控制面板上方，将“PENGUIN”图层的混合模式选项设为“叠加”，效果如图 13-106 所示。至此，冰冻效果制作完成。

图 13-103

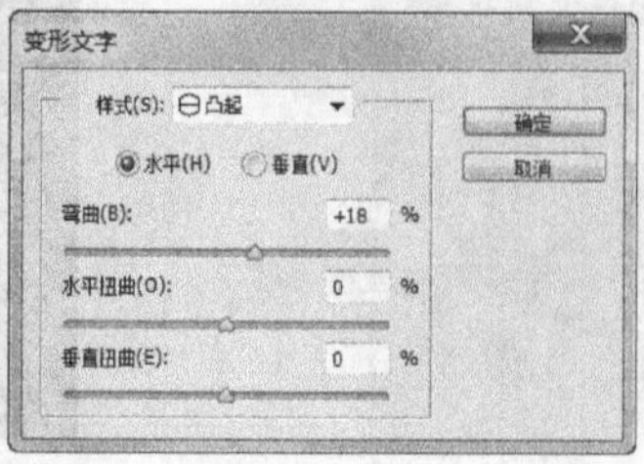

图 13-104

图 13-105

图 13-106

13.2.17　扭曲滤镜

扭曲滤镜效果可以生成一组从波纹到扭曲图像的变形效果。扭曲滤镜菜单如图 13-107 所示。应用不同滤镜制作出的效果如图 13-108 所示。

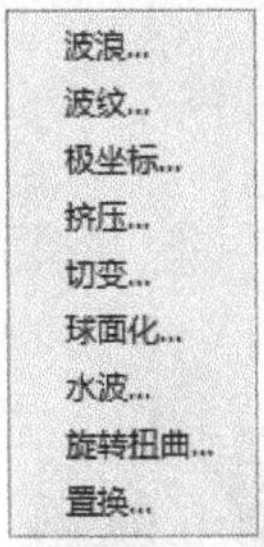

图 13-107

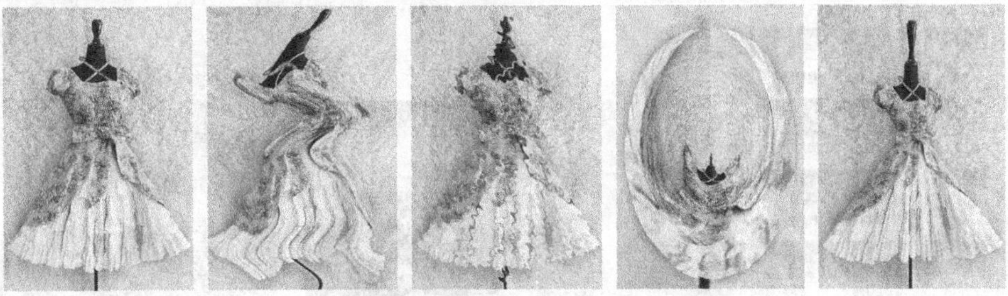

原图　波浪　波纹　极坐标　挤压

切变　球面化　水波　旋转扭曲　置换

图 13-108

13.2.18　杂色滤镜组

杂色滤镜可以混合干扰，制作出着色像素图案的纹理。杂色滤镜的子菜单项如图 13-109 所示。应用不同滤镜制作出的效果如图 13-110 所示。

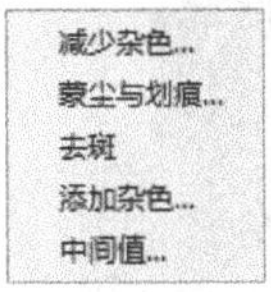

图 13-109

原图　减少杂色　蒙尘与划痕

去斑　添加杂色　中间值

图 13-110

13.2.19 艺术效果滤镜

艺术效果滤镜组包含 15 个滤镜，如图 13-111 所示。此滤镜在 RGB 颜色模式和多通道颜色模式下才可用。应用不同滤镜制作出的效果如图 13-112 所示。

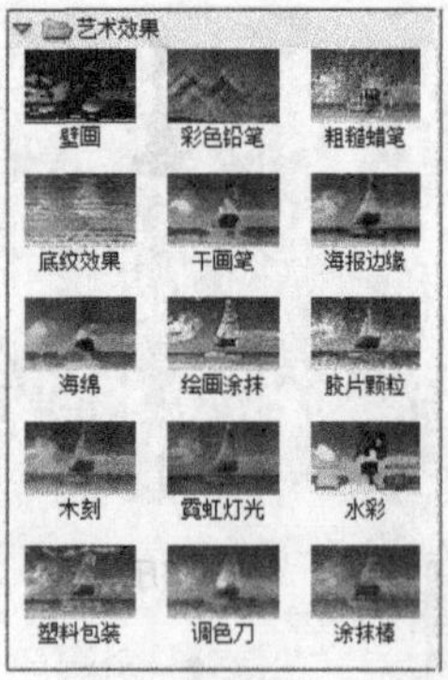

图 13-111

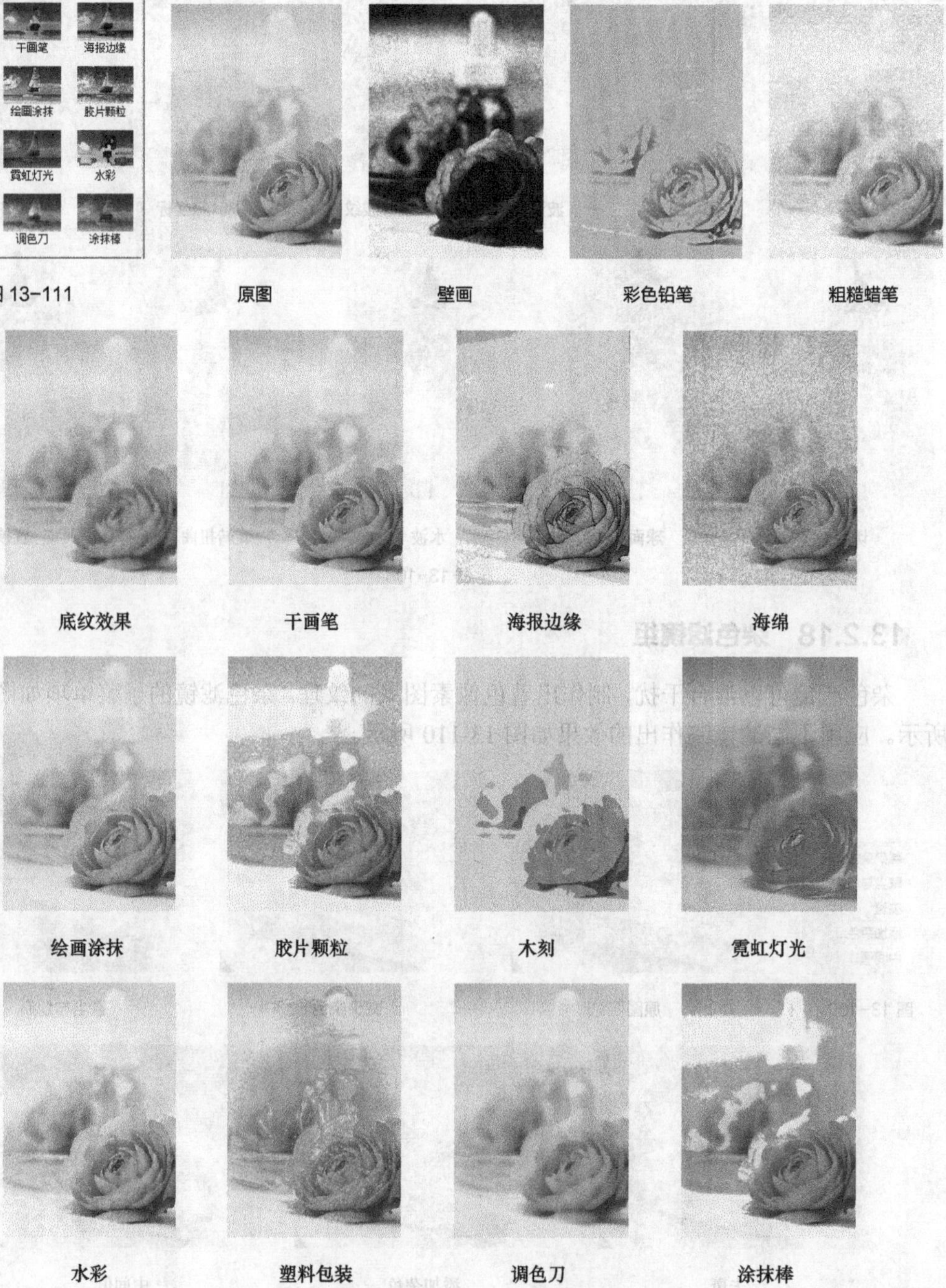

图 13-112

13.2.20　其他效果滤镜

其他滤镜组不同于其他分类的滤镜组。在此组滤镜中，可以创建自己的特殊效果滤镜。其他滤镜菜单如图 13-113 所示。应用其他滤镜组制作的图像效果如图 13-114 所示。

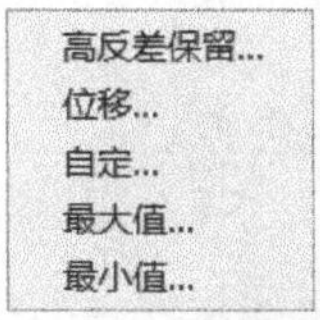

图 13-113

原图　　高反差保留　　位移

自定　　最大值　　最小值

图 13-114

13.2.21　Digimarc 滤镜

Digimarc 滤镜将数字水印嵌入到图像中以存储版权信息，Digimarc 滤镜菜单如图 13-115 所示。

图 13-115

13.3　课堂练习——制作淡彩钢笔画效果

【练习知识要点】使用照亮边缘滤镜命令和纹理化滤镜命令制作淡彩钢笔画效果，如图 13-116 所示。

【效果所在位置】光盘/Ch13/效果/制作淡彩钢笔画效果.psd。

图 13-116

13.4 课后习题——制作水彩画效果

【习题知识要点】使用特殊模糊滤镜、绘画涂抹滤镜、调色刀滤镜和高斯模糊滤镜制作水彩效果，使用图层的混合模式选项更改图像的显示效果，如图 13-117 所示。

【效果所在位置】光盘/Ch13/效果/制作水彩画效果.psd。

图 13-117

14 Chapter

第 14 章 商业案例

本章将通过多个图像处理案例和商业应用案例，进一步讲解 Photoshop CS5 各大功能的特色和使用技巧，让读者能够快速地掌握软件功能和知识要点，制作出变化丰富的设计作品。

14.1 制作人物纪念币

【案例学习目标】学习使用多种滤镜命令制作出需要的效果。

【案例知识要点】使用浮雕效果命令制作人物浮雕效果，使用曲线命令调整图像颜色效果，使用半调图案命令、极坐标命令、添加图层蒙版命令、描边命令及斜面和浮雕命令制作纪念币边缘的纹理，如图 14-1 所示。

图 14-1

【效果所在位置】光盘/Ch14/效果/制作人物纪念币.psd。

（1）按 Ctrl+O 组合键，打开光盘中的"Ch14 > 素材 > 制作人物纪念币 > 01" 文件，如图 14-2 所示。

（2）将前景色设为白色，新建图层并将其命名为"白色圆"。选择"椭圆"工具，在属性栏中的"选择工具模式"选项中选择"像素"选项，按住 Shift 键并绘制一个圆形，效果如图 14-3 所示。

图 14-2

图 14-3

（3）按 Ctrl＋O 组合键，打开光盘中的"Ch14 > 素材 > 制作人物纪念币 > 02"文件，选择"移动"工具，将 02 图片拖曳到 01 图像窗口的适当位置，并调整其大小，效果如图 14-4 所示。在"图层"控制面板中生成新图层并将其命名为"头像"。

（4）选择"椭圆"工具，在属性栏中的"选择工具模式"选项中选择"路径"选项，按住 Shift 键并绘制一个圆形，效果如图 14-5 所示。

图 14-4

图 14-5

（5）选择"横排文字"工具，在属性栏中选择合适的字体并设置文字大小，将光标停放在圆形路径上单击，如图 14-6 所示。输入需要的文字，效果如图 14-7 所示。选择"路径选择"工具，选取圆形路径，按 Enter 键隐藏路径。在"图层"控制面板中生成新的文字图层。

图 14-6

图 14-7

（6）按住 Shift 键并单击“白色圆”图层，将文字图层和“白色圆”图层之间的所有图层同时选取，如图 14-8 所示。按 Ctrl+E 组合键，合并图层并将其命名为“合并效果”。选择“滤镜 > 风格化 > 浮雕效果”命令，选择的设置如图 14-9 所示。单击“确定”按钮，效果如图 14-10 所示。选择“图像 > 调整 > 去色”命令，去除图像颜色，效果如图 14-11 所示

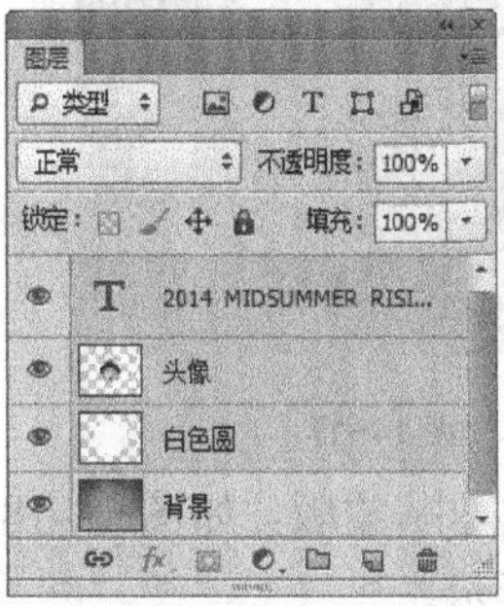

图 14-8

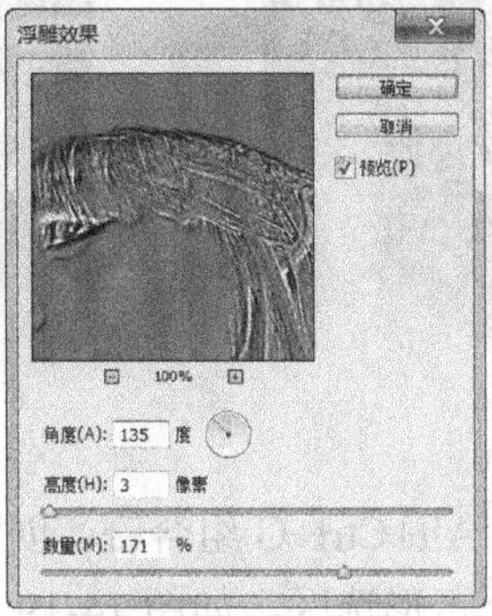

图 14-9

图 14-10

图 14-11

（7）单击“图层”控制面板下方的“添加图层样式”按钮 fx.，在弹出的菜单中选择“渐变叠加”命令，在弹出的对话框中进行设置，如图 14-12 所示。选择“投影”选项，切换到相应的对话框，选项的设置如图 14-13 所示。单击“确定”按钮，效果如图 14-14 所示。

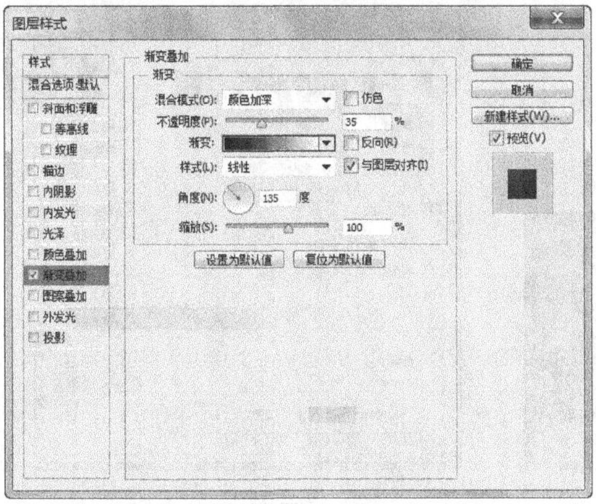

图 14-12

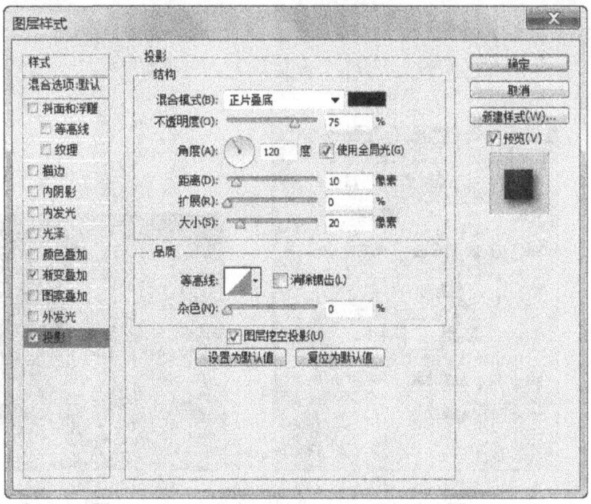

图 14-13

（8）单击“图层”控制面板下方的“创建新的填充或调整图层”按钮 ◐.，在弹出的菜单中选择“曲线”命令，在“图层”控制面板中生成“曲线 1”，同时弹出“曲线”面板，

选项的设置如图 14-15 所示。按 Enter 键，效果如图 14-16 所示。单击“属性”面板下方的按钮，创建剪贴蒙版，效果如图 14-17 所示。

图 14-14

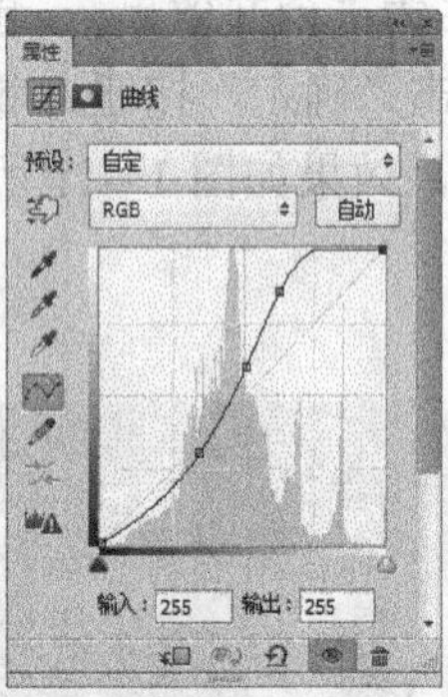

图 14-15

图 14-16

图 14-17

（9）新建图层并将其命名为“高光”。按 Alt+Ctrl+G 组合键，创建剪贴蒙版，如图 14-18 所示。选择“矩形选框”工具，绘制一个矩形选区，如图 14-19 所示。

（10）选择“渐变”工具，单击属性栏中的“点按可编辑渐变”按钮，弹出“渐变编辑器”对话框，将渐变色设为从白色到黑色，单击“确定”按钮，如图 14-20 所示。单击属性栏中的“径向渐变”按钮，在矩形选区中从左上角向右下角拖曳渐变色，按 Ctrl+D 组合键取消选区，效果如图 14-21 所示。

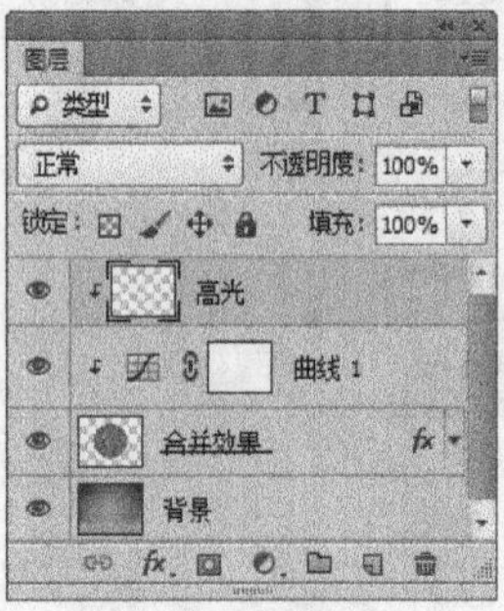

图 14-18

图 14-19

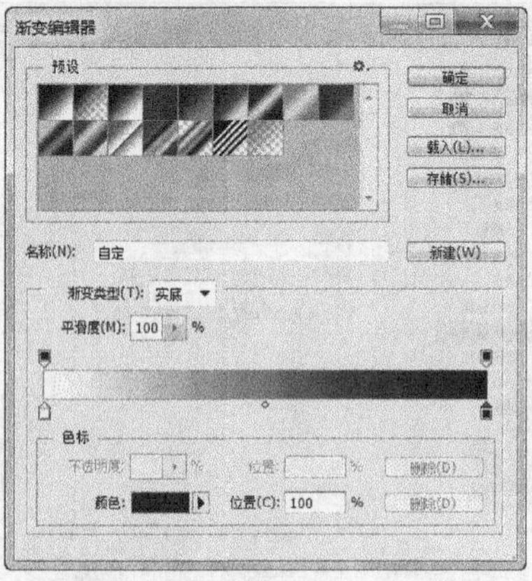

图 14-20

（11）在“图层”控制面板上方，将“高光”图层的混合模式选项设为“叠加”，效果如图 14-22 所示。

图 14-21

图 14-22

（12）新建图层并将其命名为“纹理”，填充为白色。选择菜单“滤镜 > 滤镜库”命令，在弹出的对话框中进行设置，如图 14-23 所示。单击“确定”按钮，效果如图 14-24 所示。

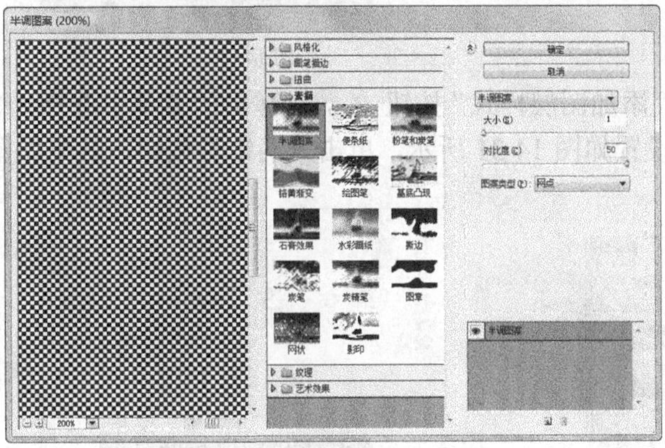

图 14-23

图 14-24

（13）选择菜单“滤镜 > 扭曲 > 极坐标”命令，弹出“极坐标”对话框，选项的设置如图 14-25 所示。单击“确定”按钮，效果如图 14-26 所示。

图 14-25

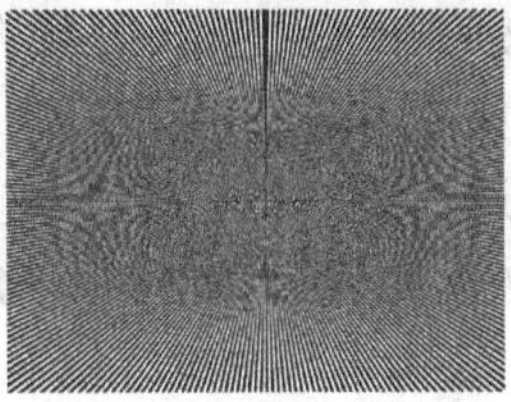

图 14-26

（14）按住 Alt 键并单击“图层”控制面板下方的“添加图层蒙版”按钮，为“纹理”图层添加遮盖蒙版，如图 14-27 所示。按住 Ctrl 键并单击“合并效果”缩览图，载入选区，如图 14-28 所示。

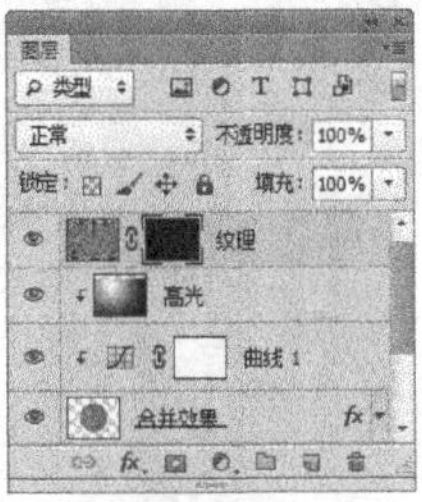

图 14-27

图 14-28

（15）将前景色设为白色。选择菜单“编辑 > 描边”命令，弹出“描边”对话框，选项的设置如图 14-29 所示，单击“确定”按钮。按 Ctrl+D 组合键取消选区，效果如图 14-30 所示。

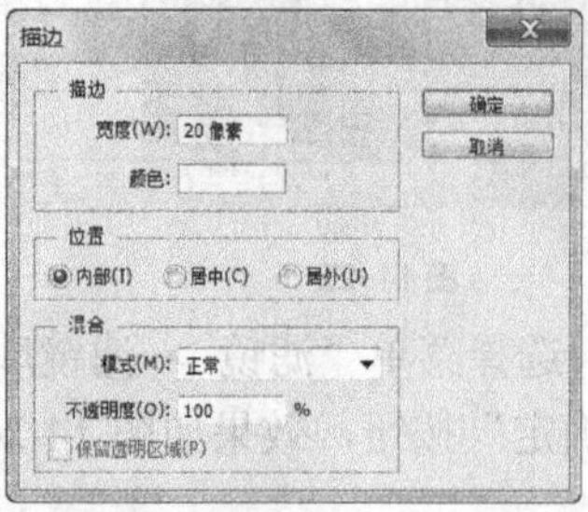

图 14-29

图 14-30

（16）单击“图层”控制面板下方的“添加图层样式”按钮 fx，在弹出的菜单中选择“斜面和浮雕”命令，弹出对话框，选项的设置如图 14-31 所示。单击“确定”按钮，效果如图 14-32 所示。

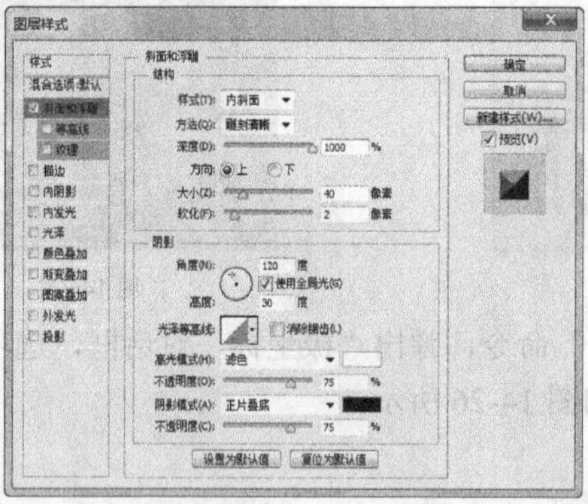

图 14-31

图 14-32

（17）按 Ctrl+Alt+Shift+E 组合键盖印图层，在控制面板中生成新的图层并将其命名为“光照效果”，如图 14-33 所示。

（18）选择菜单“滤镜 > 渲染 > 光照效果”命令，弹出“光照效果”对话框，在“属性”面板中进行设置，如图 14-34 所示。在图像窗口中拖曳控制点调整光源大小，如图 14-35 所示。单击“确定”按钮，效果如图 14-36 所示。至此，人物纪念币制作完成。

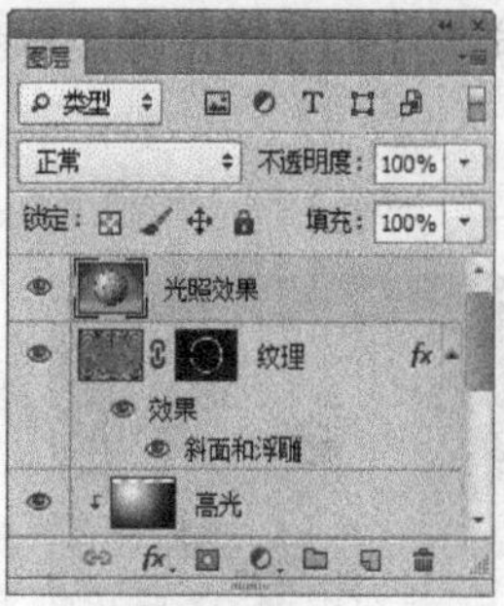

图 14-33

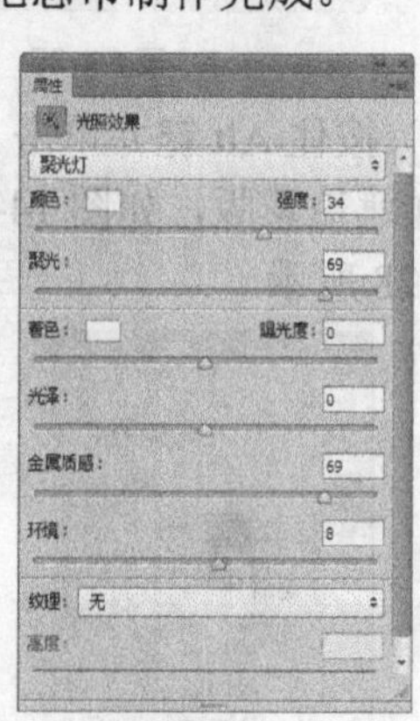

图 14-34

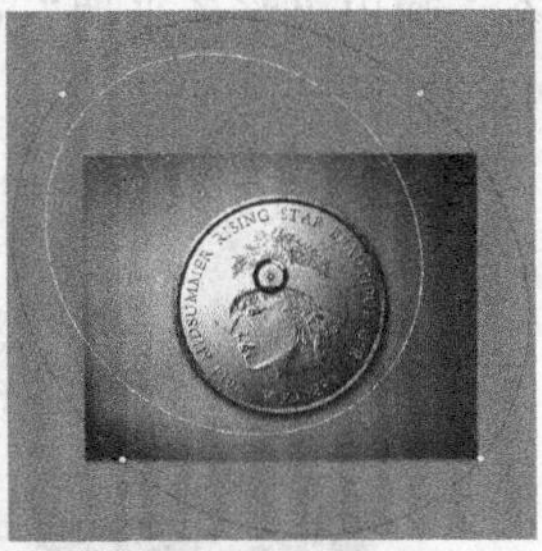

图 14-35

图 14-36

14.2 制作旅游海报

【案例学习目标】学习使用滤镜命令制作需要的效果，使用色阶命令调整图片颜色。

【案例知识要点】使用彩色半调命令、去色命令和色阶命令制作背景效果，使用文本工具和添加图层样式命令制作标题文字，使用矩形选框工具、填充工具和纤维命令制作装饰图形效果，如图 14-37 所示。

图 14-37

【效果所在位置】光盘/Ch14/效果/制作旅游海报.psd。

1．制作背景效果

（1）按 Ctrl+O 组合键，打开光盘中的“Ch14 > 素材 > 制作旅游海报 > 01”文件，如图 14-38 所示。在“图层”控制面板中，将“背景”图层拖曳到“创建新图层”按钮上进行复制，生成新的副本图层并将其命名为“城市”，如图 14-39 所示。

（2）按 Ctrl+T 组合键，在图像周围出现变换框，在属性栏中进行设置，如图 14-40 所示。按 Enter 键确定操作，效果如图 14-41 所示。

图 14-38

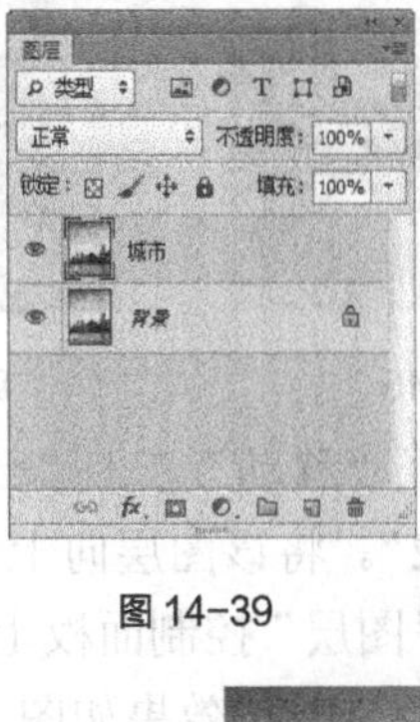

图 14-39

图 14-40

图 14-41

（3）选择菜单“滤镜 > 像素化 > 彩色半调”命令，弹出“彩色半调”对话框，选项的设置如图 14-42 所示。单击“确定”按钮，效果如图 14-43 所示。

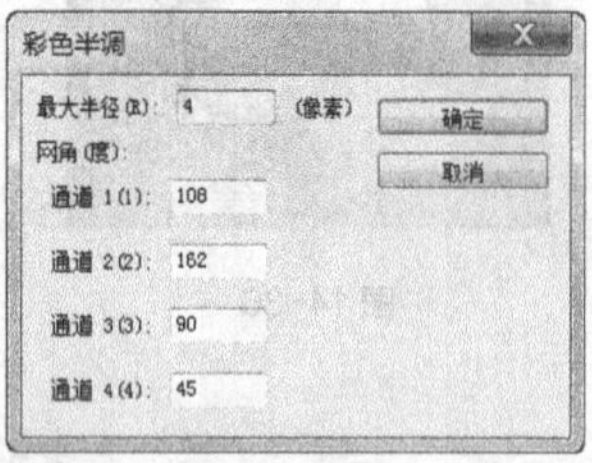

图 14-42

图 14-43

（4）按 Ctrl+T 组合键，在图像周围出现变换框，在属性栏中进行设置，如图 14-44 所示。按 Enter 键确定操作，效果如图 14-45 所示。选择“图像 > 调整 > 去色”命令，去除图像颜色，效果如图 14-46 所示。

（5）单击“图层”控制面板下方的“创建新的填充或调整图层”按钮，在弹出的菜单中选择“色阶”命令，在“图层”控制面板中生成“色阶 1”，同时弹出“色阶”面板，选项的设置如图 14-47 所示，效果如图 14-48 所示。

图 14-44

图 14-45

图 14-46

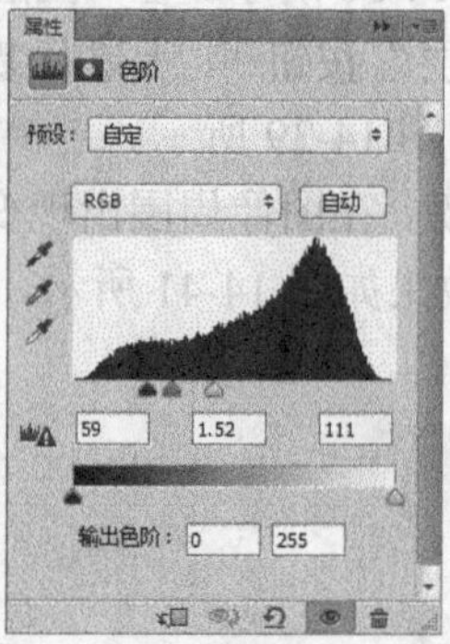

图 14-47

图 14-48

（6）选择“移动”工具，选择“背景”图层。按 Ctrl+J 组合键复制图层，并将其命名为“城市 2”。将该图层向上拖曳到图层面板的最上方，如图 14-49 所示。

（7）在“图层”控制面板上方，将“城市 2”图层的混合模式选项设为“颜色加深”，“不透明度”设为 80%，效果如图 14-50 所示。

（8）单击“图层”控制面板下方的“创建新的填充或调整图层”按钮，在弹出的菜单中选择“阈值”命令，在“图层”控制面板中生成“阈值 1”，同时弹出“阈值”面板，选项的设置如图 14-51 所示。单击“属性”面板下方的按钮，创建剪贴蒙版，效果如图 14-52 所示。

（9）将前景色设为黄色（其 R、G、B 的值分别为 255、204、0）。新建图层并将其命名为“黄色背景”。按 Alt+Delete 组合键填充前景色，效果如图 14-53 所示。

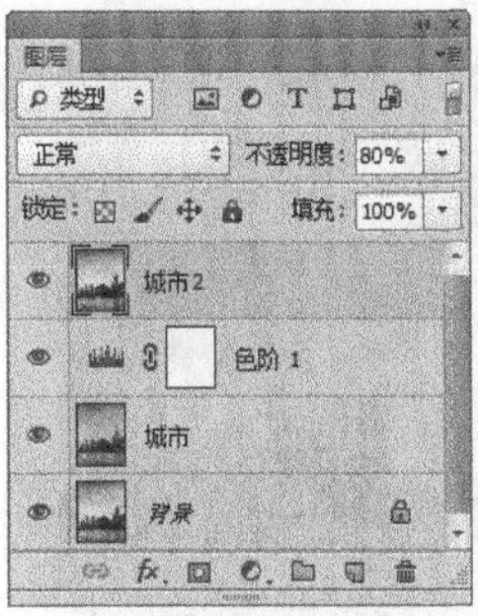

图 14-49

图 14-50

图 14-51

图 14-52

（10）在“图层”控制面板上方，将“黄色背景”图层的混合模式选项设为“线性加深”，效果如图 14-54 所示。

图 14-53

图 14-54

2. 添加标题文字效果

（1）将前景色设为白色。选择“横排文字”工具 T，分别输入需要的文字，在属性栏中选择合适的字体并设置文字大小，效果如图 14-55 所示。在控制面板中生成新的文字图层。

（2）选择“移动”工具，选择文字图层“Raiders”。选择“窗口 > 字符”命令，弹出“字符”面板，选项的设置如图 14-56 所示，效果如图 14-57 所示。用相同的方法调整其他文字的字距，效果如图 14-58 所示。

图 14-55

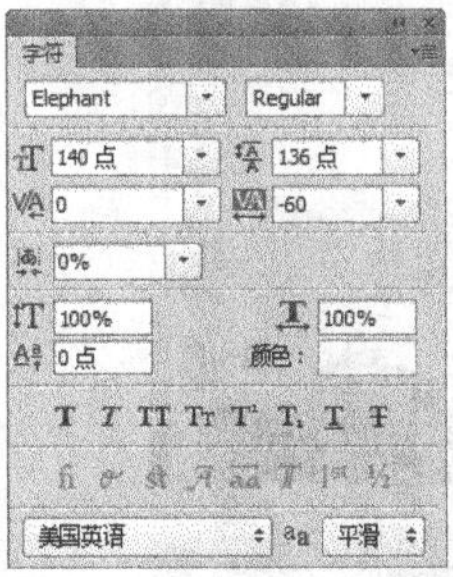

图 14-56

图 14-57

图 14-58

（3）选择“移动”工具，选择文字图层“Raiders”。单击“图层”控制面板下方的“添加图层样式”按钮 fx.，在弹出的菜单中选择“投影”命令，弹出对话框，选项的设置如图 14-59 所示。单击“确定”按钮，效果如图 14-60 所示。用相同的方法制作其他文字效果，如图 14-61 所示。

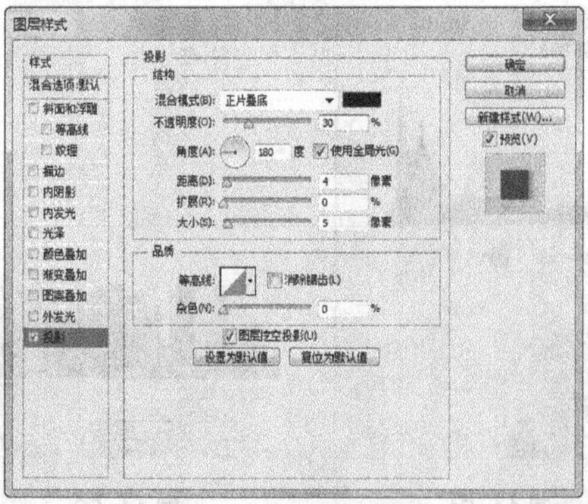

图 14-59

图 14-60

图 14-61

（4）新建图层并将其命名为“黄色块”。将前景色设为黄色（其 R、G、B 的值分别为 255、215、55）。选择“矩形选框”工具，绘制一个矩形选区，如图 14-62 所示。按 Alt+Delete 组合键，用前景色填充选区；按 Ctrl+D 组合键，取消选区，效果如图 14-63 所示。

图 14-62

图 14-63

（5）选择菜单“滤镜 > 渲染 > 纤维”命令，在弹出的对话框中进行设置，如图 14-64 所示。单击“确定”按钮，效果如图 14-65 所示。在“图层”控制面板上方，将该图层的混合模式选项设为“正片叠底”，效果如图 14-66 所示。

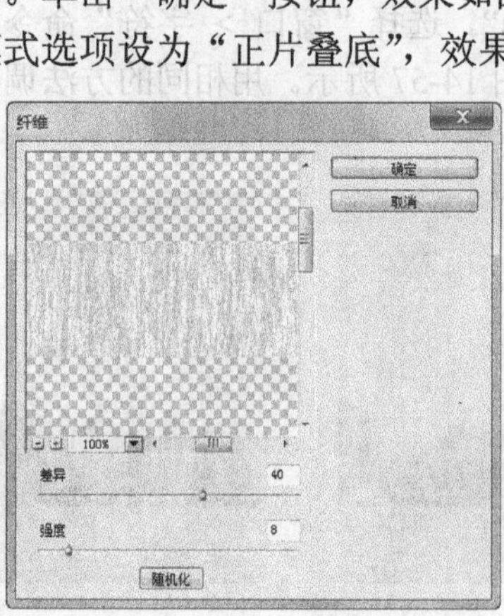

图 14-64

图 14-65

图 14-66

（6）选择“移动”工具，将“黄色块”图层组拖曳到文字图层的下方，效果如图 14-67 所示。新建图层并将其命名为“粉色块”。用相同的方法绘制其他装饰图形，并填充适当的颜色，效果如图 14-68 所示。在“图层”控制面板上方，将该图层的混合模式选项设为“深色”，效果如图 14-69 所示。

图 14-67

图 14-68

图 14-69

（7）选择“移动”工具，选择文字图层“Raiders”。选择“横排文字”工具，选取文字“r”，如图 14-70 所示。选择“窗口 > 字符”命令，弹出“字符”面板，选项的设置如图 14-71 所示，效果如图 14-72 所示。

图 14-70

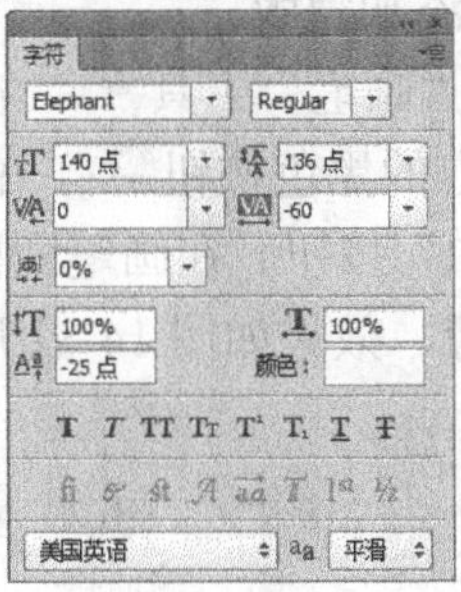

图 14-71

图 14-72

（8）选择“横排文字”工具，选取文字“d”，如图 14-73 所示。按 Ctrl+X 组合键将文字裁剪，连续按三次空格键，效果如图 14-74 所示。

图 14-73

图 14-74

（9）选择“横排文字”工具，在适当的位置单击，插入光标。按 Ctrl+V 组合键，粘贴复制的文字并拖曳到适当的位置，效果如图 14-75 所示。单击“图层”控制面板下方的“添加图层样式”按钮，在弹出的菜单中选择“投影”命令，弹出对话框，选项的设置如图 14-76 所示。单击“确定”按钮，效果如图 14-77 所示。

图 14-75

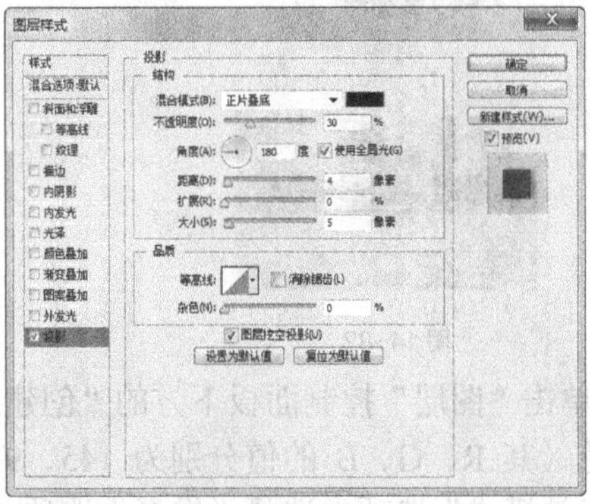

图 14-76

（10）按 Ctrl+T 组合键，在文字周围出现变换框，将光标放在变换框的控制手柄外边，光标变为旋转图标，拖曳光标将文字旋转到适当的角度，按 Enter 键确定操作，效果如图 14-78 所示。

图 14-77

图 14-78

（11）选择“移动”工具，按住 Shift 键并将文字图层全部选取。按 Ctrl+E 组合键，合并图层并将其命名为“文字”，如图 14-79 所示。单击“图层”控制面板下方的“添加图层蒙版”按钮，为“文字”图层添加蒙版。

（12）将前景色设为黑色。选择“画笔”工具，在属性栏中单击“画笔”选项右侧按钮，弹出画笔面板，单击面板右上方的黑色按钮，在弹出的菜单中选择“人造材质画笔”选项，弹出提示对话框，单击“追加”按钮。在画笔面板中选择需要的形状，如图 14-80 所示。在图像窗口中擦除不需要的图像，效果如图 14-81 所示。

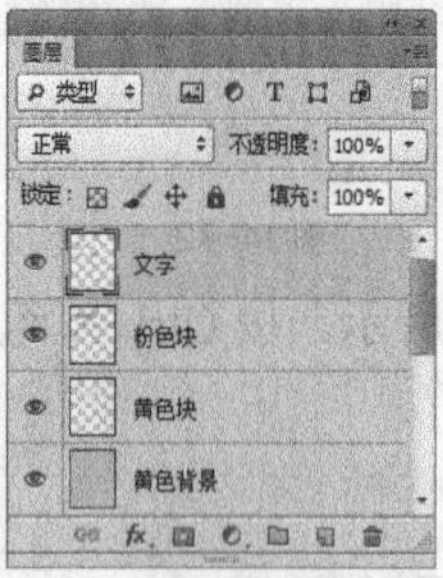

图 14-79

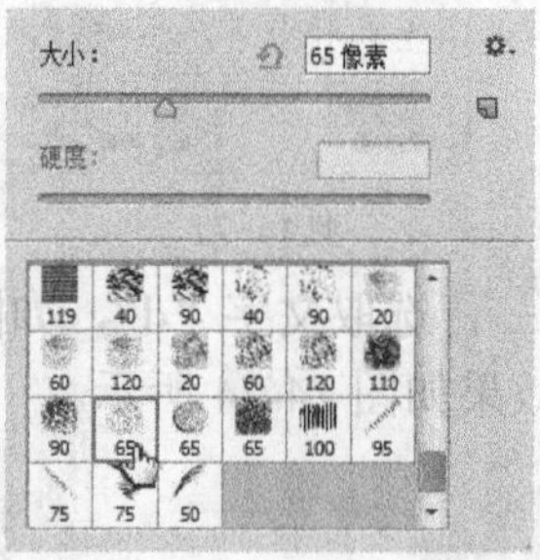

图 14-80

图 14-81

（13）按 Ctrl＋O 组合键，打开光盘中的“Ch14 > 素材 > 制作旅游海报 > 02”文件。选择“移动”工具，将 02 图片拖曳到 01 图像窗口的适当位置，并调整其大小，效果如图 14-82 所示。在“图层”控制面板中生成新图层并将其命名为“彩色形状”。选择“移动”工具，将“彩色形状”图层组拖曳到“文字”图层的下方，效果如图 14-83 所示。

图 14-82

图 14-83

（14）单击“图层”控制面板下方的“创建新图层”按钮，创建一个新图层。将前景色设为紫色（其 R、G、B 的值分别为 145、9、182）。选择“钢笔”工具，在属性栏中的“选择工具模式”选项中选择“像素”选项，在图像窗口中绘制一个不规则图形，效果如

图 14-84 所示。用相同的方法绘制其他图形，并分别填充适当的颜色，效果如图 14-85 所示。

（15）按住 Shift 键并将“图层 1”和“图层 4”之间的所有图层同时选取。按 Ctrl+E 组合键，合并图层并将其命名为“形状”。选择“移动”工具，将该图层组拖曳到“文字”图层的下方，效果如图 14-86 所示。

图 14-84

图 14-85

图 14-86

（16）按 Ctrl＋O 组合键，打开光盘中的“Ch14 > 素材 > 制作旅游海报 > 02”文件。选择“移动”工具，将 03 图片拖曳到 01 图像窗口的适当位置，并调整其大小，效果如图 14-87 所示。在“图层”控制面板中生成新图层并将其命名为“墨点”。

（17）将前景色设为白色。选择“横排文字”工具，分别输入需要的文字，在属性栏中选择合适的字体并设置文字大小，效果如图 14-88 所示。在控制面板中生成新的文字图层。选择“窗口 > 字符”命令，弹出“字符”面板，选项的设置如图 14-89 所示，效果如图 14-90 所示。

图 14-87

图 14-88

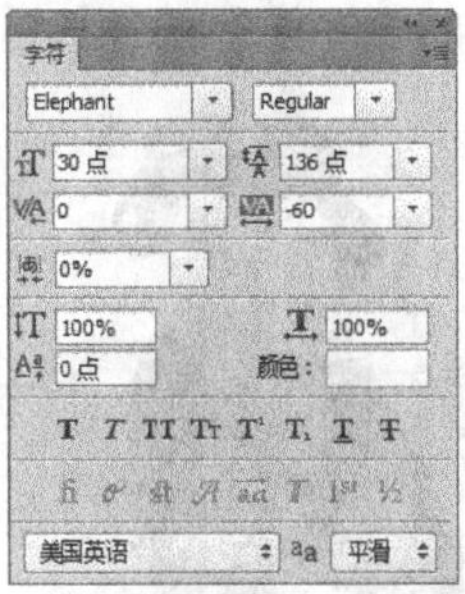

图 14-89

图 14-90

（18）单击“图层”控制面板下方的“添加图层样式”按钮，在弹出的菜单中选择“投影”命令，弹出对话框，选项的设置如图 14-91 所示。单击“确定”按钮，效果如图 14-92 所示。至此，旅游海报制作完成。

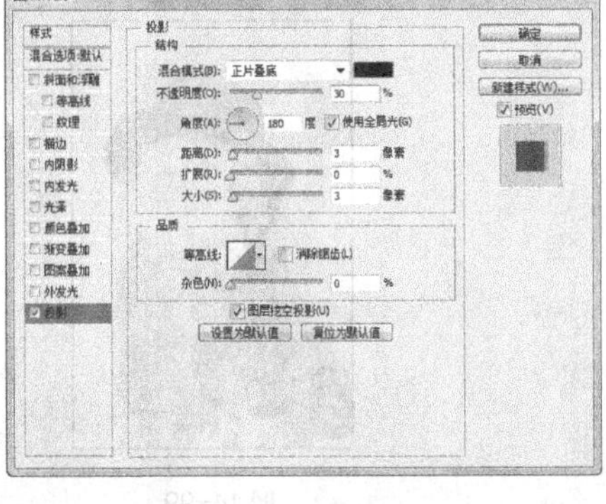

图 14-91

图 14-92

14.3 制作杂志封面

【案例学习目标】学习使用滤镜命令和图层混合模式命令调整图片效果。

【案例知识要点】使用表面模糊命令、影印命令和画笔工具制作背景效果，使用文本工具和自定工具制作标志图形，使用文本工具、矩形工具和添加图层样式命令添加内容文字效果，如图 14-93 所示。

图 14-93

【效果所在位置】光盘/Ch14/效果/制作杂志封面.psd。

1. 制作人物效果

（1）按 Ctrl+O 组合键，打开光盘中的“Ch14 > 素材 > 制作杂志封面 > 01”文件，如图 14-94 所示。

（2）按 Ctrl＋O 组合键，打开光盘中的“Ch14 > 素材 > 制作杂志封面 > 02”文件，如图 14-95 所示。在“图层”控制面板中，将“背景”图层拖曳到“创建新图层”按钮上进行复制，生成新的副本图层。

（3）选择“滤镜 > 模糊 > 表面模糊”命令，在弹出的对话框中进行设置，如图 14-96 所示。单击“确定”按钮，效果如图 14-97 所示。

图 14-94

图 14-95

图 14-96

图 14-97

（4）在“图层”控制面板中，将“背景 副本”图层拖曳到“创建新图层”按钮上进行复制，生成新的副本图层，如图 14-98 所示。在控制面板上方，将该图层的混合模式选项设为“叠加”，效果如图 14-99 所示。

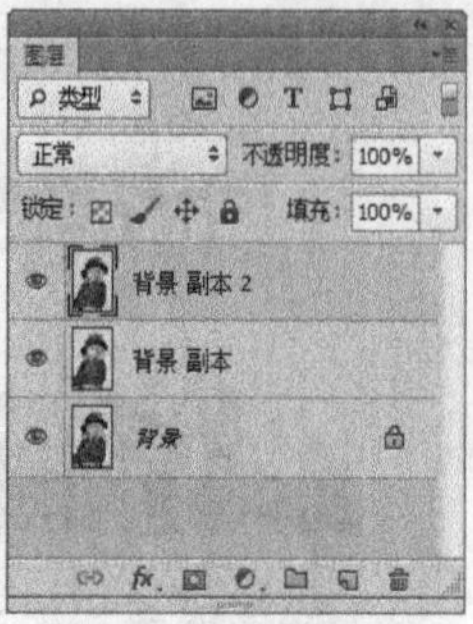

图 14-98

图 14-99

（5）将前景色设为白色。新建图层并将其命名为“高光”。选择“画笔”工具，在属性栏中单击“画笔”选项右侧按钮，在弹出的画笔面板中选择需要的画笔形状，其他选项的设置如图 14-100 所示。在图像窗口中拖曳光标，绘制需要的图形，效果如图 14-101 所示。在“图层”控制面板上方，将该图层的混合模式选项设为“柔光”，效果如图 14-102 所示。

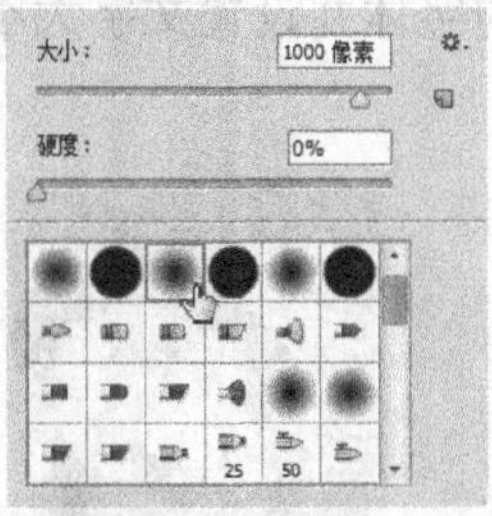

图 14-100

图 14-101

图 14-102

（6）在“图层”控制面板中，将“背景 副本”图层拖曳到“创建新图层”按钮上进行复制，生成新的副本图层，并将其命名为“轮廓”。选择“移动”工具，将该图层拖曳到所有图层的最上方，如图 14-103 所示。

（7）将前景色设为红色（其 R、G、B 的值分别为 255、255、255）。选择“滤镜 > 滤镜库”命令，在弹出的对话框中进行设置，如图 14-104 所示。单击“确定”按钮，效果如图 14-105 所示。在“图层”控制面板上方，将该图层的混合模式选项设为“柔光”，效果如图 14-106 所示。

（8）按住 Shift 键并单击“背景”图层，将“背景”和“轮廓”图层之间的所有图层同时选取，按 Ctrl+E 组合键合并图层。

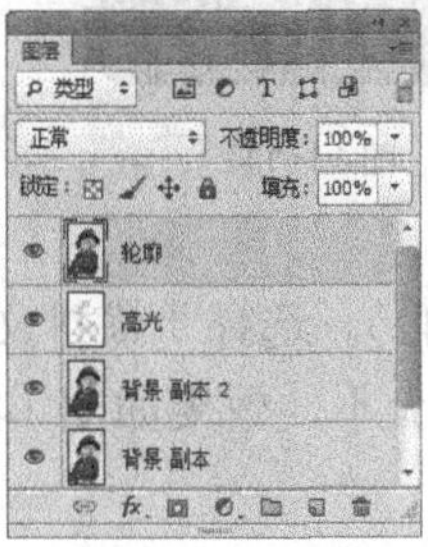

图 14-103

图 14-104

图 14-105

图 14-106

（9）选择“移动”工具[移动工具图标]，将 02 人物图片拖曳到 01 图像窗口中的适当位置，并调整其大小，效果如图 14-107 所示。在“图层”控制面板中生成新图层并将其命名为“人物”。在“图层”控制面板上方，将该图层的混合模式选项设为“正片叠底”，效果如图 14-108 所示。

（10）将前景色设为米黄色（其 R、G、B 的值分别为 255、246、185）。选择“横排文字”工具[T]，输入文字“HOUSE”，在属性栏中选择合适的字体并设置文字大小，效果如图 14-109 所示。在控制面板中生成新的文字图层。

图 14-107

图 14-108

图 14-109

（11）选择菜单“窗口 > 字符”命令，弹出“字符”面板，选项的设置如图 14-110 所示，文字效果如图 14-111 所示。选择“移动”工具[移动工具图标]，将“HOUSE”图层组拖曳到“人物”图层的下方，效果如图 14-112 所示。

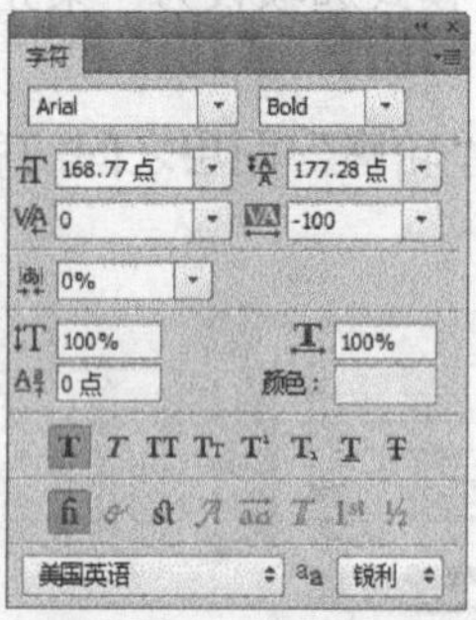

图 14-110

图 14-111

图 14-112

2. 添加标志图形和内容文字

（1）将前景色设为墨绿色（其 R、G、B 的值分别为 1、95、42）。选择“横排文字”工具[T]，输入需要的文字，在属性栏中选择合适的字体并设置文字大小，效果如图 14-113 所示，在控制面板中生成新的文字图层。

（2）选择“横排文字”工具[T]，输入需要的文字，在属性栏中选择合适的字体并设置文字大小，效果如图 14-114 所示。在控制面板中生成新的文字图层。

图 14-113

图 14-114

（3）新建图层并将其命名为“形状”。选择“自定形状”工具，在属性栏中的“选择工具模式”选项中选择“像素”选项，单击“形状”选项，弹出“形状”面板，单击面板右上方的黑色三角形按钮，在弹出的菜单中选择“全部”选项，弹出提示对话框，单击“追加”按钮。在“形状”面板中选中需要的图形，如图 14-115 所示。在图像窗口中适当的位置绘制需要的图形，效果如图 14-116 所示。

（4）按住 Shift 键的同时，将“形状”和“ovie”图层同时选取。选择“编辑 > 变换 > 旋转 90 度（顺时针）”命令，将图形顺时针旋转，效果如图 14-117 所示。选择“移动”工具拖曳到适当的位置，效果如图 14-118 所示。

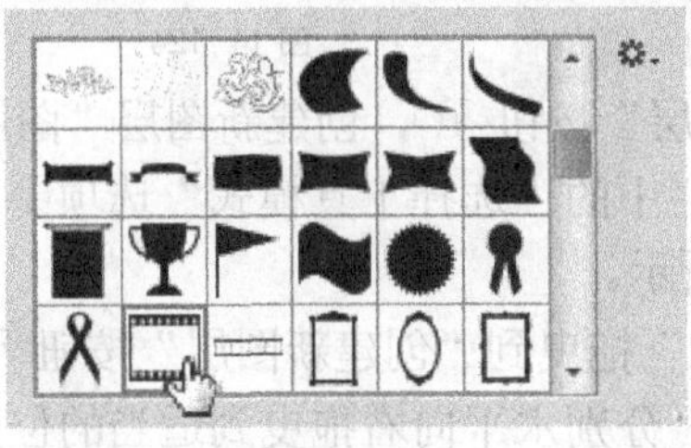

图 14-115

图 14-116

图 14-117

图 14-118

（5）按住 Shift 键的同时单击“M”图层，将“M”和“形状”图层之间的所有图层同时选取，按 Ctrl+E 组合键合并图层并将其命名为“标”，如图 14-119 所示。

（6）单击“图层”控制面板下方的“添加图层样式”按钮，在弹出的菜单中选择“描边”命令，弹出对话框，选项的设置如图 14-120 所示。单击“确定”按钮，效果如图 14-121 所示。

图 14-119

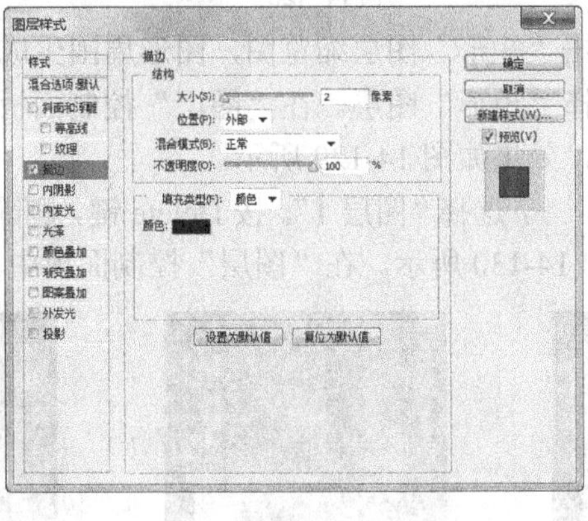

图 14-120

图 14-121

（7）将前景色设为红色（其 R、G、B 的值分别为 231、31、25）。选择“横排文字”工具，输入需要的文字，在属性栏中选择合适的字体并设置文字大小，效果如图 14-122 所示。在控制面板中生成新的文字图层。

（8）单击“图层”控制面板下方的“创建新图层”按钮，创建新图层“图层 1”。选择“矩形选框”工具，绘制一个矩形选区，如图 14-123 所示。按 Alt+Delete 组合键，用前景色填充选区；按 Ctrl+D 组合键，取消选区，效果如图 14-124 所示。

图 14-122

图 14-123

图 14-124

（9）单击“图层”控制面板下方的“创建新图层”按钮，创建新图层“图层 2”。将前景色设为白色。选择“矩形”工具，在属性栏中的“选择工具模式”选项中选择“像素”选项，绘制一个矩形图形，效果如图 14-125 所示。

（10）在“图层”控制面板中，多次将“图层 2”拖曳到“创建新图层”按钮上进行复制，生成新的副本图层。选择“移动”工具，分别水平向右拖曳到适当的位置，效果如图 14-126 所示。

（11）按住 Shift 键并将“图层 2”和副本图层同时选取，按 Ctrl+E 组合键，合并图层并将其命名为“矩形”，如图 14-127 所示。

图 14-125

图 14-126

图 14-127

（12）按住 Ctrl 键并单击“矩形”图层缩览图，图形周围生成选区，如图 14-128 所示。选择“移动”工具，选择“矩形”图层。在“图层”控制面板中将该图层拖曳到“删除图层”按钮上进行删除，效果如图 14-129 所示。

（13）选择“移动”工具，选择“图层 1”。按 Delete 键，删除选区中的图像。按 Ctrl+D 组合键取消选区，效果如图 14-130 所示。在“图层”控制面板中将该图层命名为“形状”。

图 14-128

图 14-129

图 14-130

（14）选择“横排文字”工具，输入需要的文字，在属性栏中选择合适的字体并设置文字大小，效果如图 14-131 所示。在控制面板中生成新的文字图层。选择“窗口 > 字符”

命令，弹出“字符”面板，选项的设置如图 14-132 所示，文字效果如图 14-133 所示。

图 14-131

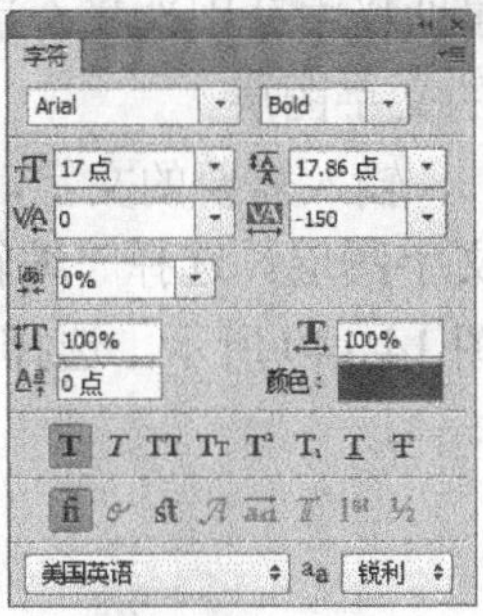

图 14-132

图 14-133

（15）在“图层”控制面板中，将“形状”图层拖曳到“创建新图层”按钮 上进行复制，生成新的副本图层。将该图层向上拖曳到图层面板的最上方，如图 14-134 所示。

（16）选择“移动”工具 ，按住 Shift 键并垂直向下拖曳到适当的位置，效果如图 14-135 所示。

图 14-134

图 14-135

（17）按住 Shift 键并单击文字图层“WEB-MOVIE”，将“WEB-MOVIE”和“网络电影第十期”图层之间的所有图层同时选取，按 Ctrl+E 组合键，合并图层并将其命名为“期号”，如图 14-136 所示。

（18）单击“图层”控制面板下方的“添加图层样式”按钮 ，在弹出的菜单中选择“外发光”命令，弹出对话框，选项的设置如图 14-137 所示。单击“确定”按钮，效果如图 14-138 所示。

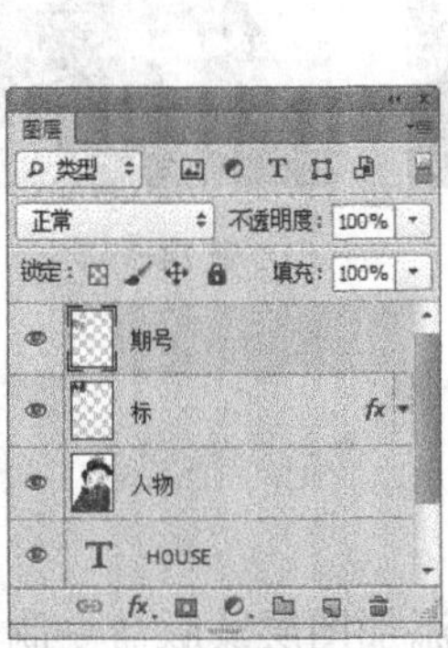

图 14-136

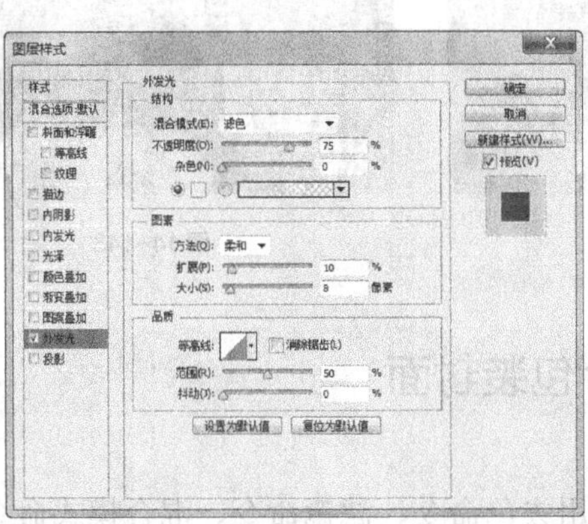

图 14-137

图 14-138

（19）将前景色设为白色。选择“横排文字”工具，单击“字符”面板中的“仿粗体”按钮，分别输入需要的文字，在属性栏中分别选择合适的字体并设置文字大小，效果如图 14-139 所示，在控制面板中生成新的文字图层。

（20）选择“横排文字”工具，输入需要的文字，在属性栏中选择合适的字体并设置文字大小，在控制面板中生成新的文字图层。选择“编辑 > 变换 > 旋转 90 度（顺时针）”命令，将文字顺时针旋转，效果如图 14-140 所示。选择“移动”工具，将文字拖曳到适当的位置，效果如图 14-141 所示。

图 14-139

图 14-140

图 14-141

（21）新建图层并将其命名为“黑色块”。将前景色设为黑色。选择“矩形”工具，在属性栏中的“选择工具模式”选项中选择“像素”选项，在图像窗口中绘制一个矩形图形，效果如图 14-142 所示。

（22）选择“移动”工具，将“黑色块”图层组拖曳到“THE MOVIE HOUSE 2014”文字图层的下方，效果如图 14-143 所示。

（23）按 Ctrl+O 组合键，打开光盘中的“Ch14 > 素材 > 制作杂志封面 > 03”文件。选择“移动”工具，将 03 图片拖曳到 01 图像窗口中适当的位置，并调整其大小，效果如图 14-144 所示。在“图层”控制面板中生成新图层并将其命名为“条码”。至此，杂志封面制作完成。

图 14-142

图 14-143

图 14-144

14.4 制作唱片包装封面

【案例学习目标】使用去色命令、滤镜命令、混合模式命令和添加图层蒙版命令制作出需要的效果。

【案例知识要点】使用去色命令、艺术效果命令、色阶命令和模糊命令制作包装封面图片效果，使用文本工具添加文字，使用添加图层样式命令编辑文字，效果如图 14-145 所示。

图 14-145

【效果所在位置】光盘/Ch14/效果/制作唱片包装封面.psd。

1. 制作包装封面效果

（1）按 Ctrl+O 组合键，打开光盘中的“Ch14 > 素材 > 制作唱片包装封面 > 02”文件，如图 14-146 所示。在“图层”控制面板中，将“背景”图层拖曳到“创建新图层”按钮上进行复制，生成新的副本图层。选择“图像 > 调整 > 去色”命令，去除图像颜色，效果如图 14-147 所示。

图 14-146

图 14-147

（2）选择“滤镜 > 滤镜库”命令，在弹出的对话框中进行设置，如图 14-148 所示。单击“确定”按钮，效果如图 14-149 所示。

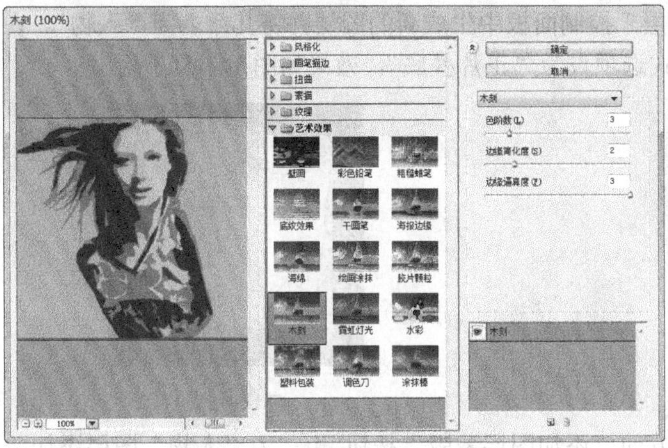

图 14-148

图 14-149

（3）选择“图像 > 调整 > 色阶”命令，在弹出的对话框中进行设置，如图 14-150 所示。单击“确定”按钮，效果如图 14-151 所示。

（4）选择“移动”工具，选择“背景”图层。将前景色设为红色（其 R、G、B 的值分别为 254、7、8）。单击“图层”控制面板下方的“创建新图层”按钮，新建图层。按 Alt+Delete 组合键，用前景色填充图层。

（5）选择“移动”工具，选择“背景 副本”图层。在“图层”控制面板上方，将该图层的混合模式选项设为“滤色”，如图 14-152 所示，效果如图 14-153 所示。按住 Shift 键将所有图层同时选取，按 Ctrl+E 组合键合并图层。

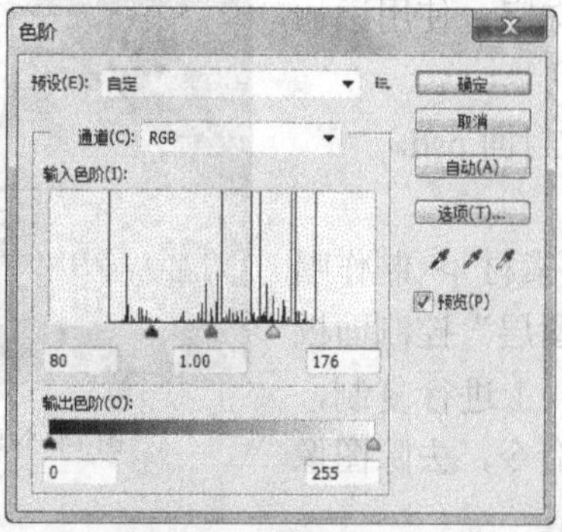

图 14-150

图 14-151

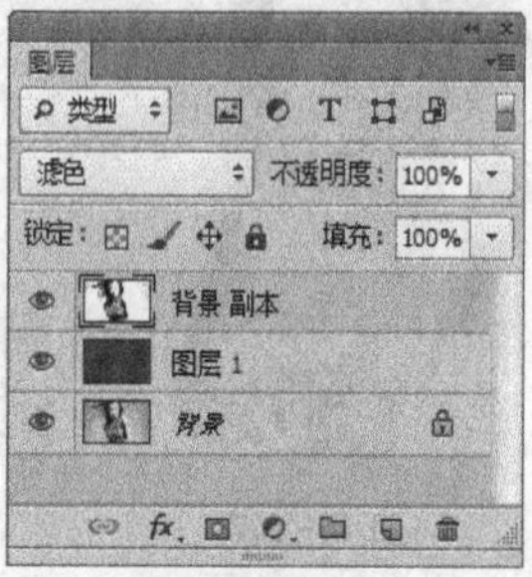

图 14-152

图 14-153

（6）选择“移动”工具，将 02 图片拖曳到图像窗口中的适当位置并调整其大小和角度，效果如图 14-154 所示。在“图层”控制面板中生成新的图层并将其命名为“人物”。在控制面板上方，将该图层的混合模式选项设为“正片叠底”，效果如图 14-155 所示。

图 14-154

图 14-155

（7）单击“图层”控制面板下方的“添加图层蒙版”按钮，为“人物”图层添加蒙版，如图 14-156 所示。将前景色设为黑色。选择“画笔”工具，在属性栏中单击“画笔”选项右侧按钮，在弹出的画笔面板中选择需要的画笔形状，其他选项的设置如图 14-157 所示。在图像窗口中擦除不需要的图像，效果如图 14-158 所示。

（8）按 Ctrl+O 组合键，打开光盘中的“Ch14 > 素材 > 制作唱片包装封面 > 03”文件。选择“移动”工具，将 03 图片拖曳到图像窗口中的适当位置并调整其大小，效果如图 14-159 所示。在“图层”控制面板中生成新的图层并将其命名为“墨点”。

（9）在“图层”控制面板上方，将“墨点”图层的混合模式选项设为“线性加深”，效果如图 14-160 所示。

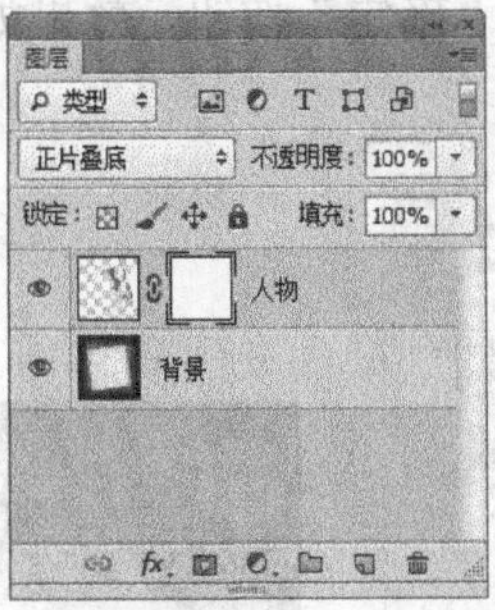

图 14-156

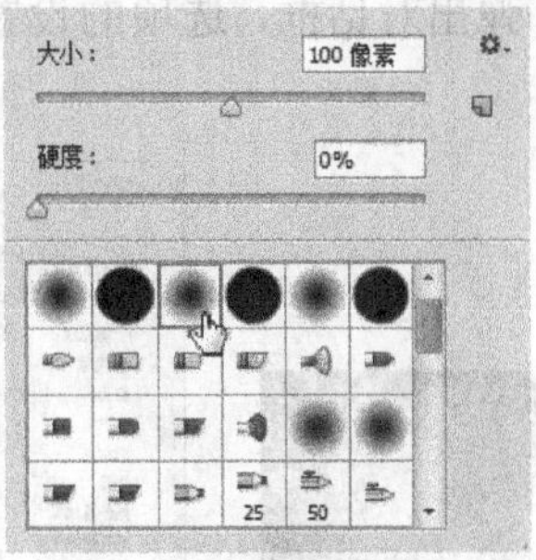

图 14-157

图 14-158

图 14-159

图 14-160

（10）在“图层”控制面板中，按住 Shift 键并单击“人物”图层，将“墨点”与“人物”图层同时选取，按 Ctrl+G 组合键，将其编组并命名为“唱片封套”，如图 14-161 所示。单击“背景”图层组左侧的三角形按钮，将其隐藏。

（11）将前景色设为黑色。单击“图层”控制面板下方的“添加图层蒙版”按钮，为“唱片封套”图层组添加蒙版。按 Alt+Delete 组合键填充为黑色，如图 14-162 所示。

（12）将前景色设为白色。选择“磁性套索”工具，在图像窗口中沿着纸张边缘拖曳光标，绘制选区，如图 14-163 所示。按 Alt+Delete 组合键，用前景色填充选区；按 Ctrl+D 组合键取消选区，效果如图 14-164 所示。

图 14-161

图 14-162

图 14-163

图 14-164

2. 添加文字和装饰图形

（1）按 Ctrl+O 组合键，打开光盘中的“Ch14 > 素材 > 制作唱片包装封面 > 04”文件。选择“移动”工具，将图片拖曳到图像窗口中的适当位置，并调整其大小，效果如图 14-165 所示。在“图层”控制面板中生成新的图层并将其命名为“唱片”。

（2）单击“图层”控制面板下方的“添加图层样式”按钮，在弹出的菜单中选择“投影”命令，弹出对话框，选项的设置如图 14-166 所示。单击“确定”按钮，效果如图 14-167 所示。

图 14-165

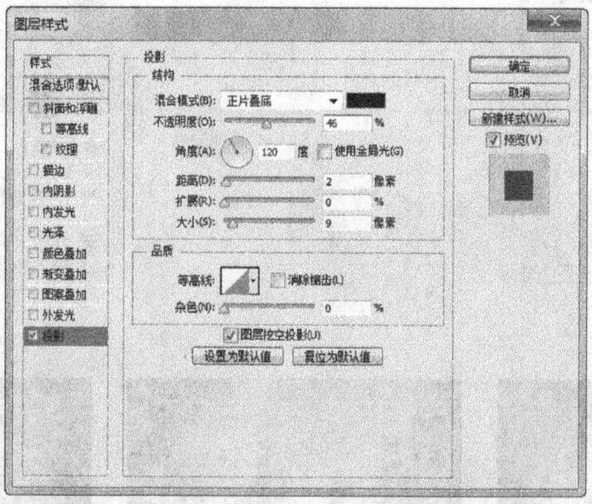

图 14-166

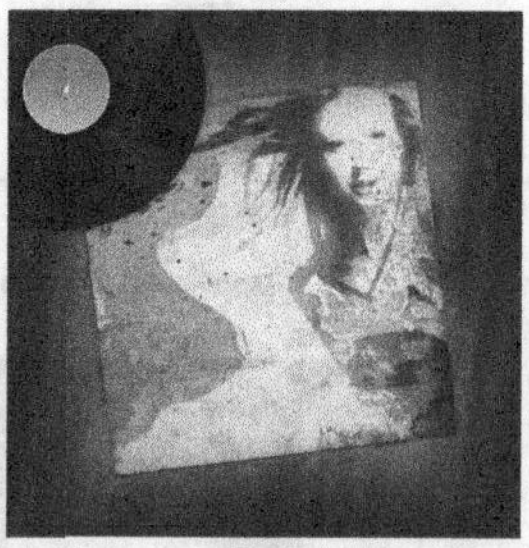

图 14-167

（3）将前景色设为红色（其 R、G、B 的值分别为 255、0、0）。选择“横排文字”工具 T ，输入需要的文字，在属性栏中选择合适的字体并设置文字大小，效果如图 14-168 所示。在控制面板中生成新的文字图层。

（4）按 Ctrl+T 组合键，在文字周围出现变换框，将光标放在变换框的控制手柄外边，光标变为旋转图标，拖曳光标将图像旋转到适当的角度，按 Enter 键确定操作，效果如图 14-169 所示。

（5）将前景色设为紫色（其 R、G、B 的值分别为 121、50、47）。选择“横排文字”工具 T ，输入需要的文字，在属性栏中选择合适的字体并设置文字大小，效果如图 14-170 所示。在控制面板中生成新的文字图层。

（6）按 Ctrl+T 组合键，在文字周围出现变换框，将光标放在变换框的控制手柄外边，光标变为旋转图标，拖曳光标将图像旋转到适当的角度，按 Enter 键确定操作，效果如图 14-171 所示。

图 14-168

图 14-169

图 14-170

图 14-171

（7）单击“图层”控制面板下方的“添加图层样式”按钮 fx ，在弹出的菜单中选择“图案叠加”命令，弹出对话框，单击“形状”选项右侧按钮，在弹出的面板中选择需要的形状，如图 14-172 所示，其他选项的设置如图 14-173 所示。单击“确定”按钮，效果如图 14-174 所示。

（8）按 Ctrl+O 组合键，打开光盘中的“Ch14 > 素材 > 制作唱片包装封面 > 05”文件。选择“移动”工具，将图片拖曳到图像窗口中的适当位置并调整其大小，效果如图 14-175 所示。在“图层”控制面板中生成新的图层并将其命名为“线”。至此，唱片包装封面制作完成。

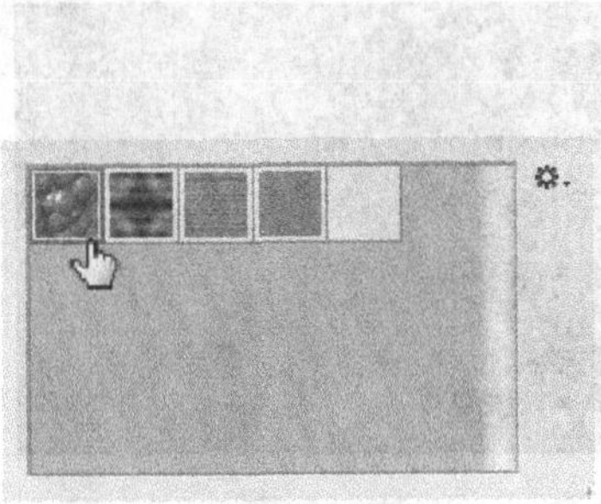

图 14-172

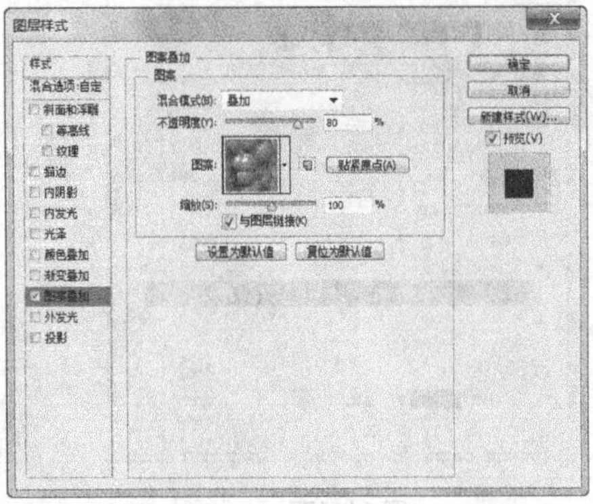

图 14-173

图 14-174

图 14-175

14.5 制作网页

【案例学习目标】学习使用文本工具、矩形选框工具和添加图层蒙版命名制作标题文字。

【案例知识要点】使用渐变工具、矩形选框工具和填充命令制作背景底图，使用文本工具、添加图层蒙版命令和添加图层样式命令制作标题文字，效果如图 14-176 所示。

【效果所在位置】光盘/Ch14/效果/制作网页.psd。

图 14-176

1. 制作背景效果

（1）按 Ctrl+N 组合键，新建一个文件：宽度为 42 厘米，高度为 31 厘米，分辨率为 72 像素/英寸，颜色模式为 RGB，背景内容为白色，单击“确定”按钮，新建一个文件。

（2）新建图层并将其命名为“底色”。选择“渐变”工具，单击属性栏中的“点按可编辑渐变”按钮，弹出“渐变编辑器”对话框，将渐变颜色设为从黑色（其 R、G、B 的值分别为 4、0、0）到橄榄绿（其 R、G、B 的值分别为 94、82、55），如图 14-177 所示。单击“确定”按钮，选中属性栏中的“径向渐变”按钮，在图像窗口中拖曳渐变色，效果如图 14-178 所示。

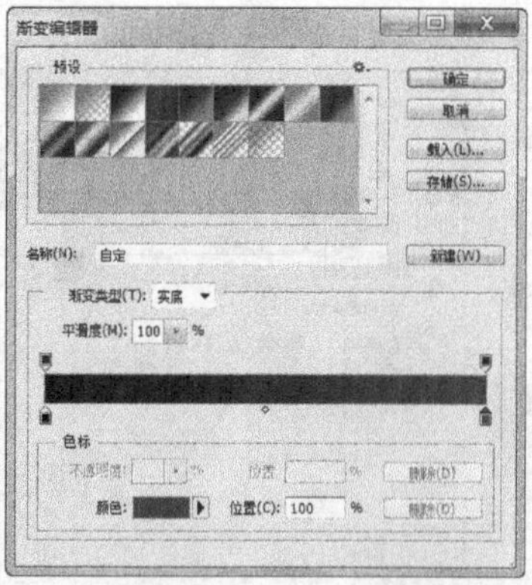

图 14-177

图 14-178

（3）新建图层并将其命名为“黑色块”。将前景色设为黑色。选择“矩形选框”工具，在图像窗口中绘制矩形选区，如图 14-179 所示。按 Alt+Delete 组合键，用前景色填充选区；按 Ctrl+D 组合键取消选区，效果如图 14-180 所示。

图 14-179

图 14-180

（4）新建图层并将其命名为“灰色条”。将前景色设为灰色（其 R、G、B 的值分别为 62、61、61）。选择“矩形选框”工具，在图像窗口中绘制矩形选区，如图 14-181 所示。按 Alt+Delete 组合键，用前景色填充选区；按 Ctrl+D 组合键取消选区，效果如图 14-182 所示。

图 14-181

图 14-182

（5）在“图层”控制面板中，按住 Shift 键并选中“底色”和“灰色条”图层之间的全部图层，如图 14-183 所示。按 Ctrl+G 键，在“图层”控制面板中生成新的图层组，并将其命名为“背景”，效果如图 14-184 所示。单击“背景”图层组左侧的三角形按钮，将其隐藏。

2．制作标题文字效果

（1）将前景色设为咖啡色（其 R、G、B 的值分别为 161、132、103）。选择“横排文字”

工具，输入需要的文字，在属性栏中选择合适的字体并设置文字大小，效果如图 14-185 所示。在控制面板中生成新的文字图层。

图 14-183

图 14-184

（2）单击“图层”控制面板下方的“添加图层样式”按钮，在弹出的菜单中选择“投影”命令，弹出对话框，选项的设置如图 14-186 所示。单击“确定”按钮，效果如图 14-187 所示。

图 14-185

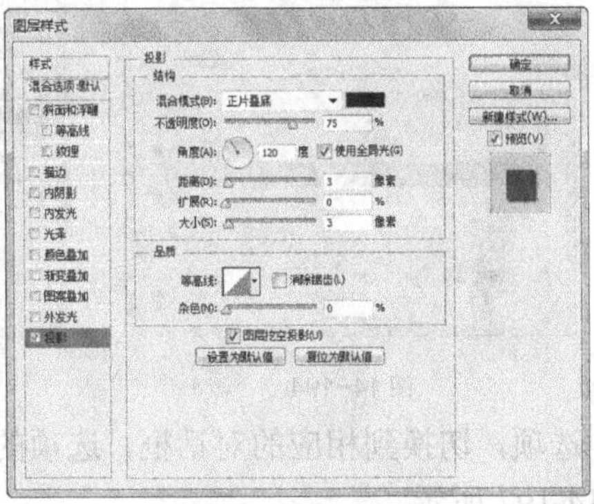

图 14-186

图 14-187

（3）新建图层并将其命名为“高光”。将前景色设为白色。选择“矩形选框”工具，在图像窗口中绘制矩形选区，如图 14-188 所示。按 Alt+Delete 组合键，用前景色填充选区；按 Ctrl+D 组合键取消选区，效果如图 14-189 所示。

（4）单击“图层”控制面板下方的“添加图层蒙版”按钮，为“高光”图层组添加蒙版。选择“渐变”工具，单击属性栏中的“点按可编辑渐变”按钮，弹出“渐变编辑器”对话框，将渐变色设为从白色到黑色，按住 Shift 键并在白色矩形内从上向下拖曳渐变色，效果如图 14-190 所示。

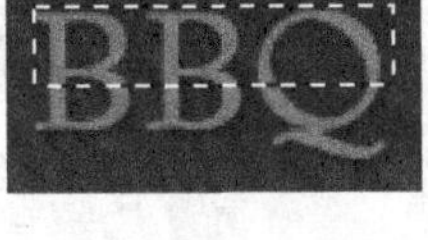

图 14-188

图 14-189

图 14-190

（5）按住 Alt 键并将光标放在“BBQ”图层和“高光”图层的中间，光标变为，右键单击，创建剪贴蒙版，效果如图 14-191 所示。用相同的方法制作其他文字效果，如图 14-192 所示。

（6）选择“横排文字”工具，输入需要的文字，在属性栏中选择合适的字体并设置文字大小，效果如图 14-193 所示。在控制面板中生成新的文字图层。

图 14-191

图 14-192

（7）单击“图层”控制面板下方的“添加图层样式”按钮 fx.，在弹出的菜单中选择“渐变叠加”命令，弹出对话框，单击“点按可编辑渐变”按钮，弹出“渐变编辑器”对话框，将渐变色设为从土黄色（其 R、G、B 的值分别为 160、74、3）到橘黄色（其 R、G、B 的值分别为 255、168、0），如图 14-194 所示。单击“确定”按钮，返回“渐变叠加”对话框，选项的设置如图 14-195 所示。

图 14-193

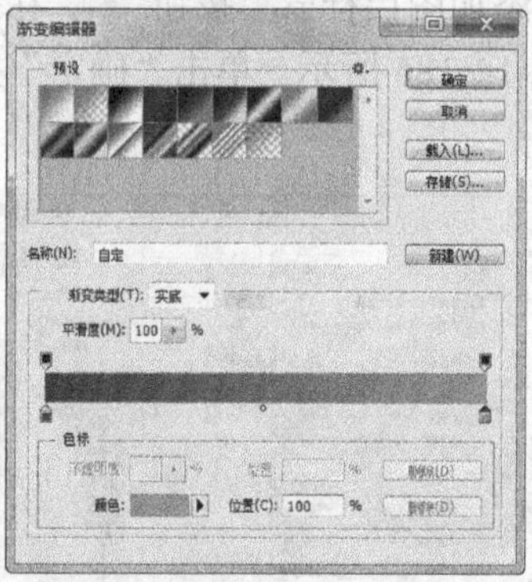

图 14-194

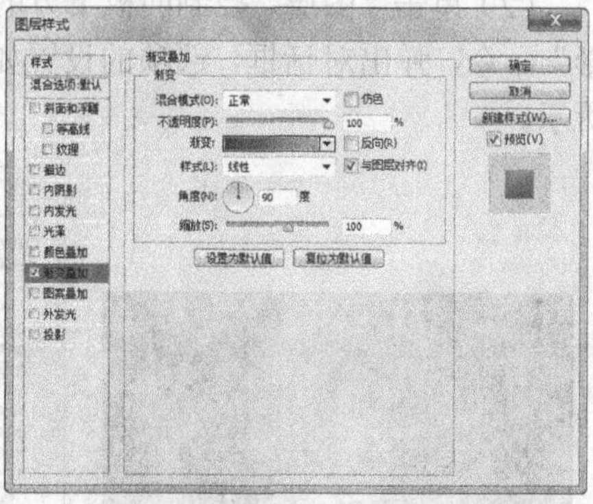

图 14-195

（8）选择“投影”选项，切换到相应的对话框，选项的设置如图 14-196 所示。单击“确定”按钮，效果如图 14-197 所示。

（9）在“图层”控制面板中，按住 Shift 键并选中“MAKE YOUR LIFE TASTY”和“BBQ”图层之间的全部图层同时选取。按 Ctrl+G 键，在“图层”控制面板中生成新的图层组，并将其命名为“头部”，如图 14-198 所示。单击“背景”图层组左侧的三角形按钮，将其隐藏。

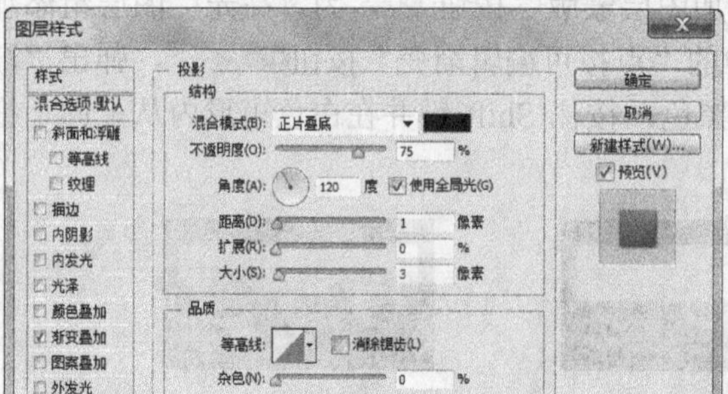

图 14-196

图 14-197

图 14-198

3. 制作图片效果

（1）新建图层并将其命名为“黄色块”。将前景色设为土黄色（其 R、G、B 的值分别为 145、99、45）。选择“矩形选框”工具，在图像窗口中绘制矩形选区。按 Alt+Delete 组合键，用前景色填充选区；按 Ctrl+D 组合键取消选区，效果如图 14-199 所示。

图 14-199

（2）选择“滤镜 > 滤镜库”命令，在弹出的对话框中进行设置，如图 14-200 所示。单击“确定”按钮，效果如图 14-201 所示。

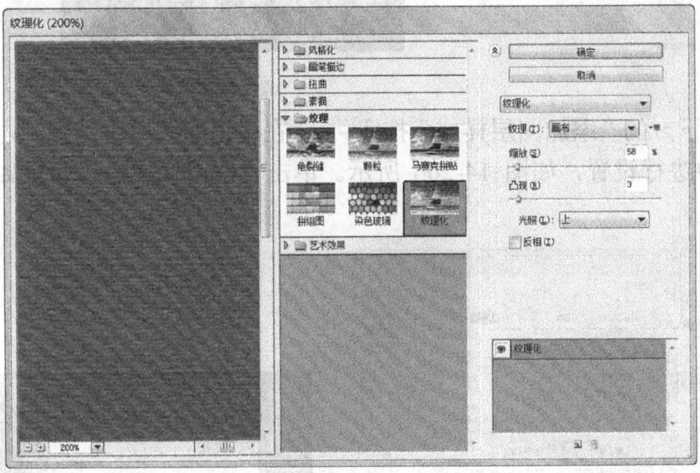

图 14-200

图 14-201

（3）单击“图层”控制面板下方的“添加图层样式”按钮，在弹出的菜单中选择“内发光”命令，在弹出的对话框中进行设置，如图 14-202 所示。选择“投影”选项，切换到相应的对话框，选项的设置如图 14-203 所示。单击“确定”按钮，效果如图 14-204 所示。

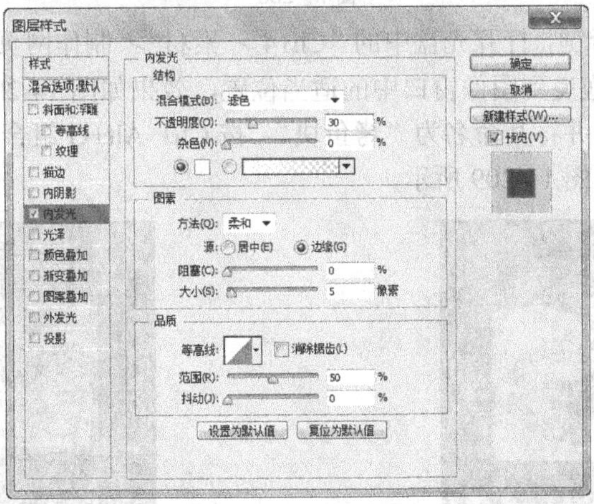

图 14-202

（4）新建图层并将其命名为“白色块”。选择“矩形选框”工具，在图像窗口中绘制矩形选区。按 Alt+Delete 组合键，用前景色填充选区；按 Ctrl+D 组合键取消选区，效果如

图 14-205 所示。

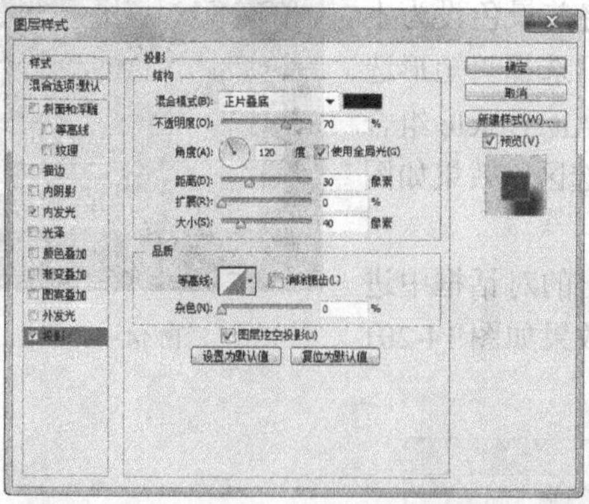

图 14-203

图 14-204

（5）单击“图层”控制面板下方的“添加图层样式”按钮 fx，在弹出的菜单中选择“内阴影”命令，在弹出的对话框中进行设置，如图 14-206 所示。单击“确定”按钮，效果如图 14-207 所示。

图 14-205

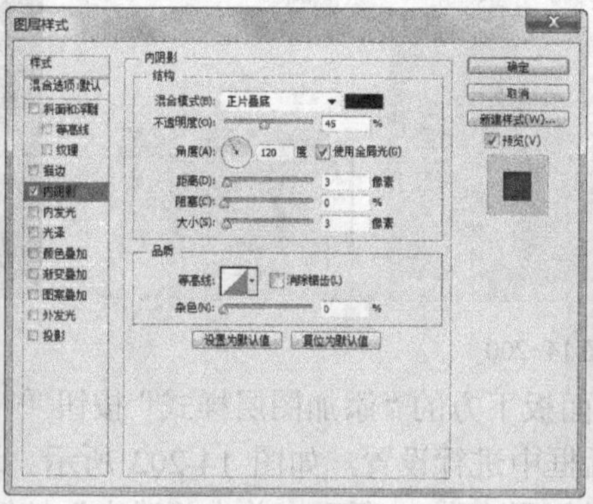

图 14-206

图 14-207

（6）按 Ctrl+O 组合键，打开光盘中的“Ch14 > 素材 > 制作网页 > 01”文件。选择“移动”工具，将图片拖曳到图像窗口中的适当位置，效果如图 14-208 所示。在“图层”控制面板中生成新的图层并将其命名为“烤鱼块”。按 Ctrl+Alt+G 组合键，为“烤鱼块”图层创建剪贴蒙版，效果如图 14-209 所示。

图 14-208

图 14-209

（7）按 Ctrl+O 组合键，打开光盘中的“Ch14 > 素材 > 制作网页 > 02”文件。选择“移动”工具，将图片拖曳到图像窗口中的适当位置，效果如图 14-210 所示。在“图层”控制面板中生成新的图层并将其命名为“火焰”。

图 14-210

（8）单击“图层”控制面板下方的“添加图层样式”按钮 fx，在弹出的菜单中选择“投影”命令，在弹出的对话框中进行设置，如图 14-211 所示。单击“确定”按钮，效果如图 14-212 所示。

（9）新建图层并将其命名为“形状”。将前景色设为土黄色（其 R、G、B 的值分别为 145、99、45）。选择“矩形选框”工具，在图像窗口中绘制矩形选区。按 Alt+Delete 组合键，用前景色填充选区；按 Ctrl+D 组合键取消选区，效果如图 14-213 所示。

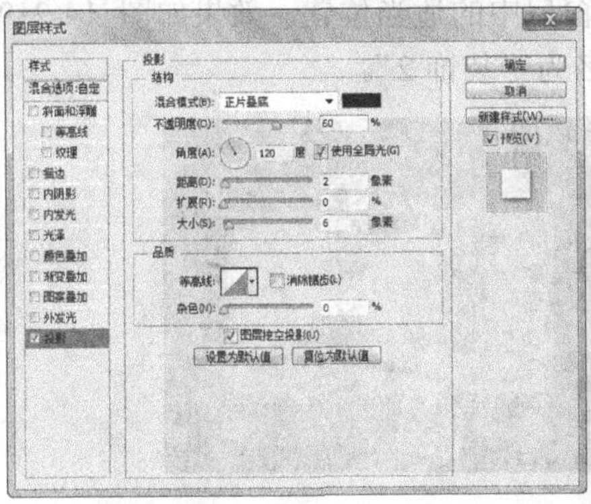

图 14-211

图 14-212

图 14-213

（10）选择菜单“滤镜 > 滤镜库”命令，在弹出的对话框中进行设置，如图 14-214 所示。单击“确定”按钮，效果如图 14-215 所示。

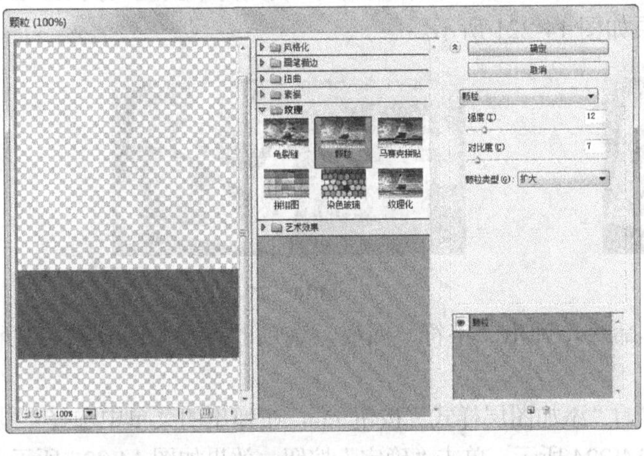

图 14-214

图 14-215

（11）按 Ctrl+O 组合键，打开光盘中的“Ch14 > 素材 > 制作网页 > 03”文件。选择“移动”工具，将图片拖曳到图像窗口中的适当位置，效果如图 14-216 所示。在“图层”控制面板中生成新的图层并将其命名为“装饰”。按 Ctrl+Alt+G 组合键，为“装饰”图层创建剪贴蒙版，效果如图 14-217 所示。

图 14-216

图 14-217

（12）按住 Shift 键并将“形状”和“装饰”图层同时选取。选择“移动”工具，将两个图层拖曳到“黄色块”图层的下方，效果如图 14-218 所示。

（13）选择“移动”工具，选择图层“火焰”。按 Ctrl+O 组合键，打开光盘中的“Ch14 > 素材 > 制作网页 > 04”文件，将图片拖曳到图像窗口中的适当位置，效果如图 14-219 所示。在“图层”控制面板中生成新的图层并将其命名为“装饰 2”。

图 14-218

图 14-219

（14）将前景色设为橘黄色（其 R、G、B 的值分别为 254、168、0）。选择“横排文字”工具，输入需要的文字，在属性栏中选择合适的字体并设置文字大小，效果如图 14-220 所示。在控制面板中生成新的文字图层。选取文字“推荐美食”，填充为米黄色（其 R、G、B 的值分别为 255、231、166），效果如图 14-221 所示。

图 14-220

图 14-221

（15）选择菜单“窗口 > 字符”命令，弹出“字符”面板，选项的设置如图 14-222 所示，文字效果如图 14-223 所示。

（16）单击“图层”控制面板下方的“添加图层样式”按钮，在弹出的菜单中选择“投影”命令，在对话框中进行设置如图 14-224 所示。单击“确定”按钮，效果如图 14-225 所示。

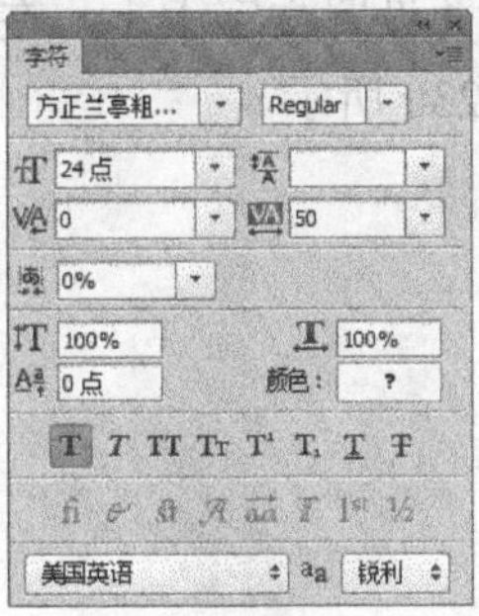

图 14-222

图 14-223

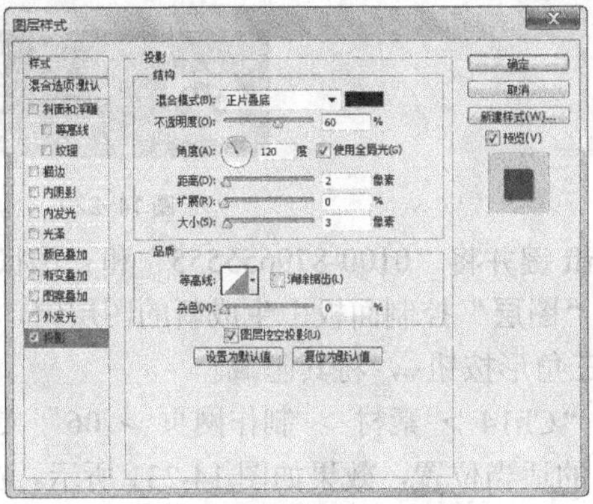

图 14-224

图 14-225

（17）按 Ctrl+O 组合键，打开光盘中的“Ch14 > 素材 > 制作网页 > 05”文件。选择“移动”工具，将图片拖曳到图像窗口中的适当位置，效果如图 14-226 所示。在“图层”控制面板中生成新的图层并将其命名为“电话”。

（18）将前景色设为黄色（其 R、G、B 的值分别为 251、218、128）。选择“横排文字”工具，输入需要的文字，在属性栏中选择合适的字体并设置文字大小，效果如图 14-227 所示。在控制面板中生成新的文字图层。

图 14-226

图 14-227

（19）单击“图层”控制面板下方的“添加图层样式”按钮，在弹出的菜单中选择“投影”命令，在弹出的对话框中进行设置，如图 14-228 所示。单击“确定”按钮，效果如图 14-229 所示。

（20）将前景色设为米黄色（其 R、G、B 的值分别为 255、231、166）。选择“横排文字”工具T，输入需要的文字，在属性栏中选择合适的字体并设置文字大小，在控制面板中生成新的文字图层。用相同的方法制作文字效果，如图 14-230 所示。

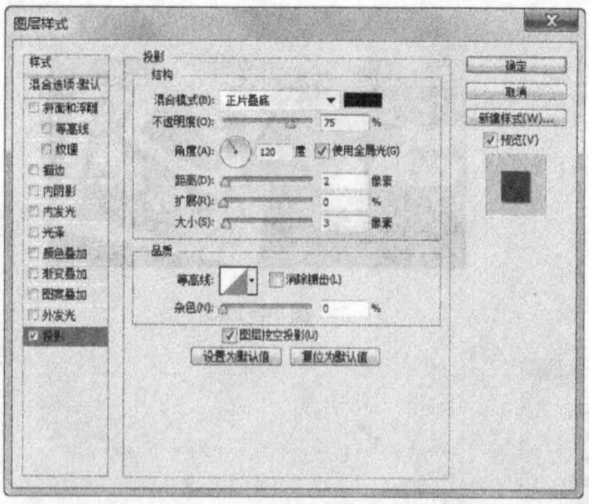

图 14-228

图 14-229

（21）在“图层”控制面板中，按住 Shift 键并将“0100-879655555”和“形状”图层之间的全部图层同时选取。按 Ctrl+G 键，在“图层”控制面板中生成新的图层组，并将其命名为“中部”。单击“背景”图层组左侧的三角形按钮，将其隐藏。

（22）按 Ctrl+O 组合键，打开光盘中的“Ch14 > 素材 > 制作网页 > 06”文件。选择“移动”工具，将图片拖曳到图像窗口中的适当位置，效果如图 14-231 所示。在“图层”控制面板中生成新的图层并将其命名为“信息框”。至此，网页制作完成。

图 14-230

图 14-231